美学与文艺批评丛书
高建平　主编

作为"想象"与"表现"的艺术

科林伍德美学思想研究

李永胜　著

中国社会科学出版社

图书在版编目（CIP）数据

作为"想象"与"表现"的艺术：科林伍德美学思想研究／李永胜著 . —北京：中国社会科学出版社，2022.6

（美学与文艺批评丛书）

ISBN 978 - 7 - 5227 - 0609 - 2

Ⅰ.①作… Ⅱ.①李… Ⅲ.①科林伍德—美学思想—研究 Ⅳ.①B83 - 095.61

中国版本图书馆 CIP 数据核字（2022）第 135796 号

出 版 人	赵剑英
责任编辑	张　潜
责任校对	胡新芳
责任印制	王　超
出　　版	中国社会科学出版社
社　　址	北京鼓楼西大街甲 158 号
邮　　编	100720
网　　址	http://www.csspw.cn
发 行 部	010 - 84083685
门 市 部	010 - 84029450
经　　销	新华书店及其他书店
印　　刷	北京君升印刷有限公司
装　　订	廊坊市广阳区广增装订厂
版　　次	2022 年 6 月第 1 版
印　　次	2022 年 6 月第 1 次印刷
开　　本	710×1000　1/16
印　　张	15
插　　页	2
字　　数	270 千字
定　　价	89.00 元

凡购买中国社会科学出版社图书，如有质量问题请与本社营销中心联系调换
电话：010 - 84083683
版权所有　侵权必究

序

　　祝贺李永胜博士的这部著作出版。该书是在他的博士论文基础上改写而成。2017年他以此论文提交中国社会科学院的博士答辩，受到答辩导师们的一致好评，得以顺利通过。此后他又花了五年功夫仔细修改发展，内容得到了丰富和深化，使之成为国内少有的一部研究科林伍德美学思想的专著。

　　中国学界过去对西方美学的研究，有着一种总体上介绍的性质。研究者们将种种西方美学的观点归入到一些流派中，分门归类，确定一些美学家和美学著作在美学史上的位置；并且，翻译一些美学家的代表性著作，编辑重要言论选辑，作为研究的补充。这些工作都非常重要，具有拓荒的性质，使我们对西方美学的脉络有了粗略了解。然而，仅仅做了这些，还是远远不够的。记得前几年，有一位朋友在会上宣布，我们对西方美学的批发已经完成了，现在到了建立我们自己的学派的时候了。他也许原先是想说出一个很好的意思，但却一说便错。我们要批发，要零售，也要自己生产，无论什么时候都不可宣布其中任何一个环节已经完成，现在开始从事另一个环节。在今天，引进介绍远远没有完成，建立自己的学派也无须等批发完成再开始，两者互不妨碍。如果将这两者说成是中国美学发展的两个阶段或两个环节，就大错特错了。不过，批发这个词倒使我们想到，对国外美学，也有不同的研究路径。对一个时期，一种流派和观点进行扫描式的介绍，这是一种做法。这种做法在一开始使人感到新鲜，也有益，但过了一段时间后，就不行了。这些年，一些年轻有为的学者们开始集中精力研究某一位重要的美学家，从而以点带面，形成对一个时段西方美学的深入了解。这种风气兴盛起来，出了不少优秀著作。永胜的这本书，采用的就是这个做法。

对科林伍德的美学思想进行研究，是一项很费力的工作。他似乎并非从一开始就开宗立派，提出全新的思想框架，而是努力在既有的思想基础上进行发挥，从中展现出自己的独创性。因此，为他的思想立出一两个醒目的标题，将他归入现有的某家某派，或者说他创立了某家某派，是相当困难的。更困难的是，研究者需要在细致的对比中展现他给美学这个学科带来了哪些新东西，如何在看似相同的术语和表述中放进了新的内容，赋予了新的色彩，并由此成为思想向前发展的环节和契机。确实，一位并没有开宗立派的科林伍德，却完成了一些重要的思想上的过渡和连接，对20世纪前期的美学发展起到了关键的作用。

在门罗·比厄斯利的《美学史：从古希腊到当代》一书中，科林伍德被放在克罗齐的继承人项下，有简要的介绍。科林伍德的美学思想受到克罗齐的影响，并且对将克罗齐的思想引入到英语世界具有重要贡献。然而，正如比厄斯利所说，科林伍德具有着"强大而特立独行的心灵"。他所做的，绝不只是从意大语向英语美学界引进和介绍克罗齐，而是根据从克罗齐那里得来的几条建议，发展出他自己的思想。

讨论科林伍德的美学从克罗齐开始，这是一条很好的路径。中国学术界对于克罗齐并不陌生。20世纪40年代，朱光潜先生在译完了克罗齐的《美学原理》一书后，原本想写一篇一两万字的长文介绍克罗齐的哲学，结果一发不可收拾，写成了一本名为《克罗齐哲学述评》，足有六万多字的书。50年代，朱光潜成为"美学大讨论"的焦点，克罗齐受到许多人的批判。"美学大讨论"是从朱光潜1956年的一篇名为《我的文艺思想的反动性》的自我检讨开始的。朱光潜的自我检讨，原本主要批判的是《庄子》《世说新语》和陶渊明的诗所代表的消极避世，以及叔本华、尼采所代表的唯意志论。然而，美学讨论发展起来后，却有其自身的逻辑，批判朱光潜的人对这方面的"反动性"却提得不多，不约而同地转向另一种"反动性"，对克罗齐的唯心主义哲学和美学进行了批判。

到了60年代，朱光潜在写作《西方美学史》时，再次回到克罗齐的话题上来。他专门写了一章介绍克罗齐，并以此作为对西方美学史叙述的结束。为了给予克罗齐一个简明的介绍，朱光潜在书中提供了一个"最基层的感性认识活动＝直觉＝想象＝表现＝抒情的表现＝艺术＝创造＝欣赏（＝再造）＝美（＝成功的表现）"的大等式（朱光潜：《西方美学史》，人民文学出版社1979年版，第653页）。从这个公式看，克罗齐是一位坚定、彻底、而又有些武断的理论家，而朱光潜的引用时，也不无批评和质疑之意。这种质疑，主要体现在两点：第一，如何看待这种"最基层的感性认识活动"与"直觉"和"表现"，以及"艺术"和"创造"之间的同一性。第二，探讨艺术的技术、工艺、制作、传达等物质性因素与艺术本身构成什么样的关系。这两点，都在国内学术界有普遍的反响，从而引发了众多的思考和批判。

永胜的这部著作是科林伍德的专论。在科林伍德美学中，有与克罗齐的追求一致的一面：通过辨析艺术不是什么，来确定严格意义上的艺术是什么。这就是他所说的四种有害的混淆：艺术不是工艺，不是魔法，不是再现，也不是愉悦。

艺术区别于工艺，是18世纪就开始有的艺术追求。"美的艺术"体系的建构，就开启了这种建立艺术本身的努力。工匠制作在性质上是实用的，制作过程中目的先于手段，或为了目的而规定手段。

艺术区别于魔法，是将古老的与魔法、巫术，以及与此或多或少有一些关系从事宗教仪式、节庆庆祝、各种与婚礼、葬礼等等重要活动时的风俗习惯与艺术本身区别开来。

艺术区别于再现，是去掉所有古老的摹仿说的遗留。既不是照相式再现，也不是像梵·高那样的抽象图式再现，甚至不是内在情感的再现。艺术是表现，是主体、个人、主动性的情感活动。

艺术也区别于愉悦，不是单纯提供快感。

这种排他式的对艺术的定义显得既坚定也武断。如果真的要去实行的话，我们会发现，艺术会由于过于纯粹而变得不再存在。面对这个问题，科林伍德有一个著名的观点："区别"不是"区分"。"区分"是指动物与植物不同、脊椎动物与非脊椎动物不同、鱼与鸟不同、猫科动物与犬科动物不同，这些都可在实例上区分开来。熊猫是熊科动物，不是猫科，只是流俗的名称叫错了，应该叫成猫熊。这些区分都是明显的，非此即彼，具有排他性。而"区别"是就哲学概念而言。例如"有利"与"正确"，做一件事，可以同时既是有利的，也是正确的，区别在于从哪个角度看。人的心灵与身体区别也是如此。不能说有的人有"心灵"，有的人有"身体"。人既有"心灵"也有"身体"，从哪一种角度关注，就会发现人的哪一个方面。这是一种亦此亦彼，在实例上不可分，但从观念上可作的分别。这里对艺术的定义也是如此，要避免四种混淆，但是，这是"区别"不是"区分"。艺术定义何处寻？有人感到困难，其原因也在于不明白这种亦此亦彼的道理。

在永胜的这部著作中，有三点对科林伍德的论述特别值得关注。

第一，他重点论述了"想象"。克罗齐说"直觉"即"表现"，因此出现了朱光潜之问。"直觉"是否包含"最基层的感性活动"？这种"感性活动"究竟包含什么？我们听到了某种声音，例如杂乱的噪音，这是不是直觉？我们被某种超声波，或者次声搅得心神不定，但什么也没有听到，这还是直觉吗？我们看到闪烁的光，看到什么也不表达的色块，这是不是直觉？科林伍德更倾向于使用的核心概念是"想象"。想象当然就要成"象"，只有感觉不行。想象也有人的主动性，是人主动去"想"才能成"象"。这时，那些"最基层的感性活动"只是一些刺激而已，要经过过滤和组合。

第二，与克罗齐一样，科林伍德很重视"表现"，并将"表现"与"想象"联系起来。表现与刺激不同，也不是再现。当我们感受时，如果没有感受到所感受的是什么，即处于无意识状态时，那不是表现。只有当我们从这种状态中抽身出来，例如，将我们的感受说出来时，也就是说，将一种感受从无意识上升到意识的状态时，才是表现。未获得表现时，处于一种无助而压迫的状态。获得表现，就是从某种意义上讲，这种压迫消失了，心里一阵轻松，眼前一亮。这里的意思可以总结成三点：（1）表现是意识到某种情感，不是无意识的感受。（2）表现是个人化的。这不是描绘，描绘一种情感，是将情感客观化并使之得到呈现，表现是表达主体的内在感受。（3）表现不是情感的流露。这绝不是亚里士多德式的"疏泄"，即一种郁积情感排泄后的轻松，而是点亮，获得澄清，心灵聚焦，加强感觉而不是降低这种感觉。

第三，永胜在这部书中提出，科林伍德是符号美学的开拓者之一，这一发现极其重要。在讨论符号学的发展线索时，我们过去很少提到科林伍德，然而，科林伍德引入克罗齐关于语言学的理论并加以改造，实质上为符号论美学的出现开辟了道路。表现当然是情感的表现，但是，并不存在未表现的情感。情感只有在意识到、并被表现出来时才是情感。在未表现出来时，有存在于心理层面的刺激和感受，但只有通过对表达的控制，它才成为表现，同时也形成情感。同样的一声孩子的哭泣声，既可以是由于饥饿、疼痛、恐惧，这时是被动而非表现性的，也可以是索要食物、求得关爱、要求保护，这时就是主动而具有表现性的。语言源于表现，语言从源头上讲，都是情感性的。一方面，语言的发展使这种情感性逐渐淡化，从而使语言更具有叙事性；另一方面，情感并非仅仅指某种强烈的迸发，它只是一种状态，而所有的语言活动都是在某种情感状态下进行的。由此，我想到，杜威也有类似的表述。原始人所拥有的最早的词类，应该是感叹词，面对某种情况，用"啊""哦""唉"表达，此后才有形容词，表达"好""坏""美""丑"，动词和名词，都应该是后起的。语言是对情感的捕获，也是情感的实现。这时，一种符号学的思想就呼之欲出了。

以上这三点，似乎回答了针对克罗齐的朱光潜之问，但又不仅限于此。在科林伍德生活的时代，分析美学和现象学美学还没有兴起，美学研究的问题域仍限于审美经验。围绕克罗齐提出的论述框架，面对与克罗齐在美学上论战的杜威，又身处在心理学美学与符号论美学的交汇之处，科林伍德的思想丰富而复杂。对这些思想进行梳理，是一件艰难而有着重要学术价值的工作。

这本书完成了，但相关的研究还远远没有完成。这一研究不仅有史的价值，对当代美学的发展，也有着重要的意义。希望永胜能把相关研究继续做下去，也希望有更多的人关注这一从审美经验研究的深入到达符号美学成形的发展过程。这方面的研究过去不是热点，但却是理论上的富矿，深挖下去，会取得丰硕的成果。

高建平

2022 年 6 月 28 日

目 录

导论 ……………………………………………………………… (1)
 第一节　科林伍德生平、思想简介 ……………………………… (1)
  一　第一阶段（1912—1925 年）………………………………… (4)
  二　第二阶段（1925—1933 年）………………………………… (7)
  三　第三阶段（1933—1943 年）………………………………… (8)
 第二节　科林伍德美学思想简介 ………………………………… (10)
  一　科林伍德前期美学基本思想 ………………………………… (10)
  二　科林伍德后期美学基本思想 ………………………………… (17)
 第三节　科林伍德美学思想的研究现状及本书研究内容 ……… (22)
  一　本书选题及国内外研究现状 ………………………………… (22)
  二　本书主要内容 ………………………………………………… (29)
 本章小结 …………………………………………………………… (30)

第一章　科林伍德美学思想的历史文化语境及理论渊源 …… (31)
 第一节　科林伍德美学思想的历史文化语境 …………………… (31)
  一　科林伍德美学与"两种文化" ……………………………… (31)
  二　科林伍德美学与大陆理性主义及英美经验主义 ………… (37)
  三　科林伍德美学与西方艺术的发展状况 …………………… (39)
 第二节　科林伍德美学思想的理论渊源 ………………………… (41)
  一　科林伍德对英国经验主义哲学的吸收和借鉴 …………… (42)
  二　维柯的"诗性智慧"与科林伍德的"想象" …………… (43)

三　康德美学对科林伍德的影响 …………………………………… (44)
四　科林伍德对浪漫主义美学的借鉴 …………………………… (48)
五　科林伍德从罗斯金那里获得的灵感 ………………………… (49)
本章小结 …………………………………………………………… (51)

第二章　想象与认知、美及艺术 ……………………………………… (52)
第一节　想象与认知 …………………………………………………… (52)
一　科林伍德论"统一心灵"与"知识地图"及艺术在
其中的位置 ……………………………………………………… (52)
二　艺术中的想象与认知 ………………………………………… (57)
三　艺术的"消亡"与不朽：科林伍德的艺术发展观 ………… (63)
第二节　想象与美及艺术 ……………………………………………… (69)
一　想象与艺术的性质 …………………………………………… (69)
二　想象与艺术美的各种形式及自然美 ………………………… (78)
本章小结 …………………………………………………………… (88)

第三章　想象与情感 ……………………………………………………… (89)
第一节　想象与感觉 …………………………………………………… (89)
一　概念的界定 …………………………………………………… (89)
二　科林伍德对以往想象与感觉关系理论的批判与借鉴 ……… (90)
三　科林伍德论感觉与想象的同质性 …………………………… (93)
第二节　想象与意识及情感 …………………………………………… (96)
一　意识对感觉的修正 …………………………………………… (97)
二　意识与想象及意识的腐化 ………………………………… (100)
第三节　作为想象的艺术 ……………………………………………… (103)
一　想象与幻想 ………………………………………………… (103)
二　总体性想象经验 …………………………………………… (105)
本章小结 ………………………………………………………… (108)

第四章　表现与情感 ……………………………………………… (110)

第一节　科林伍德对技艺论美学的批判 …………………… (110)
一　艺术概念的变化及科林伍德的理解 …………………… (110)
二　科林伍德对技艺论美学的批判 ………………………… (113)

第二节　科林伍德对再现论美学的批判 …………………… (123)
一　再现艺术与真正的艺术 ………………………………… (123)
二　科林伍德论柏拉图与亚里士多德的再现观 …………… (124)
三　刻板再现与情感再现 …………………………………… (129)

第三节　科林伍德对巫术艺术和娱乐艺术的批判 ………… (131)
一　科林伍德对巫术艺术的批判 …………………………… (131)
二　科林伍德对娱乐艺术的批判 …………………………… (134)

第四节　作为表现的真正艺术 ……………………………… (140)
一　唤起情感与表现情感 …………………………………… (141)
二　描述情感与表现情感 …………………………………… (143)
三　暴露情感与表现情感 …………………………………… (145)
四　与情感表现相关的其他问题 …………………………… (145)

本章小结 ………………………………………………………… (151)

第五章　表现与语言 ……………………………………………… (152)

第一节　表现和想象与语言的产生及本质 ………………… (152)
一　三种经验与三种情感 …………………………………… (152)
二　三种表现 ………………………………………………… (154)
三　语言的产生和本质及其和艺术的关系 ………………… (157)

第二节　语言的发展和分化及其和情感表现的统一 ……… (158)
一　身体动作与有声语言 …………………………………… (158)
二　语言的发展和分化 ……………………………………… (161)
三　语言和情感表现的统一 ………………………………… (164)
四　统一于语言的艺术 ……………………………………… (167)

本章小结 ………………………………………………………… (167)

第六章 基于想象、表现和语言的艺术论 ……………………… （169）
第一节 真假与好坏艺术 …………………………………… （169）
　　一　真正的艺术与名不副实的艺术 ………………………… （169）
　　二　好的艺术与坏的艺术 …………………………………… （172）
第二节 艺术与认知及艺术的实践性 ……………………… （176）
　　一　艺术与假设性或推测性认知 …………………………… （176）
　　二　艺术与对个别事物的认知及理智型认知 ……………… （177）
　　三　艺术与哲学、历史及科学的区别 ……………………… （178）
　　四　艺术与实践 ……………………………………………… （180）
第三节 艺术创造及其与社会的关系 ……………………… （181）
　　一　创作与想象及表现的关系 ……………………………… （182）
　　二　艺术家与其他社会成员之间的合作 …………………… （187）
本章小结 ……………………………………………………… （190）

结论　科林伍德美学的理论贡献、缺陷、历史地位及影响 ……… （191）
第一节 科林伍德美学对黑格尔及克罗齐的改进与发展 … （191）
　　一　科林伍德美学对黑格尔的改进与背离 ………………… （192）
　　二　科林伍德美学对克罗齐的批评与改进 ………………… （194）
第二节 科林伍德美学的理论贡献及缺陷 ………………… （203）
　　一　从关键词看科林伍德美学的理论贡献 ………………… （203）
　　二　科林伍德美学的理论缺陷与难题 ……………………… （207）
第三节 科林伍德美学的历史地位及影响 ………………… （211）
　　一　系统表现论的开拓者之一 ……………………………… （212）
　　二　经验论美学的拓展者之一 ……………………………… （213）
　　三　符号美学的开拓者之一 ………………………………… （214）
　　四　20世纪美学转向的体现者 ……………………………… （215）
本章小结 ……………………………………………………… （217）

参考文献 ………………………………………………………… （219）

后　记 …………………………………………………………… （229）

导　　论

第一节　科林伍德①生平、思想简介

　　罗宾·乔治·科林伍德（Robin George Collingwood，1889—1943）是20世纪英国著名哲学家、历史学家、考古学家和美学家。1889年2月22日，科林伍德出生于英国兰开夏郡（Lancashire）温德米尔湖（Windermere）南端的卡特梅尔高地（Cartmel Fell）上的一个村庄里。科林伍德的父母都是艺术家，家里艺术氛围浓厚。在科林伍德两岁多（1891年6月）的时候，他们举家搬迁到了英国兰开夏郡北部的科尼斯顿（Coniston）湖畔。②其父母从此终生定居在那里。

　　13岁（1902年）之前，科林伍德一直在家里接受教育，老师就是他的父亲威廉·格肖姆·科林伍德（William Gershom Collinwood）。科林伍德的父亲知识渊博、多才多艺，是一位画家、考古学家。在父亲的指导下，科林伍德开始了自由而广泛的学习，并在以下几个方面打下了基础，培养了兴趣：第一，他早在4岁就开始学习拉丁文，6岁便开始学习希腊文，为以后阅读和研究古代历史、哲学、美学等打下了基础；第二，父亲给他讲授了古代历史和现代历史，培养了他对历史和考古的浓厚兴趣；第三，掌握了初步的绘画、音乐、写作等技能，提高了艺术技能和审美

---

① 科林伍德，也有学者译作"柯林武德"。
② James Connelly, Peter Johnson, and Stephen Leach, *R. G. Collingwood: A Research Companion*, London: Bloomsbury Academic, 2015, pp. 3, 11; William M. Johnston, *The Formative Years of R. G. Collingwood*, The Hague: Martinus Nijhoff, 1967, p. 6.

能力，这对他以后制作考古地图和进行美学思考都有很大帮助；第四，他广泛阅读了地质学、天文学、物理学等自然科学方面的书籍和笛卡尔的《哲学原理》（9岁时）、康德的《道德形而上学原理》（8岁时），这对他以后的哲学研究产生了重要影响。① 值得一提的是，在他8岁阅读康德《道德形而上学原理》的英译本时，尽管他对其含义"茫然不解"，但却产生了一种事业上的使命感和责任感，用他自己的话说就是"我必须思考"。② 幼年的学习和生活给科林伍德以后的事业点燃了一盏照明未来的灯。

也是在这期间，科林伍德认识了他父亲的老师、偶像——画家、艺术批评家约翰·罗斯金（John Ruskin）。罗斯金是科林伍德的父亲威廉·格肖姆·科林伍德在牛津大学读书时（老科林伍德1873年考入牛津）的老师，并对其一见倾心，终身追随。科林伍德一家之所以搬到科尼斯顿湖畔，也是为了离罗斯金更近些，因为罗斯金就住在附近，并且每年夏天会到科尼斯顿湖边居住。③ 1900年1月罗斯金去世，11岁的科林伍德还参加了葬礼。罗斯金在历史学和美学方面对科林伍德有一定影响。科林伍德在1922年还出版过一本名为《罗斯金的哲学》（*Ruskin's Philosophy*）的小册子。但在其早年，罗斯金对他的影响主要还是间接地通过其父亲老科林伍德的言传身教产生的。

1902年，为了获得一笔奖学金，13岁的科林伍德进入了一所预备学校（Charney Hall School），度过了并不愉快的一年。1903年，科林伍德获得奖学金并进入享有盛誉的拉格比公学（Rugby School）读书。虽然科林伍德自己说他"在拉格比公学的时间基本上是浪费了"④，但他也说自己遇到了两位好老师，并且从其中一位那里获得了许多现代史知识。他还提到，在这个学校，他阅读了但丁的诗歌，学会了拉小提琴、和声、

---

① [英] 柯林武德：《柯林武德自传》，陈静译，北京大学出版社2005年版，第1—6页。
② [英] 柯林武德：《柯林武德自传》，陈静译，北京大学出版社2005年版，第4页。
③ William M. Johnston, *The Formative Years of R. G. Collingwood*, The Hague: Martinus Nijhoff, 1967, p.4.
④ [英] 柯林武德：《柯林武德自传》，陈静译，北京大学出版社2005年版，第11页。

配器、谱写管弦乐曲等音乐技能。① 这为他日后在历史和美学方面的发展奠定了一定的基础。不过，从最后他通过了竞争激烈的争取牛津大学奖学金的考试来看，他这五年在其他知识的获得方面，收获也应该是很大的。英国公学或许有它的弊病，但更可能是家庭式宽松而自由的教育和缺乏学校集体生活的经历让科林伍德不太适应学校的教育罢了。

1908年，科林伍德进入父亲的母校且父亲担任艺术教授教职的牛津大学大学学院（University College, Oxford）接受教育。在牛津大学里，科林伍德认真学习了古代希腊罗马文学、历史、考古学、哲学、宗教学、当代政治、经济、艺术、音乐等多种课程，并阅读了许多相关著作，为以后的学术发展打下了良好而坚实的基础。可以说，他一生的学术追求都和他四年的牛津大学学习生涯有关。科林伍德在牛津的导师卡里特（E. F. Carritt），是当时牛津哲学领域一主流学派——实在论（Realism）学派的主要成员。科林伍德在导师的建议下，听了许多实在论学派教师的课程，"熟悉了这一学派全套的理论和方法"②。那时，他也自称实在论者（Realist），但有所保留和反思，他日后对实在论的批判就是在那时埋下的种子。卡里特还是一个美学家，曾任英国美学协会副主席，著有《美的理论》（*The Theory of Beauty*）③一书。卡里特在美学上是一名克罗齐式的表现论者，受克罗齐影响很大，是克罗齐美学的一个重要的宣传者，同时又在一些方面对克罗齐的理论做了修正和发展。科林伍德之所以也受克罗齐影响较大，并在美学上成为一名表现论者，和导师对他的影响也分不开。但是科林伍德的表现论和克罗齐、卡里特的表现理论差异很大，其中有自己独立的思考和创见。在牛津学习期间，他还接触到了被实在论者称为观念论（Idealism）和黑格尔主义（Hegelianism）的格林学派。④ 大概就是从这个时候开始，科林伍德受到了黑格主义的影响，

---

① [英] 柯林武德：《柯林武德自传》，陈静译，北京大学出版社2005年版，第8页。
② [英] 柯林武德：《柯林武德自传》，陈静译，北京大学出版社2005年版，第23页。
③ 此书的中译本根据其内容将书名译为《走向表现主义的美学》，苏晓离、曾谊、李洁修译，1990年9月由光明日报出版社出版。
④ 这一学派以托马斯·希尔·格林（Thomas Hill Green, 1836—1882）为代表，故称为格林学派。

且日后渐渐与之靠拢,并被人看作新黑格尔主义者(new-Hegelianist)。

根据科林伍德在其自传中的说法,他在牛津大学时学习和阅读的主要领域有三个:(1)古希腊罗马文学,这方面他主要阅读了卢克莱修、忒奥克里多斯、阿伽门农等人的著作,尤其沉迷《荷马史诗》;(2)古代历史,曾花大量时间阅读希腊、罗马遗址的考古报告并实际参与考古发掘;(3)哲学,阅读哲学原著,不仅系统学习了康德之前的哲学课程,而且阅读了康德以来的哲学著作,对康德以来的哲学发展有了一定的了解,熟悉了英、法、德、意的大部分主要哲学家,还专门抽出时间通读柏拉图的著作。也是在牛津大学期间,科林伍德和意大利历史学家、美学家克罗齐(Benedetto Croce)建立了联系,收到了克罗齐寄给他的一些哲学、美学书籍,并且开始阅读其著作。所有这些都对他日后的工作和学术研究产生了重要影响。可以说,日后科林伍德学术研究的主要领域(历史、哲学、考古、美学)都和他这一阶段的读书和学习有关。由于科林伍德优异的成绩和突出的表现,1912 年 6 月,尚未毕业的他便被牛津大学彭布罗克学院(Pembroke College, Oxford)选为研究人员(fellow)兼哲学导师(tutor)。

1912 年 8 月,科林伍德从牛津大学毕业,正式开始了他的学术和考古生涯。根据威廉姆·M. 约翰斯顿(William M. Johnston)的研究,作为哲学家的科林伍德,其写作和研究主要分为三个阶段:1912—1925 年为第一阶段;1925—1933 年为第二阶段;1933—1943 年为第三阶段。[①] 以下对科林伍德生平、著述的介绍大致依照这三个阶段进行。

一 第一阶段(1912—1925 年)

从一战中英国对德宣战到科林伍德到英国海军情报机构服务(1915 年 12 月),他一共完成了如下几项重要的工作:1912—1913 年间用英文翻译了克罗齐的《维柯的哲学》(*The Philosophy of Giambattista Vico*)[②];

[①] William M. Johnston, *The Formative Years of R. G. Collingwood*, The Hague: Martinus Nijhoff, 1967, pp. 10–13.

[②] 科林伍德 1912 年 12 月应出版社(Howard Latimer Press)之约开始翻译此书,1913 年 6 月译完,11 月首次出版。

1912—1915年间完成了《宗教与哲学》(*Religion and Philosophy*)的写作①，这本书反映了他早年的一些实在论的思想；1913—1915年间，他作为主管参加了在安布尔赛德（Ambleside）的罗马堡垒的考古挖掘工作。在这期间，他还曾到瑞士、意大利和法国旅行。科林伍德的历史学、哲学和美学思想也受到维柯（Giovanni Battista Vico）的影响，和这一阶段的阅读和写作密不可分。

1914年第一次世界大战爆发，英国对德国宣战。战争中断了科林伍德在牛津大学的教学和研究工作。1915年12月，科林伍德移身伦敦，前往他父亲也效力于的英国海军情报部门。在这里，他在哲学中获得的推理能力、在考古中学到的观察能力以及多门外语的阅读、听说能力都派上了用场。② 不过即使在军中工作期间，科林伍德都没有中断他的学术追求。为了不至于在战争中牺牲后没有哲学著作留世，他于1916年出版了《宗教与哲学》。③ 日后在准备写作自传时，科林伍德给予了这本书较高的评价，认为它是自己早年的高水准之作。④ 在军中效力期间，他还集中思考了"问答逻辑"（logic of question and answer）问题，并欲以向传统的"命题逻辑"（propositional logic）提出挑战。基于自己在考古方面的实践，科林伍德认识到了"提问活动"（questioning activity）在认知中的重要作用。他认为，在考古上，"一个人所了解到的东西不仅依靠发掘坑里出现的内容，而且根据他提出了什么样的问题"⑤。他认为他的这一发现和培根、笛卡尔在三百年前的论述是一致的，因此，他将这一发现推而广之，认为"知识仅仅来自对问题的解答，而问题必须是正确的并且以

---

① 此书在科林伍德未从剑桥大学毕业时（1912年夏）就开始了写作，1915年4月完成初稿，9—10月完成修订，于1916年12月由出版社（Macmillan）首次出版。

② William M. Johnston, *The Formative Years of R. G. Collingwood*, The Hague: Martinus Nijhoff, 1967, p. 10.

③ William M. Johnston, *The Formative Years of R. G. Collingwood*, The Hague: Martinus Nijhoff, 1967, p. 10.

④ James Connelly, Peter Johnson, and Stephen Leach, *R. G. Collingwood: A Research Companion*, London: Bloomsbury Academic, 2015, p. 18.；[英]柯林武德：《柯林武德自传》，陈静译，北京大学出版社2005年版，第43页。

⑤ [英]柯林武德：《柯林武德自传》，陈静译，北京大学出版社2005年版，第26页。

正确的顺序提出……'提问活动'……是认知活动的一半，另一半便是回答问题，问答的结合才构成了完整的认知"①。据此，他对以往的片面逻辑进行了批判，认为"一种只关心答案却忽视问题的逻辑，只能是错误的逻辑"②。1917年8月至1918年1月，科林伍德利用全部业余时间撰写了《真理与矛盾》（Truth and Contradiction）一书，对上述思想进行了详细的阐述和总结，但由于某种原因，此书当时没有得到出版。科林伍德对"问答逻辑"的思考是和对实在论的反思一同进行的，因为科林伍德认为实在论者的批评方法就是"把被批评的观点分为各种命题，然后在命题之间查找矛盾"③，这样实在论者就完全忽视了被批评者之前提问和解答的逻辑，因此会对被批评者产生误解，被实在论者查找到的、命题之间的矛盾或许根本就不存在。正是从这一点出发，科林伍德对实在论开始了全面的审视。在战后返回到牛津的时候，他便成了实在论的反对者。④

1918年6月，科林伍德与德埃塞尔·温弗雷德·格雷汉姆（Ethel Winfred Graham）结婚，婚后他们育有一子一女。也是在1918年，科林伍德返回牛津继续他的教学和研究工作，从此进入他学术研究第一阶段的丰收期。

1918—1925年，科林伍德阅读、翻译、写作了许多论文，领域涉及哲学、宗教、历史、考古、美学等。精力旺盛的科林伍德，在教学和进行学术研究的同时还积极参与考古、编辑、公共演讲等工作。另外，他还和当时的著名学者克罗齐、罗杰鲁（Guido De Ruggiero）等人保持交往或书信联系，探讨相关学术问题。在他这几年所做的大量工作中，直接或间接和其美学思想相关的有：1919—1920年翻译了罗杰鲁的《现代哲学》（Modern Philosophy）；1920年阅读了亚历山大（Samuel Alexander）的《空间、时间和神性》（Space, Time and Deity）；1920—1922年翻译了克罗齐的《美学》（Aesthetics）；1921年写作了关于克罗齐美学的论文；

---

① [英] 柯林武德：《柯林武德自传》，陈静译，北京大学出版社2005年版，第26—27页。
② [英] 柯林武德：《柯林武德自传》，陈静译，北京大学出版社2005年版，第33页。
③ [英] 柯林武德：《柯林武德自传》，陈静译，北京大学出版社2005年版，第43页。
④ [英] 柯林武德：《柯林武德自传》，陈静译，北京大学出版社2005年版，第45页。

1923年8月完成《精神镜像：或知识地图》(*Speculum Mentis or the Map of Knowledge*)的写作，1924年1月出版；1924年8月，《艺术哲学大纲》(*Outlines of a Philosophy of Art*)①写成，1925年出版；1925年4月，发表《柏拉图的艺术哲学》(*Plato's Philosophy of Art*)；1925年翻译了克罗齐的传记，日后以《克罗齐自传》(*B. Croce, An Autobiography*)为名出版；1925年11月，在牛津哲学协会（Oxford Philosophical Society）宣读论文《艺术在教育中的地位》(*The Place of Art in Education*)，并于1926年发表。

可以说，科林伍德写作和学术研究的第一阶段是科林伍德美学思想的初创期和丰收期。《精神镜像：或知识地图》是一战之后科林伍德出版的第一本书。正如他思想上已经完成了从实在论向观念论的转折一样，这本书也体现了这样一个迅速的转变。这本书所要处理的是人类心灵（mind）在求知过程中的联合与进展。科林伍德认为，人类心灵在求知的过程中，必然经历"艺术—宗教—科学—历史—哲学"五个阶段，且是一个从初级到高级的上升过程。艺术与想象作为求知过程的第一个也是初级阶段在此书中被涉及。此书还详细论述了艺术与想象、想象与认知、艺术在人类求知过程的地位和作用等问题。正是在写作《精神镜像：或知识地图》过程中，他才萌生了写作一本艺术哲学书的打算，因此《艺术哲学大纲》(*Outlines of a Philosophy of Art*)可以看作《精神镜像：或知识地图》中关于艺术部分的详细注脚和副产品。而《柏拉图的艺术哲学》与《艺术在教育中的地位》两篇论文则是对《精神镜像：或知识地图》和《艺术哲学大纲》两本书的具体运用。

二 第二阶段（1925—1933年）

1912年，科林伍德便开始了"罗马统治时期英国"（Roman Britain）的考古研究工作。当科林伍德的《精神镜像：或知识地图》并没有得到他期待的广泛好评时，他便在考古工作中投入了更多的时间。20世纪20年代晚期，他在考古方面写有许多专题论文，这对他之后历史哲学方面

---

① 此书的中文译名是《艺术哲学新论》，卢晓华译，工人出版社1988年版。

的研究和写作帮助甚大。在进行学术研究的同时,科林伍德还担任了繁重的教育教学工作。1921—1928 年,科林伍德在剑桥大学的林肯学院(Lincoln College)和彭布罗克学院(Pembroke College)做哲学导师,1927—1935 年还担任哲学和罗马历史方面的大学讲座教师(university lecturer)。繁重的教学和科研工作使得科林伍德本就不太好的身体状况日益恶化。1931—1932 年间,科林伍德因病休假一个学期。休假期间,他开始(1932 年春)写作《哲学方法论》(An Essay on Philosophy Method),此书 1933 年 6 月完成并于 9 月出版,被科林伍德视作他最好的一本书。[①]在这本书中,科林伍德强调了哲学和历史思想之间的彼此交融和互相建构。此外,在哲学方面,1928 年,科林伍德还出版了《信仰与理性》(Faith and Reason)一书。在美学方面,1929 年,科林伍德在讲义的基础上撰写并发表了《艺术中的形式和内容》(Form and Content in Art)一文;1931 年,科林伍德撰写了一篇复杂的长文《美学理论与艺术实践》(Aesthetic Theory and Artistic Practice),令人遗憾的是,此文并没有得到出版或发表。从《艺术中的形式和内容》一文,以及其他学者引用或评述《美学理论与艺术实践》的内容来看,这一阶段的科林伍德开始重新思考美学问题,并对他之前的美学著述和观点进行了一定程度上的反思或改进。可以说,在美学上,这一阶段对于科林伍德来说是一个过渡和转折的阶段。

三 第三阶段(1933—1943 年)

这一阶段是科林伍德学术研究的最高峰,几部重要的学术名著主要是在这个阶段完成的。当然,这也和他前两个阶段的学术积淀密不可分。这些专著都是对他此前思考和学术研究的总结,也几乎都是在此前演讲或讲义的基础上写就的。这段时间科林伍德对讲义的整理以及写作很多是交叉进行的。为了线索的清晰和叙述的方便,以下对其著述的介绍主要以出版时间为序。

这段时间,科林伍德将自己继《艺术哲学大纲》之后对美学和艺术

[①] [英] 柯林武德:《柯林武德自传》,陈静译,北京大学出版社 2005 年版,第 110 页。

的反思进行了总结，于 1938 年出版了《艺术原理》(The Principles of Art)一书，将自己的美学研究推到一个新的高度。如果说他之前的美学思想主要是强调和处理想象及与之相关的一系列问题的话，那么《艺术原理》则将想象、表现、情感和语言熔于一炉，使之成为一本系统的美学和艺术理论著作。也是在这本书中，科林伍德根据自己以"情感表现"为中心的相关理论给出了艺术的定义以及判断好坏艺术的标准和方法。

随着身体状况的不断恶化，科林伍德感到自己的生命长度不足以再系统阐释自己的思想和学术研究了，于是在 1939 年写作并出版了《科林伍德自传》(An Autobiography)，对自己以往的学术思想进行了总结和评价。1940 年，在之前讲义的基础上，科林伍德出版了《形而上学导论》(An Essay on Metaphysics)。此书在回顾自古希腊到当下的形而上学理论的基础上，指出形而上学也是随着人类认识的不断变化而变化的，因此是历史的产物。之后，科林伍德的身体状况继续恶化。他在生命的最后几年全身心地投入政治哲学著作《新利维坦》(The New Leviathan)的写作之中，此书也得以在他去世的前一年 (1942 年) 出版。这本书主要基于对霍布斯 (Thomas Hobbes) 的阐释对政治相关问题进行了哲学思考。

1943 年 1 月 9 日，科林伍德因病在柯尼斯顿去世，年仅 53 岁。

有几部重要的学术著作是在他死后由后人将相关的论文、手稿、讲义整理后出版的，但由于其主要写作或演讲的时期都在这个阶段，故也择要放在这里介绍。1945 年，《自然的观念》(The Idea of Nature) 出版，此书在回顾自古希腊到当下的自然观念的基础上，指出人类对自然的观念是随着对自然认识的变化而变化的，自然的观念也是"历史地"进行演化的。1946 年，《历史的观念》(The Idea of History) 出版。在这本书中，科林伍德提出了"一切历史都是思想史"的名言，强调想象和思想在理解、研究历史中的重要性。

科林伍德一生并没有参与过多的政治和社会活动，也没有经历太大的人生波澜，其短暂的人生主要是学术研究、书斋式的平静的一生。其研究领域横跨哲学（历史哲学、政治哲学、哲学史、美学等）、历史、考古、艺术等多个领域，且彼此交叉影响，形成了其独特的学术风貌。

第二节 科林伍德美学思想简介

本书的主体按照范畴、概念及理论上的相关性展开研究,没有从时间线索上对科林伍德美学思想发展进行梳理。为了使读者在进入概念和范畴之前能对科林伍德美学思想有个基本的把握,这节对科林伍德美学思想的简介主要以时间为线索展开。

科林伍德是 20 世纪前期"表现主义"美学的几个重要代表人物之一。由于科林伍德在"表现主义"美学上的重要贡献及其和克罗齐美学的"亲缘"关系,后世学者往往把科林伍德和克罗齐并列起来,将他们的美学理论合称为"克罗齐-科林伍德的表现说"。[1] 但在科林伍德之前,对表现论进行过研究的,还有对科林伍德影响很深的克罗齐及其导师卡里特、英国美学家鲍桑葵(也有学者译为鲍山葵)、美国的杜威以及俄国的托尔斯泰等。这些人的论述是研究科林伍德表现理论的重要参照。

如上一节所说,威廉姆·M. 约翰斯顿将科林伍德的学术研究和写作划分为三个阶段,实际上,科林伍德的美学研究也大致可以分为这三个阶段。但由于在第二个阶段科林伍德只有一篇关于美学的论文发表,所以学术界一般以其美学著作《艺术哲学大纲》(1925)[2] 和《艺术原理》(1938)为代表,将科林伍德的美学研究划分为前、后两个阶段。[3] 本节也采用此分期来简要介绍科林伍德美学的主要思想。

一 科林伍德前期美学基本思想

学术界一般将《艺术哲学大纲》作为科林伍德前期美学的代表作,

---

[1] 汝信主编:《西方美学史·第四卷》,中国社会科学出版社2008年版,第161页;朱立元、张德兴等:《西方美学史·第六卷·二十世纪美学·上》,北京师范大学出版社2013年版,第62页。

[2] 《艺术哲学大纲》,也有学者译作《艺术哲学新论》等。

[3] Pual Guyer, *A History of Modern Aesthetics. Volume 3: The Twentieth Century*, Cambridge University Press, 2014, p.194;汝信主编:《西方美学史·第四卷》,中国社会科学出版社2008年版,第160—161页;朱立元、张德兴等:《西方美学史·第六卷·二十世纪美学·上》,北京师范大学出版社2013年版,第62页。

这当然不错,但《艺术哲学大纲》却是作为《精神镜像:或知识地图》的副产品而出现的,而且在《精神镜像:或知识地图》中有专门一章来探讨艺术。因此,讨论科林伍德早期美学思想不能忽视这一著作。另外,在《艺术哲学大纲》出版之后,科林伍德还撰写了《柏拉图的艺术哲学》和《艺术在教育中的地位》两篇论文,同样可以反映科林伍德前期美学思想的特点。

(一)艺术在人类精神生活中的地位、作用及其和想象、认知的关系

科林伍德在《精神镜像:或知识地图》中想做的工作是为艺术、宗教、哲学等人类经验形式的统一奠定一种新的哲学原则,科林伍德称这一原则为"心灵统一"(the unity of the mind)的原则。科林伍德选取了五种经验形式——艺术、宗教、科学、历史、哲学——来说明这个统一的原则。他认为,能够将这五种经验形式统一起来的唯一的基础便是认知。艺术、宗教、科学、历史、哲学等,都被科林伍德当作认知的经验形式。而且,按照艺术→宗教→科学→历史→哲学的顺序,存在一个从低级到高级不断进化的顺序。在这里,艺术便被科林伍德当作追求知识或真理的初级形式。那么,艺术依靠什么来追求知识呢?科林伍德认为是"想象"(imagination)。

如此,科林伍德便提出了一个贯穿其前、后期美学始终的概念——"想象"。在科林伍德看来,艺术是一种想象活动,但艺术想象本身却包含了概念在内。这样,艺术便与思维、认知、真理联系了起来。艺术是一种想象,想象具有认知功能,因此艺术便是获得知识和追求真理的一种经验形式,这便是科林伍德的逻辑。不过,由想象带给艺术的思维,在科林伍德看来只是一种暗示思维。所谓暗示思维,就是一种不能明确表明是非对错的思维,它不提供思维或认知的答案,只提供对答案的一种似是而非的暗示。

艺术中的想象性思维不是一种断言的思维,只是一种隐藏起来的暗示性的思维,但这违背认知和思维的本性,认知和思维要求其将自己断言为真。但在科林伍德看来,这不是艺术的使命,艺术也做不到这些,因此思维和认知必须跨越艺术阶段,走向宗教的断言阶段。正是因为这个,科林伍德重新审视了黑格尔的艺术走向消亡命题,认为随着知识的

增长，艺术必定消亡，不过并不是永远的消亡，而会"像凤凰涅槃一样，会从自身躯体的灰烬中再次飞升起来"①。在这一点上，他和黑格尔不完全一致，或者说是对黑格尔的一个补充。

虽然艺术能够提供的认识是一种暗示性的、不能断言的认识，但艺术仍然为追求真理提供了一个深厚的根基和有力的起点，正是在这里，人类求知的活动扬帆启航。因此，科林伍德十分看重人类求知过程中的这一初级经验形式，并将之看成人类精神的"根基、土壤、母腹和温床"②。正是在这一思想的指导之下，他撰写了《艺术在教育中的地位》和《柏拉图的艺术哲学》两篇论文，肯定了艺术教育在人的童年和青少年时期所起的巨大作用。

（二）想象与艺术的本质

《精神镜像：或知识地图》只是将艺术作为求知的一个阶段加以说明，在这本书中，他更关心的是艺术和认知之间的关系。之后，作为对此书的补充和对艺术本身问题较为全面的思考，他撰写了《艺术哲学大纲》这本书。在这本书的第一章，他便抛出了"艺术的一般本质"这一根本性问题。

分析心理学将人的精神活动区分为认知（cognition）、意动（conation）和情感（emotion）三种。科林伍德认为这一区别活动具有重要价值，但他认为这三种活动从来不是独立存在的，而是混合存在于人类的每项活动之中。据此，科林伍德认为作为一般活动的艺术也同时包含这三种要素，即艺术同时既是理论的、实践的，又是情感的。不过，科林伍德认为，艺术中的这三种要素有其自身的特殊性。根据这三种要素在艺术中的特殊性，科林伍德论述了艺术的特殊本质。

1. 艺术的特殊本质：理论上作为想象的艺术及艺术的原始性

人类精神活动的理论要素就是认知的要素。科林伍德认为艺术中也有认知的要素，不同于一般认知活动的是，艺术是通过想象来获得认知

---

① ［英］罗宾·乔治·科林伍德：《艺术哲学新论》，卢晓华译，工人出版社 1988 年版，第 80 页。
② ［英］R. G. 柯林伍德：《精神镜像：或知识地图》，赵志义、朱宁嘉译，广西师范大学出版社 2006 年版，第 48 页。

的，所以科林伍德将想象作为艺术理论要素的特质。想象不区分真理或谬误，但思维却必须进行区分。不过，在思维区分真理和谬误之前必须提供予以区分的对象，也就是说思维认为是真的或虚假的东西必须首先被想象到。这样想象便构成了思维的一个必不可少的基础，而作为想象的艺术，便成了"科学、历史和'共同感觉'等的基础……最初的和最基本的精神活动"①。根据艺术和认知的关系，科林伍德提出了艺术的原始性问题。说艺术是原始的，不是说它是宗教、科学或宗教的原始形式，而是说它是"构成它们基础并使它成为可能的东西"②。基于此，科林伍德批判了18、19世纪特别是唯美派将艺术拔高的思想和见解。

2. 艺术的特殊本质：实践上作为美的追求的艺术及单子论艺术

受康德以来西方美学的影响，早期科林伍德也用美来说明艺术。在论述艺术的一般本质时，他就将美作为艺术区别于其他活动的必然追求和属性。不过，和前人不同的是，科林伍德对美的界定是以想象为基础的，他认为："美是想象中对象的统一或一致；丑缺乏统一，是不一致。"③ 在这个定义当中，"想象"成为一个中心词。想象可以是随意而简单的，但也可以经由努力做得更好，而这更好的想象，在科林伍德看来就是美，也是艺术所追求的目标。在美是成功的想象的意义上，"丑"就是混乱的、随意的和漫不经心的想象。

不过，艺术中想象的一致或统一只限于自身之内，只是想象和它自身的一致，它不像科学、历史和哲学一样还要考虑到和外部因素的一致。基于此，科林伍德称艺术为"单子论艺术"，也就是说，每件艺术品都自成一个宇宙，并拒绝向其他事物敞开和交流。

3. 艺术的特殊本质：情感上作为美的享受的艺术

科林伍德认为，人类的每一种精神活动都会产生情感上的快乐或痛

---

① ［英］罗宾·乔治·科林伍德：《艺术哲学新论》，卢晓华译，工人出版社1988年版，第8页。
② ［英］罗宾·乔治·科林伍德：《艺术哲学新论》，卢晓华译，工人出版社1988年版，第8页。
③ ［英］罗宾·乔治·科林伍德：《艺术哲学新论》，卢晓华译，工人出版社1988年版，第15页。

苦的反应，"快乐就是说它成功地变成或做了它试图变成或做的事，痛苦就是说它失败了"①。艺术作为想象活动自然也有成功与失败之分，因此它也同时包含了快乐和痛苦。如前所述，科林伍德将美理解为想象的一致，在说明艺术的美的享受的特性时，又补充说："美不是知觉所理解的对象的性质，也不是思维所把握的概念，它是渗入全部被想象对象经验的情感色彩。"②这样一种包含痛苦和快乐的情感色彩，在科林伍德看来就是美，创造和欣赏它就是对美的追求和享受。

（三）艺术美的各种形式及自然美

1. 艺术美的各种形式

同许多美学家一样，科林伍德也对艺术美的形式进行了分类，但他的原则较为不同，不认为这些形式是和美不同的东西，也不认为它们是美的种类。他认为它们之间的关系类似于部分与整体的关系，即美类似于整体，其他形式类似于部分。科林伍德将整体的美称为最高的美。当然，作为部分的一个要素，其本身也可以构成美，但在强调美是想象的一致或和谐的科林伍德看来，"这是截短的和不完全的美，是较低水平的美"③。

（1）崇高的（sublime）

科林伍德既反对以对象客观的量（数学的崇高）或力（力学的崇高）来看待崇高，也反对从道德的角度对崇高进行说明，他仍然从他的"想象论"出发去界定崇高。所谓崇高的美，在科林伍德的逻辑里是指在一定程度上超越我们想象力的美，而所谓超越，是指想象力的被动接受而非主动去想象。因此，科林伍德在描述崇高时说："崇高是把其自身强加于我们心灵的美，是我们不由自主地感觉到它是违背我们意志的美，是我们被动地接受的和我们通过审慎的探究在我们期待发现它的地方没有

---

① ［英］罗宾·乔治·科林伍德：《艺术哲学新论》，卢晓华译，工人出版社1988年版，第21页。
② ［英］罗宾·乔治·科林伍德：《艺术哲学新论》，卢晓华译，工人出版社1988年版，第22页。
③ ［英］罗宾·乔治·科林伍德：《艺术哲学新论》，卢晓华译，工人出版社1988年版，第28页。

发现的美。"① 但崇高本身却是我们主体自己的想象能力,是想象对被动的克服,是"我们自身中想象能力向上流动的冲击"②。

就一切的美都对想象力有某种冲击,因而都含有这种被动因素以及靠想象对这种被动因素进行克服来说,"一切的美都有着某种崇高的色彩"③。因此,科林伍德认为"崇高的是美的首要的基本形式"④。

(2) 喜剧的(comic)

由于崇高是一种想象能力向上流动的冲击,因此它不可能持久保持,它像一种冲击力一样,必然回落。当这种冲击力回落时,对象在想象力的冲击下显得新鲜、有力甚至令人敬畏的属性消失了,它变得平淡而普通,这时崇高便消失了。于是,"在我们过去赞美对象和贬低我们自身的地方,现在我们赞美自身和贬低对象"⑤。科林伍德认为,这就是从崇高到可笑的变化步骤。喜剧就是在这个步骤中产生的,因此,科林伍德认为可以把喜剧看作对崇高的背叛或反动。

科林伍德在论述喜剧这一美的形式时还讨论了理想的喜剧以及嘲笑的意义。他认为我们之所以嘲笑之前显得崇高的东西,是因为我们可以解除它对我们造成的恐惧,从而超越它。但我们有时也将这种嘲笑引向自身。而这种带着优势心理又嘲笑自己劣势之处的行为在科林伍德看来是一种矛盾的行为,蔑视者和被蔑视的东西变成同一个东西。科林伍德认为这种笑就成了幽默。因此,科林伍德认为幽默中包含着忧郁、悲观甚至是绝望,在这个意义上,幽默是喜剧向悲剧的过渡。也因此,他将幽默看作最高级的笑的形式。

---

① [英] 罗宾·乔治·科林伍德:《艺术哲学新论》,卢晓华译,工人出版社1988年版,第30页。
② [英] 罗宾·乔治·科林伍德:《艺术哲学新论》,卢晓华译,工人出版社1988年版,第31页。
③ [英] 罗宾·乔治·科林伍德:《艺术哲学新论》,卢晓华译,工人出版社1988年版,第30页。
④ [英] 罗宾·乔治·科林伍德:《艺术哲学新论》,卢晓华译,工人出版社1988年版,第30页。
⑤ [英] 罗宾·乔治·科林伍德:《艺术哲学新论》,卢晓华译,工人出版社1988年版,第32页。

(3) 美的（beautiful）

科林伍德分别将崇高和喜剧看作美的第一和第二种形式，并采用黑格尔辩证法中的"否定之否定"规律对其进行说明，认为作为第二种形式的喜剧是对作为第一形式的崇高的否定。但第二次的否定（对喜剧的否定）也随之来临，于是"这些对立面相互抵消，在某种意义上把我们带回到我们的出发点"①。但"否定之否定"的过程不是一种纯然的归零运动，它是一种辩证的继承和综合，于是，"崇高的和喜剧的综合给我们提供了完全意义上的美"②。

在这种综合当中，崇高和喜剧被保存下来并且改变了原来的形式，崇高从意外的荣耀冲动变成镇静的庄重，喜剧的嘲笑变成微笑。这种完全意义上的美的经验栖身于崇高和喜剧的两极中间，获得了某种均衡，成为一种平静的经验。在这种经验中，"强制性因素没有了，代之以具有深刻意义的满足和安宁……我们觉得安适，我们属于我们的世界，我们的世界也属于我们"③。

2. 自然美（the beauty of nature）

科林伍德自始至终都用"想象"来说明美，在科林伍德看来，自然美也是如此。自然美和艺术美的差别在科林伍德看来只是是否存在某种反思性的差别。也就是说，当我们被动地感受对象而没有认识到这是我们想象的产物时，这样感受到的美便是自然美；而当我们意识到对象是我们想象的造物时，这样感受到的美即是艺术美。因此，"自然美和艺术美之间的区别不是形而上学的区别……而是两种审美经验之间的区别"④。

不过，科林伍德在对待自然美的时候，明显存在着逻辑上的前后矛

---

① ［英］罗宾·乔治·科林伍德：《艺术哲学新论》，卢晓华译，工人出版社1988年版，第35页。
② ［英］罗宾·乔治·科林伍德：《艺术哲学新论》，卢晓华译，工人出版社1988年版，第36页。
③ ［英］罗宾·乔治·科林伍德：《艺术哲学新论》，卢晓华译，工人出版社1988年版，第38页。
④ ［英］罗宾·乔治·科林伍德：《艺术哲学新论》，卢晓华译，工人出版社1988年版，第42页。

盾。他一方面认为自然美和艺术美的区别不在于对象之上，另一方面又认为自然美必须具有独立于人的想象的客体的存在，这从他对自然美的类型划分中也可以看到。科林伍德将自然美划分为三个类型：纯粹的自然美、人类改造过的自然的美和人造品的自然美。纯粹的自然美是指未经人类染指的自然美，如山川、河流；人类改造过的自然的美，是指像园艺、田园这样的自然美；人造品的自然美指人造的工厂、烟囱、火车等作为独立于人类意识的存在物的美。他的三个分类恰恰都以客体的存在为前提，这恰恰能看出科林伍德不经意流露的矛盾心态。

二 科林伍德后期美学基本思想

科林伍德后期美学以1938年出版的《艺术原理》一书为代表。如果说前期科林伍德强调想象和认知以及想象和美的关系的话，后期他则强调想象和表现以及情感之间的关系，而且还在其中加入了语言符号的维度。因此，"想象论""表现论""语言论"构成《艺术原理》的主要内容，这也是科林伍德《艺术原理》艺术设置为三编的原因。在第一编中，科林伍德主要批评了以技巧论为基础的模仿论（再现论）美学，并指出以想象为手段表现情感的艺术才是真正的艺术；在第二编中，科林伍德主要在批判传统"想象论"的基础上提出了自己的艺术"想象论"；第三编则着重论述"语言"和"表现"以及"语言"和艺术不可分割的关系。

（一）科林伍德对模仿论美学及巫术艺术和娱乐艺术的批判

后期科林伍德将表现情感与否作为判定艺术和非艺术的原则，而这一原则又是在批判两种传统的艺术论和两种伪艺术的基础上确立的。

1. 科林伍德对"技艺论"和"再现论"的批判

科林伍德将技艺定义为："通过自觉控制和有目标的活动以产生预期结果的能力。"[①] 根据这一定义，科林伍德列举出技艺的六个主要特征，并根据这六个特征对艺术与非艺术进行了区分。总的来看，科林伍德认

---

① [英] 罗宾·乔治·科林伍德：《艺术原理》，王至元、陈中华译，中国社会科学出版社1985年版，第15页。

为艺术不同于非艺术的特征在于其非技艺性，即不可控性、无目的性、无手段性、非预期性等。

古希腊的艺术理论对于再现和模仿一般不做区别，科林伍德则根据"原型"的不同将之区别开来，他认为再现是就作品和"自然"的关系来说的，而模仿则是根据它和另一件作品而言的。不过，无论再现"自然"还是模仿别的作品，在科林伍德看来，都是技艺层面的东西，都不属于真正的艺术。

科林伍德将再现划分为三个等级：第一个等级是无取舍的再现，追求和"自然"的完全逼真；第二个等级是选择重要的外部特征进行再现，目的是唤起特定情感；第三个等级完全抛弃外部特征，专心致力于情感的再现。这三个特征越来越接近情感的表现，但本质上都不是情感的表现，因此也不是真正的艺术。

2. 科林伍德对巫术艺术（magical art）和娱乐艺术（amusement art）的批判

基于对技巧论和再现论的批判，科林伍德进一步批判了他所说的巫术艺术和娱乐艺术。因为在科林伍德看来，巫术艺术和娱乐艺术在本质上都是再现型的唤起情感而非表现情感的艺术。他根据唤起情感的不同用途，将艺术分为两类："重新唤起情感如果是为了它们的实用价值，再现就称为巫术，如果是为了它们自身，再现就称为娱乐。"①

科林伍德认为野蛮人之所以要进行巫术活动，不是想通过巫术活动真的改变什么，也不是通过制造幻觉而满足自己的愿望，其目的只是激发某种情感，让这种情感在实际的活动中发挥更大作用。例如战前或打猎前的舞蹈和神秘仪式，野蛮人不是相信通过这个仪式就可以打败敌人或杀死猎物，而是激起战士或猎者的勇武之情，让他们更好地投入战斗。从这个意义上讲，巫术在现代生活中仍在发生作用，科林伍德就将纳粹的战争宣传、婚礼、葬礼等都列入巫术的范畴。

因此，巫术艺术在科林伍德看来"是一种再现艺术，因而属于激发

---

① ［英］罗宾·乔治·科林伍德：《艺术原理》，王至元、陈中华译，中国社会科学出版社1985年版，第58页。

情感的艺术，它出于预定的目的唤起某些情感而不唤起另外一些情感，为的是把唤起的情感释放到实际生活中去"①。尽管科林伍德不认为巫术艺术是真正的艺术，但他仍然认为巫术艺术在人类社会中有积极的作用，甚至不可或缺。

和巫术一样，娱乐也意在激起特定的情感，但它并不想让被激起的情感释放到日常生活之中，恰恰相反，要让被激起的情感和日常生活隔离并加以享受。科林伍德称为此种目的而制造出来的产品为娱乐或消遣。科林伍德还根据自己的巫术和娱乐理论重新解释了贺拉斯的"寓教于乐"说："寓教"就是把情感释放在实际生活之中，"于乐"就是把情感释放在娱乐再现的虚拟语境当中。实际上，贺拉斯的"寓教于乐"在科林伍德看来就是巫术+娱乐的模式。

尽管科林伍德认为巫术艺术和娱乐艺术都只是再现型艺术，但他对两者的态度却截然不同。对于巫术艺术，科林伍德尽管也颇有微词，但他认为在一个正常的社会，必要的此类产品是必需的，也是有益的。科林伍德对于娱乐的批判则更为严厉，他认为娱乐只是对人的能量的一种透支，过度的娱乐必然会让人付出沉重而惨痛的代价，甚至导致整个社会和国家的灭亡。

（二）作为情感表现（expressing emotion）的艺术

通过对技艺论和再现论的批判，科林伍德重申了"艺术是情感的表现"这一主题，并给予了重新的界定和说明。科林伍德认为一个人表现情感与清楚地意识到自己的情感是同一个过程。首先，他意识到自己有某种情感，却不知道这种情感是什么。然后，他通过某种活动排除自己的压抑、烦躁、不安或兴奋。这种活动在科林伍德看来就是"表现"。而表现活动之所以能够使我们平静下来，在科林伍德看来则是因为我们探测到自己的情感并知道了它的性质。这样，科林伍德便将表现情感和意识到情感统一了起来。根据他对"表现"的说明和界定，科林伍德进而要求将表现情感和容易混淆的其他过程与概念区别开来。

---

① ［英］罗宾·乔治·科林伍德：《艺术原理》，王至元、陈中华译，中国社会科学出版社1985年版，第70页。

1. 表现情感与唤起情感（arousing emotion）

唤起情感是指一个人想在别人身上引发或刺激出某种情感，这和以探测自己情感为表现的活动不同。在科林伍德看来，"一个唤起情感的人，在着手感动观众的方式中，他本人并不必然感动"①。他们之间的关系类似于医生和病人的关系，一个是开药，一个是吃药。而表现情感的人，则以同一种方式对待自己和观众，他要做的是探测自己的情感并使之清晰，观众的感动只是某种附属效应。与之相关，一个企图唤起别人情感的人，他可以有计划地采取某些技巧和手段，但是一个表现自己情感的人，由于在表现之前他并不知道自己的情感为何物，因而技巧和手段不适用于他。

2. 表现情感与描述情感（describing emotion）

科林伍德将描述看作一种概括活动，"描述一件事物就是认为它是这样一个事物和这样一类事物，就是把它置于一个概念之下并加以分类"②。而表现活动由于它是探测某人具体的情感，因此是一种个性化的活动，两者路径正好相反。所以，在科林伍德看来，描述活动不仅无助于表现，反而对表现有害。正因为如此，科林伍德认为"为追求表现力而使用形容词是一种危险"③。

3. 表现情感与暴露情感（betraying emotion）

暴露情感，就是"展示情感的种种症状"，亦即展示情感的种种后果，如脸色苍白、脸颊发红、大声咆哮、声泪俱下，等等。在科林伍德看来，一个具有如此症状的人并不意味着他意识到了自己的情感是什么，而在只展示这些症状的艺术品中也不意味着成功表现了某种情感。恰恰相反，这只是一种无能的表现。

---

① ［英］罗宾·乔治·科林伍德：《艺术原理》，王至元、陈中华译，中国社会科学出版社1985年版，第113页。
② ［英］罗宾·乔治·科林伍德：《艺术原理》，王至元、陈中华译，中国社会科学出版社1985年版，第115页。
③ ［英］罗宾·乔治·科林伍德：《艺术原理》，王至元、陈中华译，中国社会科学出版社1985年版，第115页。

（三）作为想象的真正艺术

1. 作为对情感的意识和探测的想象

后期科林伍德将想象看作一种情感的意识和探测的理论。在科林伍德看来，正是通过"想象"，感觉变成情感并且能够被意识和探测到。这是因为，在整个经验总体结构中，"想象是思维活动与单纯的感觉心理生活接触的交点"①。在科林伍德的理解中，感觉是一种对刺激的单纯反应，处于意识水平以下。而想象在本质上则是人意识到的感觉——通过意识活动，纯粹的刺激反应变成一种清晰的、处于意识水平以上的感觉——这样的感觉就成为情感。科林伍德之所以将想象活动看作感觉与思维的交点，乃是因为思维不能直接处理纯感觉的材料，感觉作为纯粹刺激的反应要想进入思维的领域，必须成为意识水平以上的、清晰的感觉，而这个过程必须由意识或想象完成，或者说这个过程就是想象本身。如此，想象便成为感觉向情感和思维迈进的必经阶段，科林伍德将他的"想象论"和情感及表现联系了起来。

2. 艺术作为整体想象性经验（the total imaginative experience）

在《艺术原理》中，科林伍德这样用"想象"来界定艺术："通过为自己创造一种想象性经验或想象性活动以表现自己的情感，这就是我们所说的艺术。"② 不过，科林伍德在这里所说的想象性经验是"总体性想象经验"。所谓"总体性想象经验"，是指伴随多种感觉的想象性经验，比如我们观看绘画时会有触觉的感受，在聆听音乐时会有视觉的感受，等等。这种超越单一感觉的想象性经验被科林伍德称为一种整体想象性经验。艺术活动中的想象，在科林伍德看来就是这种"总体性想象经验"。

（四）作为语言（language）的艺术

总的来看，科林伍德的艺术观是想象、表现和语言"三维一体"的艺术观。科林伍德认为，艺术的表现性和想象性决定了艺术必须同时是

---

① ［英］罗宾·乔治·科林伍德：《艺术原理》，王至元、陈中华译，中国社会科学出版社1985年版，第175页。

② ［英］罗宾·乔治·科林伍德：《艺术原理》，王至元、陈中华译，中国社会科学出版社1985年版，第156页。

语言的，这是因为表现是对情感的意识、想象是对感觉的意识，而意识的重要工具则是语言，所以表现和想象都不能脱离语言而存在，这就决定了艺术的语言本性。当然，科林伍德所说的"语言"是包括一切符号体系在内的广义的语言。在科林伍德看来，不仅想象和表现需要语言，语言也天然具有想象性和表现性。所以，语言和艺术天然就是统一的。

科林伍德的美学还涉及了艺术与真理、艺术家与社会等因素，但其主体框架就是这种将想象、表现和语言统一于艺术的"三维一体"的构架。可以说，20世纪美学的"语言学转向""心理学转向"及"文化学转向"在这个构架当中都有体现。[1]

第三节 科林伍德美学思想的研究现状及本书研究内容

一 本书选题及国内外研究现状

（一）本书选题及选题的研究意义

罗宾·乔治·科林伍德是20世纪英国著名哲学家、历史学家、考古学家和美学家，其在历史哲学和美学上的贡献尤其显著。由于科林伍德在"表现主义"美学上的重要贡献及其和克罗齐美学的"亲缘"关系，后世学者往往把科林伍德和克罗齐并列起来，将他们的美学理论合称"克罗齐-科林伍德的表现说"。[2] 科林伍德的"表现主义"美学理论涉及了美学和艺术的方方面面，但其美学最显著的特点乃是将想象和表现统一起来论述，并将之作为界定艺术的根本原则。因此，可以说想象和表现就是科林伍德美学的"双翼"。所以，本书试图通过想象与表现两个层面的研究一窥科林伍德美学的特色和全貌，以期对科林伍德美学获得

---

[1] 高建平先生在其论文《20世纪西方美学主潮》中归纳了美学在20世纪的三个转向，即心理学转向、语言学转向和文化学转向。参看高建平《20世纪西方美学主潮》，《美与时代》2003年第6期。

[2] 汝信主编：《西方美学史·第四卷》，中国社会科学出版社2008年版，第161页；朱立元、张德兴等：《西方美学史·第六卷·二十世纪美学·上》，北京师范大学出版社2013年版，第62页。

更为全面和深刻的了解。

科林伍德在美学史上有着重要的地位。他不仅在克罗齐的影响下发展了表现论美学，成为表现论美学的重要一环，而且在20世纪西方美学的"语言学转向""心理学转向"和"文化学转向"中，也是开风气之先的人物。在西方美学史上，科林伍德还是一位重要的总结者和承前启后者。他的美学理论承接康德、席勒、黑格尔、维科、浪漫主义者、罗斯金、克罗齐等人而来，对后世学者产生了一定的影响。从理论渊源上看，柏拉图、康德、黑格尔、维科、浪漫主义者、罗斯金、克罗齐等人的哲学和美学都曾被科林伍德吸收并改造。这使得科林伍德美学和这些理论渊源存在错综复杂的关系，给美学史家带来种种困惑和难题。例如科林伍德在美学上到底是黑格主义者还是克罗齐主义者，科林伍德将"心灵"作为一个整体来考虑美学的方法到底是来源于黑格尔还是罗斯金，科林伍德在哪些方面赞成和反对康德，科林伍德的"表现论""想象论"和"情感论"与浪漫主义者有何异同，等等。从科林伍德的影响来看，他提出的问题仍然被以后的美学家继续探讨，并产生新的影响和成果。科林伍德解决问题的方法、思路仍被继续使用，如他的"表现论""情感论"及"语言符号说"在苏珊·朗格（Susanne Langer）的《情感与形式》（*Feeling and Form*）中得到了更好的综合，他关于"巫术"与"娱乐"作为"伪艺术"的论述在以后的文化研究者那里得到了回应。后世学者是如何发展和重新探讨科林伍德提出的诸多美学问题的，也是值得研究的。但是科林伍德的美学往往被很多的美学史家所忽视，多数美学史著作涉及科林伍德的时候将其作为一名黑格尔主义者或克罗齐主义者一带而过。但实际情况远为复杂得多，科林伍德不仅不是某个主义简单的信奉者，而且在一定程度上是一个总结者和承前启后者。因此，研究科林伍德美学既有利于解决这些美学史难题，也有利于重新认识科林伍德在美学史上的地位和作用，有美学史的意义。

从美学理论本身来看，科林伍德所提出和试图解决的许多问题都是美学和艺术理论领域重要而基础的问题，这些问题至今仍然在美学和艺术理论中被广泛应用和争论。如艺术在人类"心灵"中的地位及其作用问题，在这个问题当中既涉及了"心灵"是一个统一体还是由各自平行且独立的领域组成的问题，也涉及了艺术和人的认知活动、伦理活动之间的关系。又如想象的界定及其和认知的关系，想象在艺术中起着重要作用是从浪漫主义开始一直在艺术理论中被强调的问题，但什么是艺术想象，想象怎样在艺术的创作和欣赏当中起作用，一直以来模糊不清。而且，科林伍德一方面认为艺术是一种想象活动，另一方面又认为艺术是一种认知，想象和认知作为一种表面矛盾之物如何在艺术里统一起来就成为科林伍德所关注的问题。再如何为表现及其和再现、情感以及想象的关系，科林伍德将艺术归结为"表现"，但"再现"在艺术中还有没有意义，艺术家在艺术中表现的仅仅是情感还是有别的因素，艺术家是如何用"想象"进行表现的。最后是艺术语言（符号）的特性问题。科林伍德将艺术语言（符号）归为表现性的语言，并声称语言（符号）在起源和本质上是表现性的，再现和推理性的语言（符号）才是第二位的。科林伍德还试图将语言和表现统一起来，他不承认没有表现内容的语言和没有语言的表现内容，但科林伍德的艺术语言（符号）观和现在主流语言学并不一致。这些仍未解决的问题涉及了"认知论美学""艺术心理学""艺术语言学""艺术社会学"等美学中的多个领域，都是20世纪美学的基础理论问题。通过研究科林伍德所试图解决的问题，可以再次对这些基础性的美学问题进行审视，以期获得新的启发。因此，科林伍德美学研究具有重要的理论意义。

（二）国内外研究现状

1. 国外研究现状

科林伍德是一位学识渊博、研究领域非常广泛的学者，他的研究涉及哲学、历史哲学、历史学、考古学、美学等多个领域，且在每个领域都有建树。因此，研究科林伍德著作和文章在西方非常之多，据 James Connelly、Peter Johnson 和 Stephen Leach 编著，由剑桥大学出版社出版于 2015 年的 *R. G. Collinwood: A Research Companion* 列出的研究著作和文章，已出版和发表的约有1300种，未出版的硕博论文约100种，共计约1400种，其中和科林伍德美学相关或涉及科林伍德美学的约有60种，单以科林伍德美学为研究对象的约有30种。在这约30种单以科林伍德美学为研究对象的著作和文章当中，已出版的专著有1本，未出版硕博论文3本，其他都是报纸期刊文章。以下笔者将根据自己所能收集、阅读到的和自己的研究紧密相关的文献做出简要描述。

在西方美学史上，科林伍德不是一位振聋发聩的新理论的提出者，因此无论从西方人自己写的美学史来看，还从中国人写的西方美学史来看，大部分涉及20世纪美学的美学史家对科林伍德的美学及其在历史的地位都有所忽视。如在美国学者凯·埃·吉尔伯特（K. E. Gilbert）和德国学者赫·库恩（H. Kuhn）合著的《美学史》（*A History of Aesthetics*）中，科林伍德仅仅在作者阐述克罗齐的美学思想时被作为克罗齐的修正者附带提及；① 在美国学者门罗·C. 比厄斯利（Monroe C. Beardsley）著名的《西方美学简史》（*Aesthetics from Classical Greece to the Present*）中，科林伍德被作为克罗齐的追随者之一仅出现了数行；② 在我国学者牛宏宝的《西方现代美学》、张法的《20世纪西方美学史》等著作中，情况也差不多是如此；③ 在我国新近出版的几部大部头的美学通史著作中，如汝信主编的《西方美学史》（第四卷）、蒋孔阳和朱立元主编的《西方美学史》（第六卷），则给予了科林伍德以较大的篇幅介绍，但对其历史地位的看法仍然沿袭之前提到的一些著作，即将科林伍德看作克罗齐的追随者。④

还有很多学者将科林伍德，特别是早期科林伍德看作一位黑格尔主义者，⑤ 认为科林伍德早期美学受黑格尔影响很大。杰拉尔德·道格拉斯·斯塔摩尔（Gerald Douglass Stormer）在其著作《科林伍德早期的黑格尔主义》（*The Early Hegelianism of R. G. Collinwood*）当中，将《精神镜

---

① ［美］凯·埃·吉尔伯特、［德］赫·库恩：《美学史》，夏乾丰译，上海译文出版社1989年版，第728—731页。

② ［美］门罗·C. 比厄斯利：《西方美学简史》，高建平译，北京大学出版社2006年版，第295—296页。

③ 牛宏宝：《西方现代美学史》，上海人民出版社2002年版，第250—253页；张法：《20世纪西方美学史》，四川人民出版社2007年版，第43—44页。

④ 汝信主编：《西方美学史·第四卷》，中国社会科学出版社2008年版，第161页；朱立元、张德兴等：《西方美学史·第六卷·二十世纪美学·上》，北京师范大学出版社2013年版，第62页。

⑤ Gerald Douglass Stormer, *The Early Hegelianism of R. G. Collinwood*, Tulane University, Ph. D., 1971, pp. 22–40.

像：或知识地图》完全看作黑格尔《精神现象学》影响的产物;① 艾伦·唐纳德（Alan Danagan）认为黑格尔对科林伍德早期美学特别是《艺术哲学散论》及《艺术哲学大纲》的第二、第三章等产生过重要影响。② 科林伍德的确受到黑格尔和克罗齐较大的影响（前期美学受黑格尔影响大，后期美学受克罗齐的影响更大），但将科林伍德美学完全看作他们影响的产物则有失公允。实际上，科林伍德的美学特质和他们两位都有所不同，有着他自己的思考和体系。

不过，保罗·盖亚（Paul Guyer）三大卷本的《现代美学史》(*A History of Modern Aesthetics*) 用了较大的篇幅介绍科林伍德。在这套美学史中，保罗·盖亚从美学史的角度概括分析了科林伍德的理论渊源、历史地位和历史影响，也较为详细地分析了科林伍德的理论贡献。其中有很多独到的见解，例如，他不同意某些史论家将科林伍德仅仅当作一位克罗齐的阐发者，而是将科林伍德看作他那个时代美学上的"模糊的"总结者。又如他不同意一些美学史学者认为前、后期科林伍德存在根本转折的看法，认为前后期科林伍德的基本理论是前后一致的。他否定科林伍德是一名黑格主义者。他简要说明了科林伍德"心灵"统一体理论和黑格尔及康德的联系，分析了科林伍德"认知论"和"想象论"之间的矛盾及科林伍德的处理。同时，概括分析了科林伍德的理论渊源及其影响。总之，保罗·盖亚的分析涉及了科林伍德美学的主要方面，有些结论和见解非常独到。但作为一本美学史著作，它只能是简略和概括的，缺乏详细的论证、分析。

美国哥伦比亚大学西奥多·米歇尔（Theodore Mischel）写于1958年的博士学位论文《科林伍德的艺术哲学》(*R. G. Collingwood's Philosophy of Art*) 批判性地研究了科林伍德的表现、想象和情感三个问题，并在涉及的地方简单梳理了科林伍德关于艺术与工艺的区分、艺术的用途等问题。此文还在第一章和第六章的第七节（最后一章的最后一节）专门研究了

---

① Gerald Douglass Stormer, *The Early Hegelianism of R. G. Collinwood*, Tulane University, Ph. D. , 1971, pp. 194 – 211.

② Gerald Douglass Stormer, *The Early Hegelianism of R. G. Collinwood*, Tulane University, Ph. D. , 1971, p. 26.

科林伍德艺术理论和克罗齐之间的关系。但此文没有分析科林伍德和其他哲学家、美学家重要的理论渊源关系，对于科林伍德美学中重要的艺术和认知之间的关系看法较少涉及，没有在此文中专门探讨科林伍德后期的语言（符号）学美学思想，对于科林伍德美学的影响及其对于现代美学的意义也没有进行详细论说。加拿大麦吉尔大学（McGill University）P. G. 英格拉姆（P. G. Ingram）写于1971年的硕士学位论文《科林伍德的作为语言的艺术理论》（*Collinwood's Theory of Art as Language*）则结合科林伍德关于艺术和工艺的区分及其表现和想象理论专门研究了科林伍德的语言（符号）学美学思想。其中，前言部分简要介绍了科林伍德艺术理论和克罗齐之间的关联，第二部分简要介绍了科林伍德的语言符号学美学思想，第三部分对科林伍德语言符号学美学思想进行了批判，第四部分阐述了自己对语言及艺术的看法。

除了专门以科林伍德美学为研究对象的著作和硕博论文之外，还有一些著作和硕博论文做了相关的比较研究（科林伍德和其他美学家美学思想的比较）和应用研究（将科林伍德的美学理论应用到其他领域）。美国辛辛那提大学（University of Cincinnati）斯图亚特·杰·皮特克（Stuart Jay Petock）写于1971年的博士学位论文《康德和科林伍德论审美经验》（*Kant and Collingwood on Aesthetic Experience*）在比较了科林伍德和康德关于"艺术活动"的论述之后，试图从科林伍德的理论出发重新理解康德关于"审美判断的逻辑力量"的看法。美国波尔州立大学（Ball State University）杰瑞·格兰特·思默克（Jerry Grant Smoke）写于1972年的博士学位论文《R. G. 科林伍德与尤金·F. 凯琳美学理论的比较与分析》（*A Comparison and Analysis of the Aesthetic Theories of Robin G. Collingwood and Eugene F. Kaelin*）在回顾了表现理论的"历史观"和"观念论"以及存在主义的现象学的发展状况以后，将科林伍德的表现论美学同尤金·F. 凯琳（Eugene F. Kaelin）的现象学美学理论进行了比较。美国宾夕法尼亚州立大学（The Pennsylvania State University）阿瑟·莱斯利·德帕兹（Arthur Leslie Delpaz）于1974年所写的博士学位论文《杜威和科林伍德哲学中审美经验的性质及其在音乐教育的启示》（*The Nature of the Aesthetic Experience in the Philosophy of Dewey and Collingwood and Its Implica-*

tion for Music Education）则试图通过比较科林伍德和杜威的关于艺术"经验"和"表现"的论述，将得出的结论用于分析音乐教育的理论。美国俄亥俄州立大学（The Ohio State University）路易莎·郎·欧文（Luisa Lang Owen）写于 1980 年的博士学位论文《表现与教育：一项基于科林伍德和杜威美学理论的研究》（*Expression and Art Education：A Study Based on the Aesthetic Theories of Collingwood and Dewey*）在分析了科林伍德的"表现论"后，将之和杜威的美学理论进行对比，并将得出的结论应用到艺术教育的相关理论之中。美国波士顿大学（Boston University）乔治·R. 卡拉姆（George R. Karam）写于 1971 年的博士学位论文《科林伍德美学的教育内涵》（*The Educational Implication of R. G. Collingwood's Aesthetics*）试图将科林伍德的美学思想（主要是"表现论"、语言符号美学和"艺术交流论"）引入学校教育的实践当中。美国约翰斯·霍普金斯大学（The Johns Hopkins University）克里斯多夫·德赖斯巴赫（Christopher Dreisbach）写于 1987 年的博士学位论文《艺术的道德性：科林伍德的见解》（*The Morality of Art：Collingwood's View*）将科林伍德的美学理论和道德理论结合起来探讨艺术的道德问题。加拿大康考迪亚大学（Concordia University）罗伯特·卡瓦纳（Robert Kavanagh）写于 1990 年的博士学位论文《土与火的艺术：罗宾·乔治·科林伍德的美学与陶艺》（*The Art of Earth and Fire：The Aesthetics of Robin George Collingwood and the Craft of the Studio Potter*）则主要根据科林伍德艺术与技术的区分以及表现理论来探讨陶瓷艺术的制作和创造问题。

除了专著和硕博论文外，还有许多研究或涉及科林伍德美学的期刊文章，这些文章研究的内容更为广泛，有研究科林伍德美学思想源流的，有将之和其他美学家进行对比研究的，也有研究科林伍德美学理论中某个具体问题的。

从以上简要的介绍中可以看出，国外的科林伍德美学研究几乎涉及了科林伍德美学的方方面面。不过，专门而全面的科林伍德美学研究著作仍然较为缺乏。

2. 国内研究现状

相比国外科林伍德美学研究的广度和深度，国内的科林伍德美学研究要冷清得多，目前还没有科林伍德美学研究的专著，只有一篇博士学位论文和若干篇期刊论文。

毕业于复旦大学的王朝元于1996年写有约7万字的博士学位论文《科林伍德艺术理论研究》。这篇论文就艺术的起源、艺术的本质和艺术的功用问题对科林伍德的艺术理论进行了梳理和介绍，在第一章也简要梳理了科林伍德美学的思想渊源。这篇论文简明扼要，谈出了一些问题，不过有些单薄，很多问题没有深入探讨。罗常军于2008年写有硕士学位论文《直觉、表现与艺术——表现主义艺术本质论研究》（湖南师范大学），科林伍德的艺术本质论在其中占有一章的位置，涉及了科林伍德的"表现论"和"想象论"。罗常军还于2014年写有博士学位论文《艺术即表现——表现主义艺术哲学研究》（湖南师范大学），科林伍德美学被当作表现主义的一个环节，除了有专节论述外，其他地方也多有涉及。张睿靖于2015年写有博士学位论文《融合中的"表现"——杜威"表现论"研究》（中国社会科学院研究生院），其中有一节内容对科林伍德的"情感表现论"和杜威的"表现论"进行了对比。国内关于科林伍德美学研究的若干期刊论文主要是介绍并简要评价其"表现论"和"想象论"，鲜有涉及科林伍德美学其他方面的研究。

综上所述，国内仍然缺乏较为全面、深入的科林伍德美学研究著作或论文。本书试图在全面理解科林伍德美学思想的前提下，以科林伍德的"想象论"和"表现论"为核心，以期对科林伍德美学思想的渊源、理论贡献、影响以及对当下理论难题的启发等问题有所挖掘。

二 本书主要内容

本书主要以科林伍德美学中的想象和表现理论为抓手，试图从这两个视角来理解科林伍德的整个美学思想。除导论和结论外，本书设六章来完成整个研究。

导论部分，本书在简要介绍科林伍德生平、美学思想及国内外研究现状的基础上，阐明自己的研究内容。第一章（科林伍德美学思想的历史文化语境及理论渊源）试图将科林伍德的美学放在科林伍德所处的时代文化语境之中，并剖析科林伍德所面临的问题以及他所要解决的问题及采用的方式和方法。此外还简要梳理了科林伍德美学思想的理论渊源，以期更为清楚地理解科林伍德美学及其所采用的方法和范式。第二章（想象与认知、美及艺术）主要探讨早期科林伍德如何处理想象与认知、美及艺术的关系。第三章（想象与情感）主要探讨科林伍德后期美学如何将想象和情感联系到一起。第四章（表现与情感）主要阐述科林伍德的"表现主义"美学思想，在这一章中会涉及科林伍德如何将"表现"与"再现"和"模仿"区别开来以及他对"巫术艺术"和"娱乐艺术"的批判。第五章（表现与语言）主要探讨科林伍德的"表现主义"语言观，以及他对想象与语言、表现与语言、艺术和语言关系的看法。第六章（基于想象、表现和语言的艺术论）主要论述后期科林伍德在"想象论""表现论"及"语言论"的视域下对艺术总的看法以及他对以前观点的一些修正。结论（科林伍德美学的理论贡献、缺陷、历史地位及影响）主要论述科林伍德美学的理论特质、理论贡献、理论缺陷及其历史地位和影响。

本章小结

根据科林伍德美学思想体系的内在变化，其美学大致可以分为前、后两个时期：前期以《精神镜像：或知识地图》和《艺术哲学大纲》为代表，后期以《艺术原理》为代表。其前期主要关注艺术中想象和初级认知之间的关系，后期则主要关注艺术中想象和情感表现之间的关联。

其前期美学在继承黑格尔相关论述基础上，对于艺术作为认知而导致的终结和新生及其在人类精神生活中的地位做出了自己的理解。此外，其前期美学还用想象重新界定了美、丑及崇高、优美等审美范畴。而后期美学则在克罗齐的基础上，对表现做出了新的系统性的理解：将"想象"上升为一种情感的意识和探测的理论，并据此界定了艺术与非艺术、好的艺术与坏的艺术。

本书主要以科林伍德美学中的想象和表现两个关键词为抓手，试图从这两个视角来研究科林伍德的整个美学思想，并对其理论得失、历史地位做出自己的判断。

第一章

科林伍德美学思想的历史文化语境及理论渊源

第一节 科林伍德美学思想的历史文化语境

科林伍德是一位既关注现实又重视历史的学者，他在每一个研究领域都试图通过对历史的重新解读来解决当下的问题，① 在美学研究上也是如此。他的美学研究一方面扎根于当代西方的历史文化语境当中，试图回应一些西方文化自文艺复兴和启蒙运动以来出现的根本问题；另一方面，他的美学研究也密切关注当代社会的艺术发展状况，试图让他的美学理论介入当代的艺术发展当中，并对之产生影响。所以，研究科林伍德的美学也应该关注其美学和这两个方面的密切联系。

一 科林伍德美学与"两种文化"

美国思想史家理查德·塔纳斯（Richard Tarnas）认为，"从文艺复兴的复杂的母体中产生了两种不同的文化潮流，两种不同的西方思想特有的对待人类生存的气质或基本态度。一种在科学革命和启蒙运动中显露出来，强调理性、经验的科学和怀疑宗教的世俗主义。另一种则是前者的正好相反的补充，在古典的希腊-罗马文化和文艺复兴（以及宗教改革）中具有共同根基，但是往往体现那些为启蒙运动压倒一切的理性主

---

① 这和他既是哲学家又是历史学家相关，也是他对他的名言"一切历史都是思想史"的具体运用。

义精神所抑制的各种人类经验"①。前一种文化以大陆理性主义哲学和英美经验主义哲学为代表,后一种则以浪漫主义及其先驱以及非理性主义哲学(以尼采、叔本华等人为代表)为代表。理性主义和经验主义尽管在理性的源头、认识的发生等诸多问题上认识并不一致,但在强调理性、尊崇科学、轻视宗教、忽视意志、直觉、情感等力量方面则是基本一致的。浪漫主义和非理性主义哲学内部虽然派别更多,分歧更大,但在强调被理性文化所抑制的意志、直觉、情感等方面则大体相同。实际上,后一种文化正是对前一种文化的补充和反拨,两者的发展既存在着文化上的逻辑,也有着现实的逻辑。

自文艺复兴和启蒙运动以来,西方社会经历了翻天覆地的变化,宗教改革、科学革命、哲学革命、工业革命相继发生。人类物质和精神生产的能力较之以前大规模地提高,这些都彻底改变了西方社会的面貌,也形成了现代社会的某些精神特质。

马丁·路德于1517年发动的宗教改革本质上是一次挑战罗马教廷权威的宗教运动,其精神具有明确的、毫不含糊的宗教性和保守性,但同时"又是一种激进的解放性的革命"②。宗教改革的目的是纯化信仰,但由于其含混的特征,它在诸多方面加深了西方文化的理性精神和世俗化倾向,这两个方面后来又成为侵蚀宗教的力量。

科学革命由哥白尼提出的"日心说"所掀起,开普勒通过数学的方法证明"日心说"的正确性,伽利略则通过经验观察为之提供依据;笛卡尔为之提供了一套哲学基础,他将自然看作"一部严格由数学法则安排的精密复杂的、非人格的机器"③;牛顿则在万有引力的发现之上为之提供了一套宇宙论的构架,将"日心说"发展成一套精密的宇宙体系。如此,这个精细的、复杂的、自有其规律的宇宙似乎不再需要一个上帝

---

① [美]理查德·塔纳斯:《西方思想史》,吴象婴、晏可佳、张广勇译,上海社会科学院出版社2011年版,第403页。
② [美]理查德·塔纳斯:《西方思想史》,吴象婴、晏可佳、张广勇译,上海社会科学院出版社2011年版,第266页。
③ [美]理查德·塔纳斯:《西方思想史》,吴象婴、晏可佳、张广勇译,上海社会科学院出版社2011年版,第296页。

就可以自行运转，宇宙成为一种具有统一规则的现象，而人可以洞悉这一切的规律，并将之运用到自己的生活之中，于是人类便成了万物之灵。由于科学革命在人类命运史上的重要性，理查德·塔纳斯将之作为"现代"诞生的标志。①

科学革命之后，哲学也发生了重大变化，从神学的婢女变成科学的随从。培根强调经验观察在科学和哲学中的地位，笛卡尔则强调数学推理在科学和哲学中的作用。他们两个一道开启了哲学上的革命，一个成为经验主义的代表，一个成为理性主义的代表。尽管两人在知识问题上看法并不一致，但在强调人的认识地位以及理性力量的重要性方面则是基本一致的。

如此，现代世界观便获得了全面性的胜利。"如今现代宇宙的秩序原则上只要凭借人类的理性和经验的能力就可以认识了，而人类本性的其他方面——感情的、审美的、伦理的、意志的、相关的、想象的、顿时领悟的——对于世界的客观认识，一般都被看作是风马牛不相及的或者是歪曲的。"② 西方思想界自此弥漫起一种理性上的乐观主义，认为通过人自己的理性不仅可以认识人类自己和自然宇宙，而且可以把握住最高实在。但现代思想在批判古代和传统时也预含了其对自身的批判。哲学上，洛克、休谟和康德先后对这种理性的乐观主义进行了审视。在《纯粹理性批判》中，康德将凭借人类理性和经验来认识整个宇宙乃至最高实在的努力宣判为无效；在自然科学上，相对论及量子力学取消了牛顿力学体系的绝对准确性，也挑战了康德关于先天认识范畴的基本理论，但新的范式却并没有建立起来。

正是在现代思想进行自我批判的同时，一股气质迥异的文化思潮扑面而来，这就是浪漫主义和非理性思潮。当然，正如理查德·塔纳斯所说的那样，浪漫主义和非理性思潮都也是在文艺复兴的母体当中就被孕育的，早在启蒙运动中就已经有所发展，如卢梭对情感的强调、对回归

---

① [美]理查德·塔纳斯：《西方思想史》，吴象婴、晏可佳、张广勇译，上海社会科学院出版社2011年版，第300页。

② [美]理查德·塔纳斯：《西方思想史》，吴象婴、晏可佳、张广勇译，上海社会科学院出版社2011年版，第317页。

自然的强烈渴望、对私有财产以及科技和城市文明的憎恨和排斥,等等,都体现了一种浪漫主义的或者说非理性思潮的特点。随着理性精神在现代思想界确立其主导地位的同时,蕴藏在文艺复兴和启蒙运动中的这股浪漫主义思潮在被压抑中开始勃发。在文学上,歌德、布莱克、雪莱、华兹华斯、柯勒律治等人开始强调情感和想象的地位;哲学上,谢林、诺瓦利斯、黑格尔等强调主观精神的重要性,叔本华、尼采强调意志与真理和人生的关系,历史学家维柯和赫尔德强调想象作为认知方式的不可替代性,克罗齐、伯格森则强调直觉在认知和艺术中的本体地位;弗洛伊德和荣格则是深入人的心理内蕴的深处去挖掘理性背后的潜意识、无意识和集体无意识……总之,"从启蒙运动-科学的观点看,现代文明及其价值观念毫无疑问地高于所有被其取代的先前的文明,而浪漫主义对现代性的诸多表现,保持了非常矛盾的态度"①。这种矛盾的态度日益强烈,最终发展成一种对抗的立场和态度。"现在变成了科学理性主义为一方,多样化的浪漫主义的人文主义的文化为另一方的更普遍的分裂。"②于是,一种"主观—客观、精神—物质、人—世界、人文学科—科学"相互对立的双重真理的世界形成了。③

科林伍德的哲学和美学的言说就处于这样一个两种文化相互矛盾、对立的语境之中。因此,在很多方面,科林伍德本人也存在着矛盾态度。比如对于艺术中技艺的态度,他一方面反对艺术的技艺论,但又明知艺术离不开特定的技艺和技巧。再如科林伍德对待艺术中认知的态度、对待艺术和社会的关系的态度,等等,但科林伍德本人一直对种种矛盾持调和的态度。表面上看,科林伍德美学的中心语汇如"想象""情感""表现"等都来自浪漫主义。实际上,科林伍德的美学受浪漫主义影响很深,但是科林伍德对这些关键词的使用已经明显和浪漫主义对这些词汇

---

① [美]理查德·塔纳斯:《西方思想史》,吴象婴、晏可佳、张广勇译,上海社会科学院出版社2011年版,第409页。

② [美]理查德·塔纳斯:《西方思想史》,吴象婴、晏可佳、张广勇译,上海社会科学院出版社2011年版,第412页。

③ [美]理查德·塔纳斯:《西方思想史》,吴象婴、晏可佳、张广勇译,上海社会科学院出版社2011年版,第413页。

的使用不同,对这些词语,他有新的界定和论说。在这种新的界定和论说中,都体现了科林伍德对启蒙理性主义和浪漫主义的调和。另外,从论述方式上看,科林伍德也不同于浪漫主义者,他遵循的仍是一种强调理性推理和经验论证的方法。总之,科林伍德的美学正是对"两种文化"的调和。在这一点上,他不仅是自觉的,也是始终如一的,不过科林伍德前、后期美学在调和的原则和关注点上都不尽相同。

早期科林伍德就认识到了这"两种文化"的抵抗、冲突以及由此带来的不良后果。在科林伍德看来,中世纪时期的文化比文艺复兴和启蒙运动以后的文化更体现了一种融合和统一的状态。"中世纪的人们沐浴在他们的现存制度优越论中,因为他们坚定地拥护一种我们可能称之为心灵统一的原则……艺术总是手牵手地和宗教一起发挥作用,而宗教又总是手牵手地和哲学一起发挥作用……事实上,心灵的各种活动之间存在着一种普遍的相互渗透,在这种相互渗透中,三者之中的任何一个都会受到全体的影响。"① 当然,科林伍德对中世纪文化的看法过于乐观了,实际上中世纪的文化之间存在着信仰和理性、宗教和科学之间的对立,只不过文艺复兴之后这种对立更加普遍和多元罢了。不过,科林伍德正是看到了文艺复兴以后两种文化对立的普遍状态,才将中世纪理想化了。在科林伍德看来,正是宗教改革导致了宗教和艺术、宗教和哲学的分裂,而文艺复兴和启蒙运动又使得分裂更加尖锐和普遍化。"从此以后,一切都处于倾轧状态。牧师们、艺术家们和科学家们再也不能平和地生活在一起了……现在是一切反对一切的战争:艺术反对哲学,这两者又都反对宗教。自此以后,没有任何一个人可以侍奉两个主人;他必须把自己的整个灵魂奉献给艺术或者宗教,或者哲学,在选择朋友的时候,他同时也选择了自己的敌人。"② 不过,科林伍德的看法是辩证的,他一方面批评这种分裂,另一方面也认为中世纪之后的这种分裂和对抗是必然的。在科林伍德看来,正是这种各自独立和相互对抗促进了各个学科形式的

---

① [英] R.G. 柯林伍德:《精神镜像:或知识地图》,赵志义、朱宁嘉译,广西师范大学出版社2006年版,第13—14页。

② [英] R.G. 柯林伍德:《精神镜像:或知识地图》,赵志义、朱宁嘉译,广西师范大学出版社2006年版,第19—20页。

独立和发展，在这个过程中，"宗教获得了纯粹的宗教虔诚，这种虔诚程度是中世纪闻所未闻的……艺术宣布自己的独立……艺术变得明确地没有宗教色彩，但是就在这一刻，它突然飙升至此前前所未有的高度"①。然而，物极必反，这种各自独立、对抗的状态很快便阻碍了各自的发展，"越来越引导着它的追随者们走向某种荒芜之地，在那里，人类生活的世界失落了"②。这导致一种现代社会独特的悖谬状态的出现，那就是在精神生活领域，一方面是生产的过剩，另一方面是人们的精神需求得不到满足。科林伍德认为这是现代生活所独有的问题，其根源就在于这种分裂和对抗。

科林伍德的雄心就是逆转文艺复兴运动的这种倾向，让精神文化生活恢复中世纪时的融合统一状态。他所要做的就是为各种精神文化形式——艺术、宗教、科学、历史和哲学——奠定统一的原则或基础，在这个基础上，一切文化形式得到联合，在每一种文化形式中，人类的一切才能都得到运用。他将人类精神文化的各个领域或门类统一看作经验的形式，而将各种经验形式——艺术、宗教、科学、历史、哲学等——联结起来的原则或基础就是知识。他说："每个门类在某种意义上就是一种知识，一种心灵认知的活动……我们有关经验的每一种形式……都为自己提出毫不含糊的主张，主张自己就是知识。甚至艺术也主张自己就是真理：一种的确通过美而得到识别的真理，但是它并不因此就不是真理。"③ 如此，科林伍德用知识将人类的各种经验形式联结了起来，而且还为之画出一个"艺术→宗教→科学→历史→哲学"的"进化"型的知识地图。这正是《精神镜像：或知识地图》一书名称的由来。

这样一来，艺术便成了认知的初级经验形式，这也是科林伍德早期美学的主要观点，即艺术通过"想象"、通过追求"美"来实现"认知"

---

① [英] R. G. 柯林伍德：《精神镜像：或知识地图》，赵志义、朱宁嘉译，广西师范大学出版社 2006 年版，第 18 页。
② [英] R. G. 柯林伍德：《精神镜像：或知识地图》，赵志义、朱宁嘉译，广西师范大学出版社 2006 年版，第 21 页。
③ [英] R. G. 柯林伍德：《精神镜像：或知识地图》，赵志义、朱宁嘉译，广西师范大学出版社 2006 年版，第 28 页。

的目的。早期科林伍德美学的想象理论就是关于想象与认知的理论,这点在这里不再详述。从这里可以看出科林伍德试图调和启蒙理性主义和浪漫主义的尝试。

后期科林伍德美学更多地在论述想象和情感的关系,在后期科林伍德看来,艺术就是对情感的表现。但这并不意味着他回到了浪漫派的立场,实际上,后期科林伍德认为"认知"(理智)和"情感"本就不可分割,不存在没有理智的情感,也不存在没有情感的认知。因此,当艺术要表达某种情感,特别是某种理智型的情感时,他就不得不借用理智的语言预先表达那种"认知"本身,舍此,理智型的情感就无法得到表达。甚至在《艺术原理》末尾,科林伍德几乎放弃了艺术和哲学等应有的区分,因为在他看来,两者都既表达认知又表现情感。因此,科林伍德对这两种文化分裂的回应,在其美学中是自始至终的。

二 科林伍德美学与大陆理性主义及英美经验主义

从理性与非理性的角度看,欧洲大陆理性主义与经验主义同属理性主义的阵营,并与强调"非理性"的"浪漫主义"及其哲学相对立,但大陆理性主义与英美经验主义本身亦存在着矛盾和对立。以笛卡尔为代表的大陆理性主义强调先天的"理性"(如数学思维)对于人的思考和判断的重要性,并将之作为判断一切的根据;而以培根为代表的英美经验主义则将观察、实验等一系列可经验的因素作为认知的起点与依据。两者之间的对立在康德之前发展到顶峰,康德的"三大批判"就是试图调和理性主义与经验主义的产物。因此,在康德之后,对大陆理性主义和英美经验主义的调和在哲学和思想界已经是一种大势或潮流。

科林伍德受欧洲大陆理性主义哲学影响很深(如黑格尔等人对他的影响),但身为一个英国人,他身上也带着浓厚的英美经验主义气息,因此其美学在调和"理性主义"与"非理性主义"的同时也体现了对大陆理性主义和英美经验主义调和的倾向,这在其前、后期美学中都有体现。

表面上看,科林伍德《精神镜像:或知识地图》的基本构架完全是黑格尔的,其推导逻辑也与黑格尔大同小异,但仔细分析会发现,其许多论述不再是某种"形而上学"的延伸,更多的是基于经验的分析。在黑格尔那里，所有的一切都来源于"绝对精神"，美或者艺术也仅仅是"绝对精神"发展的一个阶段。在《精神镜像：或知识地图》中，艺术则仅仅是统一的人类"心灵"中的一个因素，这个艺术的因素从纵向的"认知"角度看，它是最初始的因素，而且会进一步向前发展为宗教、科学、历史和哲学，但从横向来看，则永远不会消失，始终与宗教、科学、历史和哲学一样，是统一的人类"心灵"中不可或缺的因素。另外，其论述方式也以经验分析为基础。如同其"绝对精神"的发展一样，黑格尔《精神现象学》的论述方式主要是一种逻辑式的演绎，而科林伍德的《精神镜像：或知识地图》在论述"认知"从艺术到宗教、科学、历史和哲学的进步时，也主要着眼于各个阶段中"认知"的特点及各个阶段之间在"认知"上的联系，其论述方法是分析、比较式的，从中可以寻见经验主义的影子。《艺术哲学大纲》是《精神镜像：或知识地图》的副产品，其整体结构及论述方法与《精神镜像：或知识地图》较为相似，但多了对艺术及美的具体分析。虽然对艺术和美的具体分析更多地体现了克罗齐的相关理念，但其和艺术实际的联系明显增多了。

和《精神镜像：或知识地图》及《艺术哲学大纲》相比，《艺术原理》则更具"经验性"。正如科林伍德在《艺术原理》的"序言"中所说："我认为，美学理论的目的，不在于针对那个被称为艺术的永恒对象，去考察和阐述有关其性质的永恒真理；美学理论的目的，在于对艺术此时、此地所处情势中出现的某些问题，通过思考找出解决办法。我相信本书所写的一切，都直接或间接地与1937年英国艺术的状况有着实际的关联。"[①] 当然，《艺术原理》的写作或许并没有如同科林伍德所说的那样密切地联系了艺术发展的实际，而实际上《艺术原理》仍然像克罗齐的《美学原理》那样充满了"形而上"的味道，但至少他努力的方向如此，而且本书也确实在克罗齐的"原理"的基础上更加注重对艺术经验的分析。与克罗齐的《美学原理》相比，其对经验分析的注重主要体现在如下两个方面：第一，科林伍德借鉴培根、洛克、休谟等人的哲

---

① ［英］罗宾·乔治·科林伍德：《艺术原理》，王至元、陈中华译，中国社会科学出版社1985年版，《艺术原理·序言》第2页。

学理论将克罗齐的"表现说"心理学化了,据此将想象和表现的整个复杂的心理过程清晰地分析和描述了出来;第二,科林伍德更加注重用自己"心理学化"了的理论去解释实际存在的艺术现象(如艺术创作、阅读、欣赏等)及其和整个社会的关系。因此,从某种意义上讲,科林伍德的《艺术原理》就是对克罗齐《美学原理》的"经验化"及在经验化基础上的再审视和再修订。

三 科林伍德美学与西方艺术的发展状况

如果说前期科林伍德美学主要是从文化和哲学的形而上层面来思考艺术的话,后期科林伍德美学则更关注艺术发展的实际,这从上述科林伍德在《艺术原理》的"序言"中说的话也可以看出。实际上,科林伍德对艺术实际状况的关注不止于英国,也不止于1937年前后的范围,可以说上至18世纪末19世纪初的浪漫主义下至1937年,有许多重要的艺术流派及其他们提出的艺术主张,在科林伍德那里都能看到相应的回应。

(一)科林伍德美学与英国浪漫主义文学及唯美主义

如本节第一部分所述,广义的浪漫主义是和启蒙理性相对的另一种文化思潮,对科林伍德影响更为直接则是英国的浪漫主义文学。18世纪末19世纪初的英国财富迅速增加,帝国不断扩张,教育日渐普及,中产阶级兴起,加之当时欧洲社会风起云涌,法国革命如火如荼,所有这些都为解放人性增加了力量,为英国浪漫主义文学的兴起奠定了社会基础。再加上18世纪后期布莱克和彭斯等前驱诗人的开拓,浪漫主义文学在英国迅速崛起。19世纪英国的浪漫主义主要有两个流派:一个是以华兹华斯、柯勒律治等人为代表的"湖畔派"诗人,另一个是以拜伦、雪莱和济慈等人为代表的"积极浪漫主义"。[①]"湖畔派"诗人的作品大都抒发诗人忧郁、愁闷等较为"消极"的情感,而"积极浪漫主义"则更加强调自由、平等、个性解放和崇高的理想。尽管英国浪漫主义的两个主要流派有所不同,但在艺术特征和理论主张上也有许多共同的特征。首先,浪漫主义诗人都喜欢描摹自然风光,并借之抒发自己内心复杂而细腻的

---

① 侯维瑞主编:《英国文学通史》,上海外语教育出版社1999年版,第336页。

情感和精神感受。其次，浪漫主义诗人重视想象在诗歌中的作用。最后，浪漫主义诗人将表现情感作为诗歌或文学的本质。因此，在理论主张上，浪漫主义诗人一反18世纪古典主义将诗歌或文学当作现实生活和理性观念反映的立场，他们倡导想象、表现和情感，并在气质上亲近自然、宗教和神秘主义。

唯美主义是19世纪末从法国起源、波及英美，并影响整个西方的文艺思潮，它打着"为艺术而艺术"的旗帜，向传统的艺术及艺术理论提出挑战。唯美主义者受康德美学理论的影响，倡导艺术的独立性，追求艺术无功利性、审美属性以及享乐属性等。王尔德甚至直言艺术是非道德的，主张形式就是一切。唯美主义之所以追求艺术的对立性，目的在于反抗当时权力和资本等对艺术的不良影响，企图与之隔绝。在这一点上，唯美主义有其积极意义，但后来发展到片面追求形式、技巧和纯美上来，则是其不良倾向。

科林伍德出生的时候，浪漫主义已经衰落，唯美主义兴起，但这两股思潮都影响了科林伍德美学思想的形成。科林伍德继承了浪漫主义美学的主要观点和术语，主张艺术是想象，是对情感的表现等，但对浪漫主义美学进行了进一步的改造和理论化，在改造和理论化的过程中，有保留，亦有批判。对于唯美主义，科林伍德的态度较为复杂，虽然他也赞成艺术应该有其独立的地位，却不主张"为艺术而艺术"，提倡艺术的社会功用。而且，科林伍德明确反对艺术的技巧化和形式化。

（二）科林伍德与1937年前后的西方大众艺术

20世纪初的西方文学艺术流派纷呈，文学上，除传统的浪漫主义和现实主义此消彼长之外，象征主义、意识流、荒诞派等现代主义文学相继出现；绘画上，印象主义、后印象主义、野兽派、表现主义、未来主义、达达主义、超现实主义、抽象主义等相继流行；音乐和舞蹈上也是流派纷呈。精英艺术的这些派别都争相宣示自己的美学主张和追求。除此之外，大众艺术（电影、电视、无线广播、通俗音乐、通俗小说等）也开始逐步占据了普通民众的大部分休闲娱乐的时间。美国史学家菲利普·J. 阿德兰·L. 波维尔斯（Philip J. Adler Randall L. Pouwels）用"碎片化"一词来描述20世纪的西方文化及艺术发展状况。他认为"在人类生命和艺术所追求的一些共同问题上,从未有过如此众多的冲突。各种价值和体系和审美判断与令人抑郁的规则迎头相撞。往往是绝少有共同点,无法达到长久的共识"①。科林伍德就是在这样一种艺术发展状况中,试图用"想象""表现""情感"和"语言"为艺术建立一个统一的原则。

随着西方科学技术和工业的进一步发展,20世纪的西方除已有的大众传媒手段(书籍、杂志、报纸等)得到进一步的普及之外,新兴的传媒手段(电影、电视、无线电广播、磁带、唱片等)也拥有了越来越多的观众。这些传媒手段在20世纪的开始就被迅速转化为商业娱乐的手段,作为娱乐的大众艺术——通俗文学、影视剧、流行音乐——开始在民众中风行;与此同时,传统就存在的干预政治和现实的艺术也借用大众媒介来宣传某种政治主张或应对现实的策略。科林伍德参加过第一次世界大战,对于德意志等同盟国的战争宣传艺术深恶痛绝。另外,出于政治偏见,科林伍德对于当时苏联的社会主义性质的宣传艺术也较为反感。科林伍德将被商业资本控制并主要满足公众娱乐需要的艺术称为"娱乐艺术",将用于干预现实和政治的艺术称为"巫术艺术"。

科林伍德就是在西方大众艺术发展的现状之中,在对"巫术艺术"和"娱乐艺术"批判的基础之上构建他的艺术的统一原则的。他将这两者称为刺激、唤起情感的"伪艺术",并与他倡导的表现情感的真正的艺术相对立,通过对前两者的批判,将是否"表现情感"确立为判断真伪和好坏艺术的统一原则。

第二节 科林伍德美学思想的理论渊源

科林伍德是一位知识渊博、研究领域十分广泛的学者,他的学术研究在时间上可追溯至希腊罗马,下迄当代,在学科上横跨哲学、历史、考古学、人类学、美学等多个领域。因此,他的学术研究受到不同时代、

---

① [美]菲利普·J. 阿德兰·L. 波维尔斯:《世界文明史》(下册),林骧华等译,上海社会科学院出版社2012年版,第991页。

不同学术流派、不同学者的影响。他美学思想的理论渊源也颇为复杂，柏拉图、维柯、康德、黑格尔、浪漫主义者、罗斯金、克罗齐、经验主义者等都对科林伍德的美学研究产生过影响，而且科林伍德在其美学著作中很少引用前人的相关论述，这使得科林伍德美学思想的理论渊源更加难以甄别。这里只能按影响他美学思想的学者从年代上的先后顺序并结合这些学者和科林伍德美学在学理和逻辑上的关系，择其要者进行说明。但由于科林伍德和黑格尔及克罗齐的特殊渊源关系，故关于黑格尔和克罗齐对于科林伍德的影响，本书将放在结论部分详细论述，此处从略。

一 科林伍德对英国经验主义哲学的吸收和借鉴

科林伍德美学总体上呈现出对欧陆理性传统和英国经验主义调和的倾向（或者说科林伍德借用英国经验主义改造了欧陆一些哲学家的理论），这一点虽然较为隐晦，但在他早期和后期美学当中都有体现。

如前所述，《精神镜像：或知识地图》的整体构架是黑格尔式的，他接受了黑格尔关于"精神"进化的观念，但对之进行了一定的修改或修正，这些修改或修正正好体现了他的经验主义倾向。科林伍德涤除了黑格尔"绝对理念"之概念，并用"统一心灵"进行替代。科林伍德所说的"统一心灵"不是一种类似于黑格尔的"理念"的形而上的存在，而是认为人类的各种经验形式在"认知"上具有普遍的联系，而且遵从一种从低到高、逐渐进步的发展逻辑。其论述也偏向于对人类认知经验和认知心理进行具体分析。因此，如果说黑格尔的"精神"进化观念是一种形而上学的话，那么科林伍德的"统一心灵论"则是一种经验分析。另外，正是在《精神镜像：或知识地图》中，科林伍德通过"经验形式"一词，用"认知"将包括艺术在内的人类的不同经验勾连了起来，如果结合科林伍德后期美学来看，这样的用法并不是他偶然或随意的选择。

和其前期美学相比，科林伍德后期美学代表作《艺术原理》一书的经验主义色彩更为浓厚，这主要体现在两个方面。首先，在《艺术原理》中，科林伍德仍然将艺术（创作或欣赏）看作一种可以包含各种感觉的经验——"总体性想象经验"。其次，科林伍德对"想象"的界定也颇具经验主义色彩。科林伍德将"想象"看作一种意识到或探测情感的过程，他这种想象观念的建立主要是在批判吸收经验主义哲学、心理学的基础上形成的，洛克、贝克莱、休谟、康德等人的哲学观念都是科林伍德"想象论"的理论来源。正是批判吸收、运用这些人的经验主义的哲学观念之后，科林伍德才将情感的表现过程看成一个想象（即意识情感）的过程。正是在对这个过程的阐释中，感觉、心理情感、意识（无意识）、注意等经验主义哲学家常用的心理学词汇都成为科林伍德美学的关键词汇。科林伍德也正是运用这样一种改变后的经验主义的哲学观念对克罗齐的"表现论"进行了修改和修正，并最终形成具有自己独特品质的"表现论"。

二 维柯的"诗性智慧"与科林伍德的"想象"

杨巴蒂斯塔·维柯（Giambattista Vico，1668—1744），是意大利哲学家、语言学家、法学家、历史学家和美学家，其主要著作是《新科学》（*Scienza Nuova*）。《新科学》的全名是《关于各民族共同性的新科学的原则》，① 其要解决的基本问题是：人类是如何从原始的野蛮时代逐步发展到维柯所处的文明时代的。这就涉及人类思维的发展问题，为此他提出了著名的"诗性智慧"的概念。维柯认为原始的野蛮人所具有的思维是一种"诗性智慧"，而后来的抽象思维则是在"诗性智慧"的基础上发展起来的。维柯认为，"人类本性，就其和动物本性相似来说，具有这样一种特性：各种感官是他认识事物的唯一渠道。因此，诗性的智慧，这种异教世界的最初的智慧……是一种感觉到的想象出的玄学……这些原始人没有推理的能力，却浑身是强旺的感觉力和生动的想象力。这种玄学就是他们的诗，诗就是他们生而就有的一种功能（因为他们生而就有这些感官和想象力）；他们生来就对各种原因无知"②。正是通过这种想象出来的诗性智慧，"诗人们……在异教民族中创建出各种宗教"③。不仅如

---

① 朱光潜：《维柯的〈新科学〉及其对中西美学的影响》，贵州人民出版社2009年版，第6页。
② ［意］维柯：《新科学》（上册），朱光潜译，商务印书馆1989年版，第188页。
③ ［意］维柯：《新科学》（上册），朱光潜译，商务印书馆1989年版，第193页。

此，后来更为高级的抽象思维方式和各门科学，在维柯看来都是在"诗性智慧"的基础上发展起来的。

这种将感官作为人认识事物的必经渠道的看法，以及将"想象"作为认识的初级阶段的看法深深影响了科林伍德的美学思想。科林伍德早期美学对想象和认知关系看法的认识，认知从艺术到宗教再到科学、历史和哲学逐步进化与发展的观念显然受维柯影响很深。而且，科林伍德后期美学中通过感觉来分析"想象"的方法也有维柯论述想象的痕迹。当然，维柯的这种思想不仅影响了科林伍德，还对黑格尔和克罗齐的历史哲学与美学产生了很大影响，而科林伍德的美学本身就受黑格尔和克罗齐影响很深，所以维柯对科林伍德的影响在一定程度上是间接实现的。不过，科林伍德翻译了克罗齐的《维柯的哲学》一书，对维柯的《新科学》及其哲学体系有一定的了解，而且比黑格尔和克罗齐更加强调"想象"在艺术中的作用，在这一点上，他和维柯更为接近。所以更可能的是，科林伍德通过克罗齐熟识了维柯的哲学，并从那里直接吸收了很多营养。

三 康德美学对科林伍德的影响

科林伍德很少直接引用康德的著作，不过康德的哲学和美学对于科林伍德的美学研究说是一种背景式的存在。康德美学对科林伍德美学的影响是多方面的，如科林伍德对知、情、意的划分及其之间关系的论述，科林伍德对艺术和游戏之间关系的看法，科林伍德前期美学对美的定义和分类，科林伍德后期美学中的想象论及艺术无功利思想等，都有着康德美学的影子。

康德将人的认识能力划分为知性、判断力和理性三种，并写了三大批判分别来论述。康德认为这三种认识能力彼此之间存在着联系，其中"在高层认识能力的家族内却还有一个处于知性和理性之间的中间环节。这个环节就是判断力"[①]。这样便使得认识的知性向实践的理性的过渡成为可能。在《艺术哲学大纲》中，科林伍德将人的精神生活划分为三种：

---

① [德] 康德：《判断力批判》，邓晓芒译，杨祖陶校，人民出版社 2002 年版，第 11 页。

认识、意动和情感。但认为这三种活动不可分割，在人类的每一个活动中都包含有这三种要素。"在每一个活动的范围中都有一个理论上的要素，凭着这个要素精神意识到某物。有一个实践的要素，凭着这个要素精神在它自身和它的世界中引起变化，还有一个情感的要素，凭着这个要素精神的认识和活动带上欲望和厌恶、快乐和痛苦的特征。"① 明显可以看出，科林伍德的论述是对康德思想的进一步发展。

对于美的定义，康德和科林伍德之间也存在着逻辑上的关联。在美的分析的"第二契机"中，康德认为美在主观上是由表象激发起来的"想象力和知性的自由游戏中的内心状态"②。而且，想象在这里既是自由的，又是合规律的。而科林伍德不仅认为想象是艺术的本质属性之一，而且还用"想象"来界定美。他说："美是想象中对象的统一或一致；丑缺乏统一，是不一致。"③ 康德的"想象力和知性的和谐一致"到科林伍德这里变成了"想象中对象的统一或一致"，康德着眼于内心的状态，而科林伍德则着眼于想象的对象或想象出来的结果，但内在逻辑是十分相似的。科林伍德对美的分类也承袭了康德的体系，他将美分为崇高、喜剧、美，并像康德一样着重论述了自然美，只是他将康德对美的各种形式的解释根据他的"想象论"原则做了大幅度的修改，并进行了重新论说。

康德在从第一契机推得的对美的说明中说："鉴赏是通过不带任何利害的愉悦或不悦而对一个对象或一个表象方式作评判的能力。一个这样的愉悦的对象就叫作美。"④ 在康德看来，与"善"和"快适"结合着的愉悦都是"有利害"的，或者说是"功利的"，这样的美和艺术是不纯粹的。这种看法构成康德美学和艺术论的底色，并对后世美学思想和艺术理论产生了深远而广泛的影响。科林伍德后期美学也在艺术无功利思想

---

① ［英］罗宾·乔治·科林伍德：《艺术哲学新论》，卢晓华译，工人出版社1988年版，第4页。
② ［德］康德：《判断力批判》，邓晓芒译，杨祖陶校，人民出版社2002年版，第53页。
③ ［英］罗宾·乔治·科林伍德：《艺术哲学新论》，卢晓华译，工人出版社1988年版，第15页。
④ ［德］康德：《判断力批判》，邓晓芒译，杨祖陶校，人民出版社2002年版，第45页。

的影响下，追求艺术的独立地位。科林伍德将"表现情感"看作真正艺术的根基和本质，将"唤起"和"刺激"情感的艺术看作伪艺术。基于此，他一方面批判干预现实和政治的"巫术艺术"，另一方面也批判致力于追求享乐的"娱乐艺术"。科林伍德对"纯"艺术的追求以及对艺术独立性的坚持无疑受康德的影响，其对"巫术艺术"和"娱乐艺术"的批判也是对康德认为的结合着"善"与"快适"的愉悦是"有利害"之思想的发挥。

正是因为在审美中"想象力是自由的，却又是自发地合规律性的"①，这一点和游戏极其类似，康德才常常将审美与艺术同游戏进行类比。这一点，科林伍德也继承了下来。科林伍德认为游戏是无动机的、随意的、感官的、直观的和直觉的，所有这些都和艺术是一致的，因此科林伍德认为"游戏是艺术的实践方面，艺术是游戏的理论方面"②，"艺术和游戏分别是审美意识理论的理论形式和实际形式"③。正如前期科林伍德美学将艺术作为人类认识的开始一样，也将游戏作为人类实践生活的开始。他说："艺术是心灵的前沿，是思维向未知世界的永恒伸展，是思维无休止地为自己设置新难题的行为。所以游戏与艺术是同一的，它是一种态度，即把世界看作一个无限循环的和不确定的活动领域，一种无休止的冒险。……因此，游戏的精神，即永恒青春的精神，是一切真实生活的基础和开始。"④ 当然，科林伍德将艺术和游戏进行对比可能还受到席勒及其他人的影响。由于科林伍德不喜欢引用的习惯，这些都难以断定。

康德对科林伍德的影响还体现在科林伍德后期的"想象论"上。在《艺术原理》一书中，科林伍德将"想象"建构为一种统筹其他感觉和意识到感觉并对之澄清的理论。这种将想象看作对感觉进行统筹和意识的

---

① [德]康德：《判断力批判》，邓晓芒译，杨祖陶校，人民出版社2002年版，第77页。
② [英]罗宾·乔治·科林伍德：《艺术哲学新论》，卢晓华译，工人出版社1988年版，第88页。
③ [英]R. G. 柯林伍德：《精神镜像：或知识地图》，赵志义、朱宁嘉译，广西师范大学出版社2006年版，第93页。
④ [英]R. G. 柯林伍德：《精神镜像：或知识地图》，赵志义、朱宁嘉译，广西师范大学出版社2006年版，第97页。

理论就来源于康德。康德在《纯粹理性批判》的第一版中集中探讨过想象力的这种作用:"由于每个现象都包含有某种杂多,因而各种知觉在内心中本身是分散地和个别地被遇到的,所以它们的一个联结是必要的,而这种联结它们在感官自身中是不能拥有的。所以在我们里面就有一种对杂多进行综合的能动能力,我们把它称为想象力,而想象力的直接施加在知觉上的行动我称为领会。也就是说,想象力应当把直观杂多纳入一个形象;所以它必须预先将诸印象接收到它的活动中来,亦即领会它们。"①所以,在康德看来,"想象力也是一种先天综合能力,因此,我们给它取名为生产的想象力"②。和康德的说法类似,科林伍德将想象看成包含触觉、视觉、听觉等各种感觉要素的"总体性想象经验"。③ 此外,在康德看来,想象力才是联结感性和知性不可或缺的"中介":"这两个极端,即感性和知性,必须借助于想象力的这一先验机能而必然地发生关联;因为否则的话,感性虽然会给出现象,但却不会给出一种经验性知识的任何对象,因而不会给出任何经验。"④科林伍德也是在这样的看法下来谈他所说的想象对于感觉的意识作用的。在科林伍德看来,"想象是介于感觉和理智之间的一种不同水平的经验,是思维世界和单纯心理经验世界相互联系的接触点"⑤。由此,科林伍德一反经验主义哲学家认为的是感觉为理智活动提供资料的观点,在他看来,为"理智提供资料的并不是感受物本身,而是被意识的作用改造成为想象观念的感受物"⑥。这里只指出康德的影响,科林伍德的想象论述在涉及时再论。

---

① [德] 康德:《纯粹理性批判》,邓晓芒译,杨祖陶校,人民出版社 2004 年版,第 127 页。
② [德] 康德:《纯粹理性批判》,邓晓芒译,杨祖陶校,人民出版社 2004 年版,第 129 页。
③ 参看 [英] 罗宾·乔治·科林伍德:《艺术原理》,王至元、陈中华译,中国社会科学出版社 1985 年版,第 148—155 页。
④ [德] 康德:《纯粹理性批判》,邓晓芒译,杨祖陶校,人民出版社 2004 年版,第 130 页。
⑤ [英] 罗宾·乔治·科林伍德:《艺术原理》,王至元、陈中华译,中国社会科学出版社 1985 年版,第 222 页。
⑥ [英] 罗宾·乔治·科林伍德:《艺术原理》,王至元、陈中华译,中国社会科学出版社 1985 年版,第 222 页。

四　科林伍德对浪漫主义美学的借鉴

如前所述，科林伍德正是在将英国浪漫主义美学做进一步的改造、发挥和理论化的过程中构建自己的美学理论的。因此，科林伍德从浪漫主义者那里借鉴了很多因素，这一点从科林伍德主要的美学关键词中就可以看出。

英国浪漫主义诗人都很重视情感在诗歌中的重要作用及地位。华兹华斯在《〈抒情歌谣集〉序言》中说："一切好诗都是强烈情感的自然流露……我们的思想事实上是我们以往一切情感的代表。"[①] 科林伍德亦将是否"表现情感"当作界定是不是艺术和好坏艺术的标准，而且在处理艺术中情感和思想的关系时，认为艺术中之所以要表现思想，乃在于思想携带着情感，在对待理智和情感上，诗歌和哲学并不是截然不同的。"诗歌……可以说是表现了以某种方式伴随着思维活动的理智情感，而哲学则表现了伴随着更好地思维这一努力过程的理智情感……好的哲学和好的诗歌并非两种不同的写作，而是同一种写作；两者都是好的自写作。只要两者都是好的，就风格与文字形式而论，两者就殊途同归了；而且在两者都达到它应有的优秀水平的有限场合，两者之间的区别也就消失了。"[②] 雪莱在《为诗辩护》中也强调情感在诗歌中的重要地位。他说："诗人是一只夜莺，栖息在黑暗中，用美妙的歌喉来慰藉自己的寂寞。"[③] 这和科林伍德强调艺术就是"意识"到自己的情感并将之逐步"表现"和"清晰化"出来的论说也极为相似。

英国浪漫主义诗人另外一个突出的特点是重视"想象"在诗歌中的地位和作用。华兹华斯在《〈抒情歌谣集〉一八一五年版序言》中将想象力作为区别于回忆和幻想的一种创作过程，将之当作一种赋予能力、抽出的能力和修改的能力。他说："想象也能造型和创造。……想

---

① 刘若端编：《十九世纪英国诗人论诗》，人民文学出版社1984年版，第6页。

② ［英］罗宾·乔治·科林伍德：《艺术原理》，王至元、陈中华译，中国社会科学出版社1985年版，第304页。

③ 刘若端编：《十九世纪英国诗人论诗》，人民文学出版社1984年版，第127页。

象力最擅长的是把众多合为单一，以及把单一分为众多。"① 柯勒律治在《文学生涯》中将想象力当作上帝创造过程的"心灵重演"，"它融化、分解、分散，为了再创造"②。雪莱在《为诗辩护》中将想象看作人智力的本体性力量。他说："想象是 τὸ ποιεῖν（创造力），亦即综合的原理，它的对象是宇宙万物与存在本身所共有的形象；推理是 τὸ λογίξειν（推断力），亦即分析的原理，它的作用是把事物的关系只当作关系来看，它不是从思想的整体来考察思想，而是把思想看作导向某些一般结论的代数验算。推理列举已知的力量，想象则个别地并且从全体来领悟这些量的价值。推理注重事物的相异，想象则注重事物的相同。推理之于想象，犹如工具之于作者，肉体之于精神，影之于物。"③ 不仅如此，雪莱甚至将想象看作道德上走向至善的工具，因为"要做一个至善的人，必须有深刻而周密的想象力；他必须设身于旁人和众人的地位上，必须把同胞的苦乐当作自己的苦乐"④。雪莱认为诗也和人的道德息息相关，而且应该对之起到促进作用。因此在雪莱的理解中，想象和诗天然联姻，所以他认为诗可以看作"想象的表现"。科林伍德也非常重视"想象"在艺术中的地位和作用，在《艺术原理》一书中，他将"想象"作为界定艺术的标准之一。不过，科林伍德理解的"想象"和英国浪漫主义诗人有所不同。在科林伍德那里，"想象"主要是一种"意识"，特别是"意识"到情感并使之逐渐清晰化的一个过程。虽然如此，英国浪漫主义者对想象问题的重视还是对科林伍德产生很大影响，并成为科林伍德美学思想的重要理论渊源。

五 科林伍德从罗斯金那里获得的灵感

罗斯金对科林伍德的影响主要是通过科林伍德的父亲间接实现的。罗斯金是科林伍德的父亲威廉·格肖姆·科林伍德在牛津大学读书时的

---

① 刘若端编：《十九世纪英国诗人论诗》，人民文学出版社1984年版，第46页。
② 刘若端编：《十九世纪英国诗人论诗》，人民文学出版社1984年版，第61页。
③ 刘若端编：《十九世纪英国诗人论诗》，人民文学出版社1984年版，第119页。
④ 刘若端编：《十九世纪英国诗人论诗》，人民文学出版社1984年版，第129页。

老师，科林伍德的父亲自此便对罗斯金一见倾心，并成为其终身的追随者。科林伍德一家之所以搬到科尼斯顿湖畔，也是为了离罗斯金更近些，因为罗斯金就住在附近，并且每年夏天会到科尼斯顿湖边居住。1900 年 1 月罗斯金去世，11 岁的科林伍德还参加了葬礼。罗斯金对科林伍德父亲的巨大影响通过父亲对儿子的日常教育，潜移默化地传递给了科林伍德，所以尽管科林伍德很少引用罗斯金的文字，但这种影响实难估量。科林伍德在 1922 年还出版过一本名为《罗斯金的哲学》(*Ruskin's Philosophy*) 的小册子，从中也可以看到科林伍德对罗斯金的钦佩之情。而且从这本小册子可以看出，科林伍德详细阅读过罗斯金的《现代画家》一书。

　　罗斯金对科林伍德美学方面的影响，主要体现在"心灵统一"的观念上。针对这一点，科林伍德在《罗斯金的哲学》中写有"精神的联合：推论和例证"一节。基于自己虔诚的基督教信仰，罗斯金认为人的感官感知、智力认知、爱、道德感等，是一个彼此联系的统一体。在《现代画家》中，罗斯金说过这样几句话："这种对色彩和形状的感官感知与那些更高层次的感知（我们认为它是所有高尚思想中最重要的属性，比如诗歌中的跳跃）密切相关，并且我坚信这种更高层次的感知可以完全分界为各种敏锐的感官感知。而这些恶感官感知，正如我前面提到的那样，与爱联系在一起，这里我是指无穷而圣洁的作用，因为它包括神圣、平凡、粗俗的智慧，并且通过联系、感激和崇敬使对自然物的感知变得圣洁，同时也使其他纯粹的精神感知变得神圣而高贵。"① 这样一种心灵统一的观念，对早期科林伍德美学产生了较大影响，影响的结果在论述黑格尔对科林伍德的影响时已经做了说明，此不赘述。当然，在科林伍德熟知黑格尔之后，罗斯金的这种影响是以黑格尔的方式表现在其著作《精神镜像：或知识地图》中的。也正是因为罗斯金在对待历史和心灵的态度上和黑格尔有共同之处，所以科林伍德认为罗斯金"是一位没有读

---

① ［英］约翰·罗斯金：《现代画家》（第 I 卷），唐亚勋译，上海三联书店 2012 年版，第 43 页。

过黑格尔的黑格尔主义者"①。

本章小结

科林伍德的美学有着错综复杂的理论渊源和较为自觉的现实意识。从理论渊源上看,在前期,他受维科和黑格尔影响较大,在后期受克罗齐和康德影响较深。就其想象论而言,在《精神镜像:或知识地图》中,其想象论主要来自维科,其由想象论而来的艺术追求初级阶段认知的观念和维科以及受维科影响的黑格尔、克罗齐都有着理论上的渊源关系;在《艺术哲学大纲》中,其想象论主要来自克罗齐,乃是将想象看作一种类似于直觉的东西,并和美、丑等审美范畴相关联;在《艺术原理》一书中,科林伍德运用康德关于想象力的观念改造和批判了英国经验主义者的想象论,将想象改造为一种意识和澄清情感的过程。就其表现论而言,科林伍德主要受克罗齐和英国浪漫主义者影响,但其中融入了来自康德的想象论。运用经过改造的想象论,科林伍德将情感表现改造成一种系统的意识和澄清情感的理论。

科林伍德在吸收前辈的理论营养并进行体系创造时有着清醒的现实指向:一是想借助想象与认知克服文艺复兴以后出现的理性主义和非理性主义的以及理性主义与经验主义的分裂倾向,并打造一个"统一心灵"的观念;二是借助他的无功利的情感表现观,欲以克服当时大众艺术中严重的娱乐化及政治化的倾向。

---

① R. G. Collingwood, *Essays in the Philosophy of Art*, Bloomington: Indiana University Press, 1964, p. 17.

第 二 章

想象与认知、美及艺术

科林伍德前、后期美学存在着不少的变化,但用"想象"来界定艺术却自始至终贯穿于科林伍德整个前、后期的美学思想之中。不过,科林伍德前、后期美学对"想象"的界定却大为不同。总的来说,科林伍德前期美学更多地将"想象"与"认知"联系起来,而后期美学则主要将"想象"与"情感"联系起来。因此"认知"与"情感"成为科林伍德前、后期美学不同的关注点,从中也可以看出科林伍德在对待艺术与"认知"、艺术与"情感"上的矛盾心态。

第一节 想象与认知

一 科林伍德论"统一心灵"与"知识地图"及艺术在其中的位置

科林伍德对艺术的思考始于对文艺复兴以来人类精神领域内一种"分离主义"(separatism)的反思。所谓"分离主义",在科林伍德的语境中是指文艺复兴、宗教改革和启蒙运动以来,艺术、宗教、哲学等人类经验形式(forms of experience)或"学科"各自走向"独立"的一种运动和态势。在这个运动当中,"艺术挣扎着,试图摆脱宗教,走出修道院,并且为它自己的利益而创作。思维也为自己要求同样的权利,一种追求真理的理想而置其他一切于不顾的权利。宗教也要求自由,要求从艺术和思维中分离出来,要求自己作为一个自成体系的世界得到承认"①。于是,艺术、哲学、宗教等都在各自的追求中走向"独立"并互相脱离。

这一运动在深受黑格尔辩证法的科林伍德看来是必然的。它们相互脱离并寻求"独立"的根本原因,在科林伍德看来是艺术、哲学和宗教之间本就存在着差异。当它们处于较低的发展阶段时,这种差异不会太过明显而导致彼此的分裂,但当它们都发展到较高阶段时,这种差异会越来越明显而导致彼此的"分裂"。而且,在特定的阶段,这种"分裂"和"独立"也确实促进了各自的繁荣和发展:宗教获得了与中世纪时相比前所未闻的虔诚度,宗教改革以后出现的新教逐渐被大众所接受,成为西方世界的主流宗教,并在西方社会产生了不可估计的巨大影响;艺术也飙升到从来没有过的高度,诞生了一批浩如星河的艺术家;哲学也进入了新纪元,出现了一批可以和古希腊哲学家比肩的哲学大家。

不过,随着这种"独立运动"的日渐深入,"很快就出现了对立面。三者之中的每一个都与另外两者割裂开来,越来越引导它的追随者们走向某种荒芜之地,在那里,人类生活的世界失落了,把这种进程继续下去的动机消失了"②。于是,这些学科和门类越来越沦为"小圈子"内部的一种活动,牧师、艺术家、哲学家都逐渐失去了和世人的联系。艺术家、哲学家、牧师都在自说自话,都在不断地创造、写作、演讲,但是应者寥寥,本该进入民众精神生活中的艺术、哲学和宗教成为一种少数人参与的、令人兴味索然的"专业"活动。这种"分离运动"给现代的精神世界带来种种危机,"艺术反对哲学,这两者又都反对宗教。自此以后,没有任何一个人可以侍奉两个主人;他必须把自己的整个灵魂献给艺术或者宗教,或者哲学,在选择朋友的时候,他同时也选择了自己的敌人"③。这在现代精神生活中便出现了一个奇特的病态现象:"一方面是

---

① [英] R. G. 柯林伍德:《精神镜像:或知识地图》,赵志义、朱宁嘉译,广西师范大学出版社 2006 年版,第 17 页。

② [英] R. G. 柯林伍德:《精神镜像:或知识地图》,赵志义、朱宁嘉译,广西师范大学出版社 2006 年版,第 21 页。

③ [英] R. G. 柯林伍德:《精神镜像:或知识地图》,赵志义、朱宁嘉译,广西师范大学出版社 2006 年版,第 20 页。

生产过剩，另一方面是需求没有得到满足。"① 在这个意义上，中世纪反倒有自己的优势："对于他们来说，没有任何精神活动是以自己的名义并且出于自己的目的而存在的。艺术总是手牵手地和宗教一起发挥作用，而宗教又总是手牵手地和哲学一起发挥作用。"② "中世纪在其精神生活中发展了这样一种'心灵'，它对自己的命运感到满意，与自己和平相处，像树木一样沐浴着阳光和雨露。"③ 中世纪各个学科或门类的科学之所以能"和谐相处"，在科林伍德看来，是因为遵守了一种"心灵统一"（the unity of the mind）的原则。

所以，在科林伍德看来，出现这种分离状况或错误的根本原因，"完全在于这些经验形式——艺术、宗教以及其他——的相互分离"④。所以，他声言："某种复苏的中世纪主义……是这个世界未来唯一的希望。"⑤ 当然，具有黑格尔式进步观的科林伍德绝对不是想要恢复到中世纪，而是想在文艺复兴和启蒙运动之后各个学科或门类获得巨大发展基础之上，让它们再以一种新的原则联合。他说："只有在一种完整的、未受到分割的生活中把它们重新统一起来，我们的病症才能得到治愈。"⑥ 科林伍德想做的工作就是逆转文艺复兴以后出现的这种态势，重新将艺术、宗教、哲学等人类经验形式统一起来，并为使其融入人类的社会生活之中奠定一种哲学原则，科林伍德称之为"心灵统一"的原则。这就是写作《精神镜像：或知识地图》的缘由。不过，科林伍德试图为之奠定的这个原则，不再是中世纪式的以宗教为核心的原则，而是以认知或知识为核心

---

① ［英］R.G.柯林伍德：《精神镜像：或知识地图》，赵志义、朱宁嘉译，广西师范大学出版社2006年版，第7页。
② ［英］R.G.柯林伍德：《精神镜像：或知识地图》，赵志义、朱宁嘉译，广西师范大学出版社2006年版，第13页。
③ ［英］R.G.柯林伍德：《精神镜像：或知识地图》，赵志义、朱宁嘉译，广西师范大学出版社2006年版，第19页。
④ ［英］R.G.柯林伍德：《精神镜像：或知识地图》，赵志义、朱宁嘉译，广西师范大学出版社2006年版，第23页。
⑤ ［英］R.G.柯林伍德：《精神镜像：或知识地图》，赵志义、朱宁嘉译，广西师范大学出版社2006年版，第23页。
⑥ ［英］R.G.柯林伍德：《精神镜像：或知识地图》，赵志义、朱宁嘉译，广西师范大学出版社2006年版，第23页。

的一种新的原则。

人类的经验形式有很多种,科林伍德在《精神镜像：或知识地图》中选取了五种——艺术、宗教、科学、历史和哲学——来说明这个统一的原则。科林伍德认为,能够将这五种经验形式统一起来的唯一的基础便是知识（knowledge）或作为认知心灵（cognitive mind）的活动。他说："我们有关经验的每一种形式……它们都为自己提出毫不含糊的主张,主张自己就是知识。甚至艺术也主张自己就是真理：一种的确通过美而得到识别的真理,但是它并不因此而不是真理。"[①] 也就是说,艺术、宗教、科学、历史、哲学等学科或人类精神领域,都被科林伍德当作追求知识和真理的经验形式,而且在每一种形式之中,人的每一种才能都得到了使用。在科林伍德看来,艺术和宗教虽然包含着浓烈的情感体验和实用的道德成分,但"有时候,我们似乎在艺术中寻找到宇宙之谜的唯一答案"[②],而"每一种宗教都声称会告诉我们某种不仅是真的而且是极真的东西,引导我们深入宇宙的秘密"[③]。至于科学、历史和哲学,人们都普遍将它们作为求知的形式。但是,如果这五种经验形式都是认知的形式,那么谁更适合解决终极本质问题？这五种认知形式之间的关系又是怎样的？这又成为摆在科林伍德面前的两个难题。关于这两个难题,西方思想史上就一直存在着竞争：宗教信奉者都宣扬唯有宗教能获得最高真理；浪漫主义者及某些现代哲学家认为,对于真理而言,艺术要高于科学和哲学；科学主义者认为科学要高于所有其他形式……这些理论无疑都是片面甚至错误的。还有一种理论认为所有这些形式都是同一个属的种,每一个门类都自成体系,且只在某一方面和某一范围内有效,而在其他方面和领域内则是无效的。但这样一种理论使得总体上的和最终的真理成为无效。对此,科林伍德也持否定态度。他说："五种经验形式——并

[①] ［英］R. G. 柯林伍德：《精神镜像：或知识地图》,赵志义、朱宁嘉译,广西师范大学出版社2006年版,第28页。

[②] ［英］R. G. 柯林伍德：《精神镜像：或知识地图》,赵志义、朱宁嘉译,广西师范大学出版社2006年版,第28页。

[③] ［英］R. G. 柯林伍德：《精神镜像：或知识地图》,赵志义、朱宁嘉译,广西师范大学出版社2006年版,第29页。

且无论是否还有任何其他形式——不是一个属下可以按照任何顺序进行排列的种类,它们具有自己的自然顺序。"①

科林伍德所说的"自然顺序"是根据他所说的个体的精神生活经历来确定的。科林伍德认为人类个体的精神活动大致有这样几个活动阶段:审美活动占据主要地位的阶段、虔诚或宗教信仰活动占据主要地位的阶段、知性活动占据主要地位的阶段。实际上,在科林伍德看来,人类的认知活动遵循从感性到理性的发展顺序,人类个体的儿童期、青春期和成年期和艺术、宗教与科学相对应,而且每个阶段(儿童期、青春期和成年期)又可以分为艺术、宗教和科学三个方面。"儿童期的艺术、宗教和科学,都带有艺术的幻想色彩;青春期的艺术、宗教和科学都带有宗教感情和虔诚的特征;成年期的艺术、宗教和科学则由于思想上稳定的沉思而得到统一。"② 如此,人类个体的认知活动成为一种从艺术到宗教再到科学不断进化的环套结构,且无限循环,永无尽头。科林伍德是一位历史学家,对于这个假设,他用了很多历史材料和人类学材料进行解说和论证,此不赘述。

科林伍德将他所说的"自然顺序"应用到所抽取的五种经验形式之中,这样五种经验形式便按照艺术→宗教→科学→历史→哲学的顺序,构成一个从低级到高级不断进化的认知过程。当人的精神活动发展到哲学阶段以后,它可能又返回到艺术阶段从头再来,进入下一个从艺术到哲学的进化过程,但重新开始的这个艺术阶段已经不是原来意义上的艺术阶段了,它是增添了诸多经验的艺术阶段,这种进程类似于黑格尔或马克思所说的螺旋上升结构。对此,科林伍德说:"精神生活统一体类似于一个无限上升的螺旋,而不是一个循环轨道的统一体。引起这个螺旋上升的能力就是那种精神的纯粹活动。"③

---

① [英] R. G. 柯林伍德:《精神镜像:或知识地图》,赵志义、朱宁嘉译,广西师范大学出版社 2006 年版,第 39 页。
② [英] R. G. 柯林伍德:《精神镜像:或知识地图》,赵志义、朱宁嘉译,广西师范大学出版社 2006 年版,第 40 页。
③ [英] 罗宾·乔治·科林伍德:《艺术哲学新论》,卢晓华译,工人出版社 1988 年版,第 94 页。

在这样一个认知进化的过程当中，艺术处于最初始的位置，而后它必然过渡和发展到宗教。当然，科林伍德声明说这五种类型的抽取带有武断性质，而且精神生活不会像机器那样遵循固定的周期性运转，之所以这样选择和确定顺序只是一种权宜之计，目的是便于说明问题。不过可以确定的是，艺术在这里被科林伍德当作了追求知识或真理的最初形式。那么，艺术依靠什么活动或心理技能来追求知识呢？科林伍德认为是"想象"（imagine）。

如此，科林伍德便提出了一个贯穿其前、后期美学始终的概念——想象。如果说科林伍德后期的美学是将"想象"和"情感"进而和"表现"联系起来的话，那么科林伍德前期的美学则是将"想象"和"认知"联系了起来。在科林伍德看来，艺术是一种想象活动，但艺术想象本身却包含了概念，"艺术的具体生活显然既是想象的又是概念的"①。这样，艺术便同时将思维包含于自身之内，在某些表现中包含了只有概念和思维才能具有的属于断言的东西。②"想象"便与"思维""认知""真理"联系了起来。

二　艺术中的想象与认知

如前所说，科林伍德将艺术看作人类认知的最初形式，所以他赞同柏拉图关于诗歌是儿童的精神王国的说法，也同意哈曼（Hamann）关于诗歌是人类母语的论断以及维柯认为诗歌是儿童和原始人的自然语言的说法。正是在这个意义上，科林伍德才说："艺术是精神的根基、土壤、母腹和温床，所有的经验都发端于它，依赖于它。一切教育都是从它开始，一切宗教、科学可以说都是它的专门化和特殊的修正。"③ 而艺术的这种地位和作用，在科林伍德看来都是通过"想象"来实现的。

---

①　［英］R. G. 柯林伍德：《精神镜像：或知识地图》，赵志义、朱宁嘉译，广西师范大学出版社2006年版，第88页。
②　［英］R. G. 柯林伍德：《精神镜像：或知识地图》，赵志义、朱宁嘉译，广西师范大学出版社2006年版，第49页。
③　［英］R. G. 柯林伍德：《精神镜像：或知识地图》，赵志义、朱宁嘉译，广西师范大学出版社2006年版，第48页。

科林伍德前期并没有给"想象"以明确的界定，只做了一些描述性的说明。在他看来，"想象"就是一种"非断言、非逻辑的态度"①。他曾以乔叟的一首诗的片段为例对此进行说明。乔叟在这首诗中说：

> 碰巧发生在这时节，有一天，
> 我正停憩在伦敦南岸索斯沃克的塔巴德店
> 潜心诚意，准备踏上我的朝圣之路。②

科林伍德认为乔叟的这个诗歌片段所陈述的内容有可能是真的，也有可能是假的，但是这丝毫不影响这首诗的价值，读者也并非必须确定这个陈述的真假。这种态度就是科林伍德所说的"非断言、非逻辑的态度"。在科林伍德看来，"审美体验根本不关心其对象的真实性或非真实性，它不是既定目的的真或者假：它完全忽略这种区分"③。在语义学中，"想象"一词有多种含义④，但在具体运用中普遍将其和真实相对立。科林伍德认为将"想象"和"真实"对立是不合理的，正确的理解应该是"我们在想象一个对象的时候，不在乎它的真实性或非真实性"⑤。基于此，科林伍德认为艺术只是纯粹的想象，"艺术家既不判断也不断言，既不思考也不构想，他只是想象"⑥。即使艺术家所"记录"的是事实，在科林伍德看来也不是"如其所是"的事实，而只能是"如他所见"的事

---

① ［英］R.G. 柯林伍德：《精神镜像：或知识地图》，赵志义、朱宁嘉译，广西师范大学出版社2006年版，第50页。
② 转引自［英］R.G. 柯林伍德《精神镜像：或知识地图》，赵志义、朱宁嘉译，广西师范大学出版社2006年版，第49页。
③ ［英］R.G. 柯林伍德：《精神镜像：或知识地图》，赵志义、朱宁嘉译，广西师范大学出版社2006年版，第50页。
④ 英国语义学派文学理论家瑞恰兹在其《文学批评原理》第三十二章《想象力》中将"想象"的含义总结为6种。参看伍蠡甫主编《现代西方文论选》，上海译文出版社1983年版，第293—306页。
⑤ ［英］R.G. 柯林伍德：《精神镜像：或知识地图》，赵志义、朱宁嘉译，广西师范大学出版社2006年版，第50页。
⑥ ［英］R.G. 柯林伍德：《精神镜像：或知识地图》，赵志义、朱宁嘉译，广西师范大学出版社2006年版，第51页。

实，在艺术的世界里，"看见"的都是"想象"。

将艺术作为纯粹想象的同时，科林伍德前期也将"想象"与"美"联系起来。在《艺术哲学大纲》中，他认为"美是想象中对象的统一或一致；丑缺乏统一，是不一致"①。但这样一种"想象"与"美"很难和"认知"或"知识"联系起来，科林伍德也认为这样界定"想象"与艺术会和自己声称艺术也是一种认知相矛盾。他说："如果美是一种概念，那么，如同柏拉图所理解的那样，对美的理解就不属于艺术，而属于科学；但是如果美不是一个概念，那么它就无法把艺术从有关单纯感受的直观性中拯救出来。艺术要么变成科学，要么瓦解成感觉纯粹的自然生活，无论属于哪种情况，它的本质都会遭到毁灭。"② 对于这个难题，科林伍德给出的答案是："美不是一个概念，它是一种伪装，而一般概念则在这种伪装的掩盖下呈现于审美意识。"③ 那么，一般观念是如何在伪装下以美的方式呈现出来的呢？对此，科林伍德分两步给予说明，这两步说明都有助于理解艺术和认知的关系。

科林伍德首先根据他的"想象与提问"理论对艺术和认知的关系给予了说明。科林伍德的说明也是对于文艺复兴前后对于艺术与知识关系看法的一种调和。古代西方人普遍认为艺术具有讲授真理的力量，而且这种力量不能由其他手段替代；文艺复兴以后，特别是18世纪的学者则认为艺术和真理与知识无关。科林伍德在《精神镜像：或知识地图》中想做的，就是调和这两种极端的主张，以便得出一个更加符合实际的结论。科林伍德将艺术看作纯粹的想象，因此，他仍然从对"想象"进行说明开始论证。如上所述，科林伍德认为想象是一种非逻辑、非断言的态度，但这并不意味着想象可以完全脱离现实生活，像梦境与清醒的生活有着某种联系性一样，想象也与事实有着这样那样的联系。在科林伍

---

① [英]罗宾·乔治·科林伍德：《艺术哲学新论》，卢晓华译，工人出版社1988年版，第15页。
② [英]R.G.柯林伍德：《精神镜像：或知识地图》，赵志义、朱宁嘉译，广西师范大学出版社2006年版，第55页。
③ [英]R.G.柯林伍德：《精神镜像：或知识地图》，赵志义、朱宁嘉译，广西师范大学出版社2006年版，第55页。

德看来，想象和事实之间是一种张力关系，两者既不能离得太近，又不能离得太远。想象相对于事实而言，有它自己的"自由"，但是"这种自由一旦被推向极端，它就会毁灭自己，而一旦事实过于遥远，那么想象就会因为缺少空气而停止呼吸。但是，如果这种自由根本未被肯定，那么我们就只会得到艺术的缺乏和摄影术对它的替代。这是一种危险，它威胁着旨在把历史事实全部移植其绘画和戏剧中的'现实主义'艺术家们"①。基于此，科林伍德认为，艺术中的想象虽然是非逻辑、非断言的，但它毕竟和事实生活存在着联系，虽然不能成为一种"断言"的知识，但却可以通过和现实的联系成为一种"推测"或"提问"。他说："在艺术中，断言的悬置似乎就是目的本身，它并不期待自身的否定，即断言的更新。作为纯粹的想象，即没有断言的想象，艺术可以被悖论式地界定为一个不期待任何答案的问题，也即推测。"②

而在科林伍德看来，认知不仅仅只是由"断言"组成，推测和提问也是构成知识不可缺少的环节和部分。如本书导论中所说，科林伍德在第一次世界大战期间就曾集中思考了"问答逻辑"问题，那时他就认识到了"提问活动"在认知中的重要作用。在《柯林武德自传》中，他在回顾那时的思考时说："我所谓的'提问活动'不是达到与对象同在或理解对象的那种活动，也不是为进行认知活动所做的准备，而是认知活动的一半，另一半便是回答问题，问答的结合才构成了完整的认知。"③ 在《精神镜像：或知识地图》中，科林伍德再次强调了"提问"在认知中的重要作用。他说："提问是知识的前沿，而断言则是处于前沿背后、为提问提供驱动的重力。……信息也许是知识的载体，但是提问却是知识的灵魂。"④ 提问或推测是认知或知识的重要组成部分，而作为纯粹想象的

---

① ［英］R. G. 柯林伍德：《精神镜像：或知识地图》，赵志义、朱宁嘉译，广西师范大学出版社2006年版，第66页。
② ［英］R. G. 柯林伍德：《精神镜像：或知识地图》，赵志义、朱宁嘉译，广西师范大学出版社2006年版，第69页。
③ ［英］柯林武德：《柯林武德自传》，陈静译，北京大学出版社2005年版，第27页。
④ ［英］R. G. 柯林伍德：《精神镜像：或知识地图》，赵志义、朱宁嘉译，广西师范大学出版社2006年版，第68页。

艺术，在科林伍德看来就是一种提问和推测，按照这个逻辑，艺术便天然地成为认知或知识重要的组成部分。正是基于此，科林伍德认为"意义"是一切艺术的特征之一。

科林伍德对于艺术和认知关系进行说明的第二步便是明确艺术自身的"矛盾"性。如上所述，科林伍德将艺术看成"想象"和"提问"，但精神的生活却是由"问题"和"答案"两个节奏共同组成的，而且"这种节奏不能遭到中断。钟摆不会永远朝着一个方向摆动"①。所以，艺术不能只有"提问"，它还必须提供某种"意义"。实际上，在科林伍德看来，任何经验都包含审美因素和逻辑因素，不存在纯粹的与事实和逻辑无关的审美经验，所谓审美经验只是主体暂时抑制逻辑因素的结果而已。同理，科林伍德认为"想象"也不具有"可分离性"和"独立性"，它也始终和逻辑与事实缠绕在一起，这一点前边已有说明。因此，科林伍德得出结论说："艺术的本质在于这样一个事实，即艺术家把他的作品看作有关纯粹的想象的行为，它们存在的理由就是要成为纯粹想象，但是不存在，而且也不可能存在一种纯粹的想象活动。"② 由于审美和想象本身就是一种矛盾，所以艺术在科林伍德看来，也是和自身自相矛盾的："艺术提出两个有关自身的主张。首先，它是有关纯粹想象的活动；其次，它以某种方式揭示了有关真实世界本质的真理。"③ 古往今来的理论家们都试图调和这一矛盾，有的想修改第二种主张，认为艺术真理只是想象的真理，但这样其实是在重复第一种主张；有的则主张将这种矛盾取消，认为直觉（想象）即表现（揭示真理），但这种"只是表现被还原为直觉……真正意义上的表现受到了忽视"④，科林伍德认为克罗齐就犯了这种错误。科林伍德认为艺术就是一个悖论性的存在，它是直觉

---

① ［英］R.G. 柯林伍德：《精神镜像：或知识地图》，赵志义、朱宁嘉译，广西师范大学出版社2006年版，第73页。
② ［英］R.G. 柯林伍德：《精神镜像：或知识地图》，赵志义、朱宁嘉译，广西师范大学出版社2006年版，第74页。
③ ［英］R.G. 柯林伍德：《精神镜像：或知识地图》，赵志义、朱宁嘉译，广西师范大学出版社2006年版，第77页。
④ ［英］R.G. 柯林伍德：《精神镜像：或知识地图》，赵志义、朱宁嘉译，广西师范大学出版社2006年版，第77页。

（纯粹想象）和表现（揭示真理）的矛盾统一体。

一般而言，"被表现的东西必然是一种意义，是明显有别于有关意义的直觉载体的某种东西"①。但是在艺术中，却不是如此。艺术中的意义与其表现载体密不可分，因此不可以采用其他媒介和其他方式予以重新描述，也无法用哲学的文体记录下来。用科林伍德的话来说就是："意义本身，即得到表达的概念，只以一种美的形式，直觉地存在于作品中，而一个美的对象所具有的美是无法与这个对象本身割裂开来的。"② 所以，西方人讲"所言即所意味"，中国古人则说"羚羊挂角，无迹可寻"，康德也只好说是"无目的的目的"和"无意义的意义"。因此，在科林伍德看来，传统的将艺术寓言化并希望通过层层剥离来获得艺术意义的方法是注定要失败的，就像剥洋葱一样，最终将一无所获。关于这一点，科林伍德在其论文《艺术中的形式和内容》（*Form and Content in Art*）③ 中亦有说明，他认为好的艺术无论是古典的还是浪漫的，都是形式和内容的统一。但是，这种说法无疑又是矛盾的，因为在科林伍德看来，"一个概念只能被理解，而不是直觉；说一个概念以直觉的方式存在，讨论一个和其感官载体在一起或者等同起来的意义，这完全自相矛盾"④。不过，科林伍德认为这种矛盾正是艺术的本质。虽然艺术提供的意义无法述说，但它毕竟提供了意义，科林伍德将这种"知道自己意味着什么却无以言表"的阶段作为知识的第一个阶段。也正是在这个阶段中，人类求知的活动扬帆启航。因此，科林伍德十分看重人类求知过程中的这一初级经验形式，并将之看成人类精神的"根基、土壤、母腹和温床"，认为人类

---

① ［英］R. G. 柯林伍德：《精神镜像：或知识地图》，赵志义、朱宁嘉译，广西师范大学出版社2006年版，第77页。

② ［英］R. G. 柯林伍德：《精神镜像：或知识地图》，赵志义、朱宁嘉译，广西师范大学出版社2006年版，第78页。

③ R. G. Collingwood, *Essays in the Philosophy of Art*, Bloomington: Indiana University Press, 1964, pp. 211–232.

④ ［英］R. G. 柯林伍德：《精神镜像：或知识地图》，赵志义、朱宁嘉译，广西师范大学出版社2006年版，第78页。

"所有经验都发端于它,并且依赖于它。一切教育都是从它开始"①。

三 艺术的"消亡"与不朽:科林伍德的艺术发展观

如上所述,在科林伍德看来,艺术就是一个矛盾体,不过科林伍德认为正是这种矛盾促进了艺术的发展,导致了艺术的"消亡"和"循环"。艺术既坚持自己是一种直觉性的想象活动,又坚持自己是对真理的揭示。坚持自己是对真理的揭示,说明艺术知道自己意味着什么,但直觉性的想象活动又使得艺术除了"贡献"自身之外,对这个意义无以言表。用科林伍德的话来说,就是在知识的第一个阶段(艺术阶段),"心灵所及超过了它所能把握的,仅仅触及某种尚未确定的概念"②。所以,尽管世界的"秘密"可以以美的形式在艺术中得到表达,但无论这种形式多么精美,这种表达在追求真理的人类精神生活看来,只能是不完美的。人的精神追求要求对观念进行确定,不仅要求自己知道自己意味着什么,还要求将这种意味明确地表现出来。"心灵应当有能力说出真理是什么,用明确的字眼表达它,把它交给批评与攻击,并且守护着它在考验之下得到巩固,这是真理的本质。"③ 而艺术虽然向人们揭示了真理,但只是一种模棱两可的揭示。艺术不对任何事情做出断言,但真理却要求断言。这就使得作为知识第一个阶段的艺术,其存在只是为了被超越,也必须被超越。

但是这种超越不可能一下子实现,也就是说,真理的形式不可能由想象的艺术一下子过渡到明确地、有逻辑地进行断言的科学、历史或哲学,它需要一个作为缓冲的中间地带。在科林伍德看来,弥补艺术这种缺点最简单的措施,也是最可能、最容易的措施便是将艺术互相矛盾的两个主张结合起来。这种结合不可能是将真理重新认定为想象或直觉,

---

① [英] R.G. 柯林伍德:《精神镜像:或知识地图》,赵志义、朱宁嘉译,广西师范大学出版社2006年版,第48页。

② [英] R.G. 柯林伍德:《精神镜像:或知识地图》,赵志义、朱宁嘉译,广西师范大学出版社2006年版,第80页。

③ [英] R.G. 柯林伍德:《精神镜像:或知识地图》,赵志义、朱宁嘉译,广西师范大学出版社2006年版,第99页。

这没有解决任何问题，而只能是将"想象"断言为真理，即"断言它所想象的内容，也就是说，相信它自己的想象所虚构出来的事物的真实性"①。科林伍德认为，将"想象"断言为真理的经验形式，便是宗教。当然，科林伍德承认他的这种定义只是从宗教的最基础层面进行的，只是对最低级、最雏形的宗教意识进行的最低限度的说明。宗教还有其高级阶段，特别是在神学发达以后，宗教也进入了论证其自身合理性的阶段。不过，这一定义在科林伍德看来仍然是本质性的，即使在宗教进入神学的发达阶段，那种不可论证、不许论证的"想象性"因素仍然存在，比如基督教中的"原罪说""道成肉身""三位一体""童女生子"等。在科林伍德看来也正是由于宗教的这种"断言想象为真"的本质，它保留了诸多不可论证的"真理"，这使得宗教自身也成为一种矛盾，驱使着宗教向有着严密逻辑及论证体系的新的经验形式——科学迈进。这已经超出了美学的范围，此不赘述。在这里，科林伍德认为艺术两个方面的矛盾，使得它不得不被宗教代替，从而走向"消亡"。科林伍德的逻辑是认知推进的逻辑，"当你知道自己意味着什么却无以言表的时候，你已经获得了某种东西：艺术"②，这时艺术有其价值；而"当你知道自己意味着什么的时候，你就已经获得了哲学"③，这时作为认知，艺术就没有存在的理由了，只得"消亡"。所以科林伍德说："随着知识的增长，艺术必定消亡。"④

这和黑格尔在《美学》中推论艺术消亡的逻辑如出一辙。不同于黑格尔的是，科林伍德并不认为艺术会永远地消亡，他所说的消亡只是阶段性的。在《精神镜像：或知识地图》一书中，科林伍德认为人类的经验形式会按照"艺术→宗教→科学→历史→哲学"的方向，向前推进或

---

① [英] R.G. 柯林伍德：《精神镜像：或知识地图》，赵志义、朱宁嘉译，广西师范大学出版社2006年版，第102页。
② [英] R.G. 柯林伍德：《精神镜像：或知识地图》，赵志义、朱宁嘉译，广西师范大学出版社2006年版，第79页。
③ [英] R.G. 柯林伍德：《精神镜像：或知识地图》，赵志义、朱宁嘉译，广西师范大学出版社2006年版，第79页。
④ [英] R.G. 柯林伍德：《精神镜像：或知识地图》，赵志义、朱宁嘉译，广西师范大学出版社2006年版，第80页。

进化。但到了哲学阶段，是不是就意味着人类经验形式的终结呢？对此科林伍德是否定的。人类经验形式发展到了哲学阶段以后，会反过来从头再来一次"艺术→宗教→科学→历史→哲学"般的进化，以至于无穷，如此便构成一个"abcabcabc……"的无穷序列。当然，这个序列不是简单地重复，而是在前一个序列基础上的无穷进步，类似于马克所说的"螺旋上升"结构。所以科林伍德宣称，艺术在"消亡"之后会"像凤凰涅槃一样，会从自身躯体的灰烬中再次飞升起来"①。不过，科林伍德的意思也不是说艺术在进入宗教阶段时消亡，而在哲学阶段完成后再次兴起。科林伍德在论述人类的五种经验形式的进化时曾以艺术、宗教和科学三者为例说过这样几句话："儿童期、青春期和成年期似乎就是这样和艺术、宗教与科学相呼应，把艺术、宗教与科学作为它们的精神原型，而每个阶段又分作艺术、宗教和科学三个方面：儿童期的艺术、宗教和科学都带有艺术的幻想色彩；青春期的艺术、宗教和科学都带有宗教热情和虔诚的特征；成年期的艺术、宗教和科学则由于思想上稳定的沉思而得到统一。"② 也就是说，科林伍德所说的人类五种经验形式的进化并不是排他性的，并不是说在艺术阶段只有艺术、宗教阶段只有宗教、哲学阶段只有哲学。而是在艺术阶段，也会有宗教、科学、历史、哲学等其他四种形式的萌芽；在哲学阶段，则也会有艺术、宗教、科学和历史其他四种形式的存在。只不过，各个阶段各种经验形式的主次不同，风格和色彩不同，可能像科林伍德所说的那样哲学阶段的艺术更加带有哲学色彩罢了。于是，科林伍德所说的"艺术→宗教→科学→历史→哲学"的进化便成为一个全方位进化的嵌套机构，进化中有进化，螺旋中有螺旋，恰如人类的基因结构一样（见图2-1）。就艺术来看，便成为每个阶段都有每个阶段之艺术的状况，而每个阶段的艺术也相应地携带着那个阶段的特点。这也顺带解决了艺术消亡和不朽之谜。在科林伍德看来，"艺术在任何特定的人类历史时期所采取的特殊形式都必然是不能不死

---

① ［英］R.G. 柯林伍德：《精神镜像：或知识地图》，赵志义、朱宁嘉译，广西师范大学出版社2006年版，第80页。

② ［英］R.G. 柯林伍德：《精神镜像：或知识地图》，赵志义、朱宁嘉译，广西师范大学出版社2006年版，第40页。

的，没有一种形式是可能或可能是永久的欢乐"①，但作为人类精神活动永远循环上升的一个阶段的艺术却是不朽的，因此消亡是假的，或者说是阶段性的，不朽才是真实的。不过，科林伍德的这种说法也有其自身的缺点。按照科林伍德的这种说法，这种嵌套结构可以无限地分下去，以至于无穷，很难说这与人类的精神发展的历史进程相符合，而且这种无限可分的结构也不利于将问题解释得更清楚。实际上，科林伍德对黑格尔辩证法的运用，在很多问题上，经常使得其论述更加复杂，有些问题还极容易出现前后论述矛盾的情况。

艺术→宗教→科学→历史→哲学

艺术→宗教→科学→历史→哲学　艺术→宗教→科学→历史→哲学　艺术→宗教→科学→历史→哲学　艺术→宗教→科学→历史→哲学　艺术→宗教→科学→历史→哲学

图 2-1　全方位进化的嵌套结构

运用这样的精神进化或进步观，科林伍德还解释了一些艺术发展历史中的重要问题。比如，正是因为艺术和整个精神活动有联系，它不仅仅是自己新的形式的表现，而且是整个精神生活的表现，所以艺术虽然在每个阶段都存在，但大不相同。对此，科林伍德说："青春期的艺术不是儿童的童话艺术，而是一种新类型的艺术，它的特征由于这名儿童身上，比如说，从三岁至十三岁的时候所发生的一切而得到了丰富。"② 同理，在科林伍德所说的五个阶段中，都有艺术的存在，或许它们表面上很像，但是后面的阶段艺术都会由于前面阶段发生的一切而得到丰富和提高。科林伍德认为，艺术史的特殊研究任务正是探索这些艺术形式的复归、复归之后新增加的因素以及新增加的因素对这个艺术性质的作用，等等。因此，科林伍德建议艺术史的研究不能单单根据艺术本身的原则来解释，它需要和宗教的历史、科学的历史、哲学的历史、伦理和政治

---

① ［英］罗宾·乔治·科林伍德：《艺术哲学新论》，卢晓华译，工人出版社 1988 年版，第 97 页。
② ［英］R. G. 柯林伍德：《精神镜像：或知识地图》，赵志义、朱宁嘉译，广西师范大学出版社 2006 年版，第 44 页。

的历史等人类精神活动的历史联系起来一块儿来考察。而通常的只根据某种艺术自身特性来考察的艺术史恰恰忽略了这些原则,流为艺术事实的编年史。

另外,根据这样的精神活动进化的观念,科林伍德批判了"为艺术而艺术"的观念。因为按照科林伍德的逻辑,艺术只是精神生活的一个阶段,而且是初级阶段,它势必为以后的精神活动做准备,并过渡到更高级的阶段。在科林伍德看来,"艺术不是一种生活,而是生活中的一个从属因素或阶段,生活只有一个,即一元的精神生活"①。因此,科林伍德认为"艺术总是在自身之外有其重心。它不是一种独立的和自给自足的活动,而是那个整体精神生活轨道的部分"②。基于此,科林伍德认为艺术单靠自身无力解决生活中的难题,它必须和作为整体的精神生活联系起来才能有所作为,因此他将为艺术而艺术看成一种错觉,将自足的艺术生活看作对艺术家的嘲讽。而且,在科林伍德看来,艺术只有同其他经验形式联合起来才可能有更大的力量,否则只能变得更加软弱。他说:"企图独立的艺术生活必然是徒劳无益的。沾沾自喜地确信它自己的自给自足和自诩为了它自己的缘故存在的艺术是一种幻觉,结果只能变得软弱无能和毫无结果。当艺术存在时,它不是这样孤立地存在,而是同思维紧密地联系在一起,通过思维所掌握的东西富于表情。"③ 在艺术和精神生活其他方面及其和思维的联系上,科林伍德的看法是有道理的,也是 20 世纪最早对审美无功利思想做出反驳的人之一。不过,关于艺术无功利思想,科林伍德始终存在着较为矛盾的态度,这种矛盾态度在他后期美学思想中表现得更为突出,这使得他总是游走在功利与无功利思想的两极之间。

科林伍德还注意到了艺术发展史不同于科学和哲学发展史的一个奇

---

① [英] 罗宾·乔治·科林伍德:《艺术哲学新论》,卢晓华译,工人出版社 1988 年版,第 94 页。
② [英] 罗宾·乔治·科林伍德:《艺术哲学新论》,卢晓华译,工人出版社 1988 年版,第 94 页。
③ [英] 罗宾·乔治·科林伍德:《艺术哲学新论》,卢晓华译,工人出版社 1988 年版,第 96 页。

特的现象。科林伍德认为，科学和哲学的研究如果做得好，总会在前人的基础上有所推进，即便不推进也从不会倒退，而艺术则不然，一个艺术流派总会在其完美的高峰过后出现衰退。从古今中外的文学艺术史来看，也是如此。对此，科林伍德这样解释："精神的生活是由问题和答案的节奏构成的，而这种节奏不能中断。钟摆不会永远朝着一个方向摆动。艺术家想要一种纯粹想象的生活。他无法得到这样的生活：这种生活注定不属于他。"① 科林伍德的解释仍然是认知进化论的，艺术在他看来只是一种非逻辑、非断言的想象或提问和推测，但人的精神活动（特别是认知活动）则不允许艺术一直停留在这个状态，所以必须由另外一种经验形式发出"断言"来回答艺术的提问或者处理艺术所做的"想象"。因此，在另外一种经验形式回应艺术之前，艺术不可能无限地往高峰发展，他只能在高峰过后衰退下来。在这个时候，艺术家们是缺乏灵感的，任何鞭策和批评都不会起到好的作用。科林伍德认为，这个时候，最明智的做法只能是"心满意足地退回单调的日常生活中，静待止水的再次流动"②。止水什么时候或者在什么契机下会再次流动？科林伍德没有试图解释，但根据他的提问与回答的钟摆逻辑，只能是在这个钟摆摆到另一端之后的某个时候，也就是说，艺术通过"想象"所提出的和摆出的问题需要得到宗教、科学或者哲学的回答，只有在这个回答完成之后，钟摆才能获得摆到另一段的动力，止水才可能再次流动，艺术才可能再次迎来另一个发展的高峰。"提问—回答—提问—回答"的摆动和循环，暗示着艺术高峰与低谷的时期。这样，艺术与宗教、科学历史和哲学等便构成此起彼伏、连绵不断的山峰。

当然，科林伍德的这种说法过于机械了，也不完全符合艺术的发展实际，对此科林伍德也承认。他说："精神生活并不像一台机器那样按照固定模式进行周期性的运转，而是像一股流经山涧的溪流奔涌不息，当跌下悬崖时，它把自己溅射成四散的水花，当遇到由岩石形成的深渊时，

---

① ［英］R. G. 柯林伍德：《精神镜像：或知识地图》，赵志义、朱宁嘉译，广西师范大学出版社2006年版，第73页。

② ［英］R. G. 柯林伍德：《精神镜像：或知识地图》，赵志义、朱宁嘉译，广西师范大学出版社2006年版，第73页。

它便停留下来,蓄成一片透明的潭水,以便再次勃发成一连串全新的冒险经历。"① 科林伍德的说法和比喻是美妙的,总体的精神活动是这样,作为精神活动组成部分的艺术也是如此。

第二节 想象与美及艺术

科林伍德的《精神镜像:或知识地图》本是论述人的精神或心灵在认知过程中的进程,艺术只是这个进程的一个环节,因此,在《精神镜像:或知识地图》中只有一章来讨论艺术。为了弥补这一不足,科林伍德将自己在《精神镜像:或知识地图》中的艺术思想进一步系统化,写了一本名为《艺术哲学大纲》(Outlines of a Philosophy of Art)的小册子,两者共同体现了早期科林伍德的美学和艺术观念。这一节主要讨论"想象论"对科林伍德美学和艺术论产生的影响。

一 想象与艺术的性质

科林伍德认为"艺术"(art)一词的通常用法有三种:一种是与"自然"相反的人为活动,即人们有意识地创造出自然界不存在之物的活动或改造自然的活动,这个用法自古希腊时期就存在;另一种用法指我们意识到美的"心境"(frame of mind),这种用法显然是克罗齐式的,在克罗齐之前无人仅仅将艺术看作心理活动;第三种用法即我们通常的用法,指人们创造美的作品的活动。② 科林伍德认为,第三种用法实际上是第一种、第二种用法的一种结合。因此,科林伍德认为艺术在哲学中应该作为一种特殊的人类活动来考察,这个特殊之处就在于艺术是一种理解美的人类的创造活动。他说:"美的意识是一切艺术的起点和顶点。"③

---

① [英]R. G. 柯林伍德:《精神镜像:或知识地图》,赵志义、朱宁嘉译,广西师范大学出版社 2006 年版,第 46 页。

② R. G. Collinwood, *Outlines of a Philosophy of Art*, London: Oxford University Press, 1925, p. 7.

③ [英]罗宾·乔治·科林伍德:《艺术哲学新论》,卢晓华译,工人出版社 1988 年版,第 2 页。

所以，科林伍德对艺术本质的研究是从作为人类精神活动的艺术和作为人类特殊精神活动（理解美的活动）的艺术两个方面进行的。

艺术既然是人类的精神活动，它就必须符合人类精神活动的一般性质，这样理解艺术的结果就构成了艺术的一般性质。分析心理学将人的精神活动区分为认知（cognition）、意志（conation）和情感（emotion）三种。以康德为代表的哲学家据此倾向于将人类的精神活动与之相对应并区分为三种独立的人类活动（理性、道德、审美）。科林伍德认为这一区别活动具有重要价值，但在现实中，这三种活动从来不是独立存在的，而是混合存在于人类的每项活动之中，也就是说，每种人类活动都同时具有这三种要素。他说："在每一个活动领域，都存在一个理论的要素，凭着这个要素，心灵意识到某物；存在一个实践的要素，凭着这个要素，心灵在它自身和它的世界中引起变化。还存在一个感受的要素，凭着这个要素，心灵的认识和活动染上欲望和厌恶、快乐和痛苦的色彩。没有其他两者，任何一个因素都不会独自活动。在每一个活动和经验中，它们都是相关要素，并且组成一个不可分割的整体。……每一种理论、实践或感受的特殊形式都和另外两种要素缠绕在一起，没有其他两者，它自身也不可能存在。"[①] 据此，科林伍德认为作为一般活动的艺术也同时包含这三种要素，也就是说艺术同时是理论的、实践的和情感的。说艺术是理论的是指，"在艺术中，心灵有一个它所沉思的对象"[②]，但是这个对象是个特殊的对象，它既不同于宗教和社会学所沉思的上帝，也不同于历史沉思的事实和哲学沉思的真理，所以艺术所进行的沉思活动也是一种特殊的沉思活动；说艺术是实践的是指，"在艺术中，心灵试图实现一个理念（ideal），将它自己带入某种状态，同时也将它的世界带入某种状态"[③]，但这种实践不是义务或效用，也不是功利的或道德的活动；说

---

① R. G. Collinwood, *Outlines of a Philosophy of Art*, London: Oxford University Press, 1925, p. 10.

② R. G. Collinwood, *Outlines of a Philosophy of Art*, London: Oxford University Press, 1925, p. 10.

③ R. G. Collinwood, *Outlines of a Philosophy of Art*, London: Oxford University Press, 1925, p. 11.

艺术是情感的乃是说,"它是一种快乐和痛苦、向往和厌恶交织的生活,这些对立的感受始终存在,每一种情感都受到另外的感受或暗示的限制"①,但艺术中的情感带有自身的特点,艺术家的快感不是肉欲的或认知性功利的快感,而是特殊的审美的快感。根据艺术在这一般活动具有的三种要素中的独特性,科林伍德进而从三方面阐发了艺术的特殊性质。

(一) 艺术的特殊性质:理论上作为想象的艺术

1. 想象与思维

如上所述,科林伍德认为艺术也是理论的:在艺术活动中,艺术有其沉思的对象,心灵也有其沉思的活动。但在艺术活动中,其沉思对象和沉思活动的特殊性,构成艺术的特殊性质。从沉思对象上看,知识的对象是真实的对象,而艺术中的对象仅仅是想象中的对象。当然,想象中的对象不意味着和真实相排斥,正如科林伍德在《精神镜像:或知识地图》中将"想象"界定为一种非逻辑、非断言的态度,并强调它和现实的联系性一样。在《艺术哲学大纲》中,他仍然强调这一点:"想象一个对象不是在思维中承认它的非真实性,而是完全不关心它的真实性。因此,想象的对象不是不真实的对象,而是我们无须询问其真实和不真实的对象。想象的不是真实的对立面,而是对真实的和它的对立面的中立。"② 但是,正因为这种中立和虚构的嵌入,艺术中的想象也不可能成为真正的真实,因为"具有一半真理的谎言成为彻底的谎言……虚假的一半影响真实的一半,并将之捻入对事实的歪曲之中"③。因此,在科林伍德看来,建立在部分事实基础上的艺术便可以看成纯粹的虚构。从沉思本身来看,思维中的沉思是一种经验认识活动,它以对象为前提并保持对象的独立和完整,而不是创造对象,其认识结果是抽象的和普遍的;想象则是一种个别的或经验的活动,它创造新的对象和思维相比,想象

---

① R. G. Collinwood, *Outlines of a Philosophy of Art*, London: Oxford University Press, 1925, p. 11.

② R. G. Collinwood, *Outlines of a Philosophy of Art*, London: Oxford University Press, 1925, p. 13.

③ R. G. Collinwood, *Outlines of a Philosophy of Art*, London: Oxford University Press, 1925, p. 13.

的结果则是具体的和个别的。

基于以上的认识，科林伍德认为想象不是思维，但认为想象和思维仍然有着重要的联系。思维要区别真理和谬误，但在思维区别真理和谬误的阶段之前一定存在着一种无这种区别的意识阶段，因为思维进行区别的前提是有被区别的对象摆在思维面前。也就是说，"我们否定或认为错误的那个东西必须首先被想象到，否则就没有东西可否定；我们肯定或认为真实的那个东西也必须首先被想象到，否则（没有假定它为真）我们就不能询问它是否真实"①。因为想象为思维提供了区别的对象，所以想象和思维之间的关系是："思维以想象为先决条件，但是想象不以思维为先决条件。"②

2. 艺术的原始性（primitiveness）

正因为想象是思维活动的前提和条件，所以，从认识论的眼光来看，作为想象的艺术具有原始性。这一点对于确定艺术在整个精神生活中的地位极其重要。如上一节所述，科林伍德认为艺术→宗教→科学→历史→哲学构成一个进化的等级序列。如此看来，像思维需要想象作为先决条件一样，艺术之后的所有的精神活动，在理论和认知上都需要以艺术作为其先决条件。这样，艺术便成了人类精神生活中最基础性的存在："艺术是科学、历史和'共同感'等的基础。艺术是最初的和基本的心灵活动，是所有其他活动得以生发的原始土壤。它不是宗教、科学或哲学的原始形式，而是比这些更原始的东西，是构成它们的基础并使它们成为可能的东西。"③ 这一点，在上一节已有详细说明，此不赘述。在这里，科林伍德赋予艺术在精神活动中最原初的地位，即艺术活动不依赖于其他任何先在的精神活动，它是自行产生的，而以后的精神活动都要以艺术活动为基础。

---

① R. G. Collinwood, *Outlines of a Philosophy of Art*, London: Oxford University Press, 1925, p. 14.

② R. G. Collinwood, *Outlines of a Philosophy of Art*, London: Oxford University Press, 1925, p. 14.

③ R. G. Collinwood, *Outlines of a Philosophy of Art*, London: Oxford University Press, 1925, p. 14.

也是在这个意义上,科林伍德批评了唯美主义认为艺术是比认知或思维更高级的活动的看法及其"为艺术而艺术"的主张。当然,艺术的原始性并不意味着艺术在文明成熟以后会自行毁灭,正如上一节所述,艺术也有进化,遵循"螺旋式"上升的进化轨迹。因此,成熟的文明时期也有它们时期的艺术,成熟文明时期的艺术自前期发展而来,并仍然承担着以想象提出问题的作用,在其所处的时代同样具有重要地位。

(二) 艺术的特殊性质:实践上作为美的追求的艺术

1. 想象与美及丑

艺术是理论的,同时也是实践的。在科林伍德的理解中,说艺术是实践的,并不意味着艺术要创造出或改变什么外在的物质性的东西,尽管艺术最终会创造出作品来;而是说,在艺术中,心灵会努力去做某事,实现某种理念。艺术要做的事情就是努力更好地去"想象"和从事"想象",而它要实现的理念就是"美"。在科林伍德看来,艺术是想象,而同时艺术企图达到的是美,因此"想象"和"美"是统一的,"想象"即"美"。这便出现了一个历来艺术理论都不可回避又难以解决的问题,即"丑"是怎么回事。按照科林伍德的理解,艺术是想象,想象就是美,那么"丑"便在艺术中失去了存在的根据。实际上,科林伍德和传统的许多美学家一样否认"丑"的存在:"想象任何不美的东西都是不可能的,事实上,没有丑的东西存在,或者,如果丑存在,它也不可能向任何人显现。"[1] 在科林伍德看来,"丑"只是一种相对的和限制性的存在,在一幅画中,正是"美"的存在,"丑"有了可能;在音乐中,正是正确的音符,错误的音符凸显了出来。因此,科林伍德说:"丑是美的毁灭,它以一种要被毁灭的美为前提。"[2] 但是,深谙黑格尔辩证法的科林伍德认为,一旦"丑"完全毁灭"美"的时候,就会产生一种新的"美"。他说:"当所有的音符都是错误的音符,以至于任何主音调感觉都消失了

---

[1] R. G. Collinwood, *Outlines of a Philosophy of Art*, London: Oxford University Press, 1925, p. 19.

[2] R. G. Collinwood, *Outlines of a Philosophy of Art*, London: Oxford University Press, 1925, p. 20.

的时候，一个人就可能得到新的没有主音调的音调美。"① 当然，科林伍德的这个说法有些极端，他是想强调在艺术中没有"丑"的存在。

科林伍德认为艺术是纯粹的想象，所以他结合古希腊多样性统一的理论，用他的想象理论对"美"和"丑"进行了界定："美是想象之对象的统一或一致；丑缺乏统一和一致。"② 因此，在科林伍德看来，"美"是一种好的"想象"，而"丑"并不是和"美"相反的东西，也不是"想象"的缺席，仅仅是不好的"想象"、混乱的"想象"，是"从一个想象到另一个想象时的粗心大意和自始至终没有想象出任何一个完整的事物的想象"③。正是在"想象"或好或不好的意义上，科林伍德认为"丑"是一种低级的"美"，"低级的美就是想象力用相对较小的努力就能理解的美；这样的美是琐碎的、平庸的或庸俗的美"。④ 与"丑"相比，"美"则是完美，是一种需要高度想象力才能理解和创造的"美"。而"美"在"想象"的完美性上有所降低时，就会变成程度不同的"丑"。科林伍德认为人们需要努力更好地"想象"才能创造美，才能创造艺术，所以他将艺术中的想象同幻想区别开来。幻想是"想象"，但不是努力进行的"想象"，它只是在慵懒和偶然地进行"想象"。因此，科林伍德认为，幻想产生不了美和好的艺术。

2. "单子论"艺术

如上所述，艺术在实践上被科林伍德看作对"美"的追求，而"美"则被科林伍德定义为"想象的统一或一致"，因此艺术就可以被看作一种追求想象的统一或一致（也可理解为完美）的创造活动。但想象中的统一或一致，在科林伍德看来，不是和外部事物的统一或一致，也不是和其他"想象"的统一或一致，而仅仅是和自己"想象"（自身）的统一

---

① ［英］罗宾·乔治·科林伍德：《艺术哲学新论》，卢晓华译，工人出版社 1988 年版，第 14 页。

② R. G. Collinwood, *Outlines of a Philosophy of Art*, London：Oxford University Press, 1925, p. 21.

③ R. G. Collinwood, *Outlines of a Philosophy of Art*, London：Oxford University Press, 1925, p. 20.

④ R. G. Collinwood, *Outlines of a Philosophy of Art*, London：Oxford University Press, 1925, p. 21.

或一致。比如神话或科幻艺术作品，它不需要和现实世界统一或一致，也不需要和其他艺术作品中的想象世界统一或一致，但它必须和自身统一或一致，否则整个作品就会分崩离析，或者成为一个失败的作品。对此，科林伍德说："从它是一个成功的、恰当对待自身的想象'片段'来说，它是美的；这种美完全没有受到这种问题的影响：这个想象和其他任何人或我本人在别的时候的想象是否兼容。"① 在这一点上，想象和思维是尖锐对立的：思维追求客观的一致，它需要把它自己置身客观世界之中或者以其他事物为参照来判定自己的真假；而想象则不一样，想象只追求主观的一致，它可以使自己的对象从真实世界中孤立起来不与其他事物比较。

在《精神镜像：或知识地图》中，科林伍德这样形容"想象"："想象的世界是一个私人化的世界，是只由其创造者独居着的一个世界……他随己所愿，创造一个想象的自我和一个想象的世界。"② 据此，科林伍德认为在审美创造或欣赏的那一刻，艺术家对真实的世界以及别人的心灵一无所知，世界上的人和物都被艺术家或欣赏者遗忘了。艺术家并不想和观众交流思想，也并不想找寻读者或观众，在科林伍德看来，交流或寻找读者的活动恰恰是与审美精神背道而驰的。因此，科林伍德认为，"每一件艺术作品都是一个单子，一个封闭的、独立的、用自己独特观点反映宇宙的世界，它实际上只是宇宙的幻影和透视画，宇宙就是它自身"③。如此，有多少艺术作品，就会有多少完全不同的宇宙或世界，而且都是像单子一样，是个无窗的世界，彼此不能互看和交流，"艺术作品总是互相无视对方，并且它们当中的每一个都总是从头开始"④。

---

① R. G. Collinwood, *Outlines of a Philosophy of Art*, London: Oxford University Press, 1925, p. 23.
② ［英］R. G. 柯林伍德：《精神镜像：或知识地图》，赵志义、朱宁嘉译，广西师范大学出版社2006年版，第59页。
③ ［英］罗宾·乔治·科林伍德：《艺术哲学新论》，卢晓华译，工人出版社1988年版，第19页。
④ ［英］R. G. 柯林伍德：《精神镜像：或知识地图》，赵志义、朱宁嘉译，广西师范大学出版社2006年版，第61页。

科林伍德关于艺术单子论的论述，明显不符合艺术发展史的实际。从艺术发展史来看，大量的艺术作品之间存在着继承、模仿（相似）等关系，而且几乎所有的艺术流派和艺术作品都是以前人艺术创作的经验为基础的，没有这种继承关系，艺术也像其他任何种类的科学或活动一样，永远不会向前发展。也就是说，艺术家之间是可以通过他们的作品进行交流的。熟悉艺术史的科林伍德也承认确实如此，但他认为，这种看法是从历史观点进行反思的结果，而从审美的观点来看，从艺术家的观点来看，艺术则只是"单子"式的。如此，审美观点下的艺术和历史观点下的艺术，便成为两种互相矛盾的活动。不过，矛盾对于科林伍德来说（正如对黑格尔来说一样）永远存在，并且是个好东西。科林伍德认为，"所有的现实艺术作品都存在于这两种活动的平衡之中"①。科林伍德的意思是说，只有忘记其他任何艺术和这个世界，进入单子式的艺术境界，艺术家才能更好地进行创作；而没有历史或批评的反思活动，艺术则将永远停留在一个单子中踌躇不前，正是历史或批评的反思，艺术家才能重新开始进入一种新的艺术单子之中。

（三）艺术的特殊性质：情感上作为美的享受的艺术

如前所说，科林伍德认为任何活动都有一个情感的要素，人类的任何活动都必然伴随着情感。快乐和痛苦便是人类活动经常伴随的情感状态。在科林伍德看来，快乐和痛苦是人类活动的情感感觉，是同一个经验的两极，却不是性质截然不同的经验。他说："就我们感觉到我们自身克服了困难来说，一个已知的活动可能叫做快乐的而不是叫做痛苦的，就我们感觉到我们自身紧张地努力这样做来说，一个已知的活动可能叫做痛苦的而不叫做快乐的。"②科林伍德的这种说法是符合实际的，除了满足食色之欲的活动，人类的任何活动很难说是纯粹快乐的，当然也不能说是纯粹痛苦的，快乐和痛苦的感觉往往混合在同一种活动或经验之中。因此，科林伍德说："每一种活动同时既是快乐的，也是痛苦的：它

---

① ［英］罗宾·乔治·科林伍德：《艺术哲学新论》，卢晓华译，工人出版社1988年版，第20—21页。

② ［英］罗宾·乔治·科林伍德：《艺术哲学新论》，卢晓华译，工人出版社1988年版，第21页。

成功地成为它想成为的某物或做成了它想做的某事意味着快乐，而失败则意味着痛苦。"① 但是即使某种活动在努力中成功了，也必然伴随着痛苦，这是因为在科林伍德看来，"努力做一件事情是力量或技能不足的标志，因此必然是痛苦的"②。在这个意义上讲，没有努力，就无所谓痛苦和快乐。

正如任何活动当中都存在着情感要素一样，任何一样存在努力的活动都普遍存在着痛苦与快乐。不过，对于其他活动来说，情感只是一种伴随物，人们很容易将活动本身和伴随的情感区别开来。对于科学家来说，固然不存在不伴随情感的真理，但情感是一回事，而真理则是另一回事。但情感在科林伍德看来却是艺术的全部，和艺术不可分割，也无法进行区别。如上一节所述，科林伍德认为艺术在实践上就是对"美"的追求，而"美"则被其解释为想象的统一和一致。在这里，科林伍德又从情感的角度对美进行了说明："美不是直觉所理解的对象的性质，也不是思维所把握的概念，它是渗入全部被想象对象经验的情感色彩。"③ 这两种界定和说明或许不矛盾，却并不是一回事，不过科林伍德没有对此进行过多的说明，只是在提出这两点后强调想象在艺术中的整体性。他说："根据想象的或审美的观点，艺术作品不是完全分成部分的，那种看来是部分的反思分析是从与其他部分融合成不可分整体的审美观点得来的。……只要艺术家真的集中于细节，整体就会消失。雄浑就是统一，只有当每一个细节都被感觉不是作为部分而是作为整体的变态的时候，才可能得到雄浑。"④ 想象的整体性和情感是一种什么关系，科林伍德没有说。不过根据他的逻辑，他可能认为这种想象整体性就意味着一种整体的情感色彩。

---

① R. G. Collinwood, *Outlines of a Philosophy of Art*, London: Oxford University Press, 1925, p. 26.
② [英] 罗宾·乔治·科林伍德：《艺术哲学新论》，卢晓华译，工人出版社1988年版，第21页。
③ [英] 罗宾·乔治·科林伍德：《艺术哲学新论》，卢晓华译，工人出版社1988年版，第22页。
④ [英] 罗宾·乔治·科林伍德：《艺术哲学新论》，卢晓华译，工人出版社1988年版，第23页。

就是在这样的逻辑下，科林伍德认为艺术和情感不可区分，"美"是想象的统一和一致，同时"美仅以情感的形式存在于心中"①。既然艺术是对"美"的追求，那么艺术便自然而然是一种情感的形式。不过正如任何活动中都包含着快乐与痛苦一样，艺术中的情感也同时具有这种相反的性质："那些尽他们最大想象力的人在那种努力中不仅发现了较高的和更有价值的快乐，而且也发现了屡次的和强烈的痛苦。这种痛苦不仅是由坏艺术的景象引起的，而且同样地是由所有美的深刻意识用不同的方式引起的。"② 不过，由好艺术引起的痛苦，也成为其巨大魅力的原因之一。

二　想象与艺术美的各种形式及自然美

（一）想象与艺术美的各种形式

对于艺术美的各种形式，美学家们历来看法不一，有的将崇高、怜悯、幽默、悲剧等看作不同于美的东西，有的则将这些统统作为美的不同种类，美是属，其他是种。科林伍德尽管也对艺术美的形式进行了分类，但他的原则和这两种都不同。他不认为这些形式是和美不同的东西，也不认为它们是美的属，而是认为它们之间的关系类似于部分与整体的关系，即美类似于整体，其他形式类似于部分。科林伍德将整体的美称为"最高美"。他说："最高美以某种方式将作为从属的、起作用的要素——崇高和喜剧以及所有其他美的形式——包含于自身，以至于这些形式表现为最高美这一整体的部分。"③ 这和他认为美是想象的一致或和谐有关，美既然是想象的和谐或一致，那美里边就可以包含较多的其他形式，它们一同构成美。当然，作为部分的一个要素，其本身也可以构成美，但在强调美是想象的一致或和谐的科林伍德看来，"这是截短的和

---

① ［英］罗宾·乔治·科林伍德：《艺术哲学新论》，卢晓华译，工人出版社 1988 年版，第 23 页。
② ［英］罗宾·乔治·科林伍德：《艺术哲学新论》，卢晓华译，工人出版社 1988 年版，第 24 页。
③ R. G. Collinwood, *Outlines of a Philosophy of Art*, London: Oxford University Press, 1925, p. 32.

不完全的美，是较低水平的美"①。在科林伍德眼中，只有包含多种形式且各种形式之间和谐、巧妙地搭配起来，才可以成为整体的或最高的美。而巧妙搭配起来的美的各种形式，其作为部分的自身，也可以得到加强。他说："美的形式就不是相互排斥的形式；实际上，它们是互相牵连的，由于和其他形式的融合，每一种形式都获得利益，而不是受到损失。"②在确定了这一原则之后，他才开始对艺术美的各种形式进行说明。

1. 崇高的（sublime）

科林伍德不同意以伯克和康德等人为代表的传统美学对崇高的界定。他既反对以对象客观的量（数学的崇高）或力（力学的崇高）来看待崇高，也反对从道德的角度对崇高进行说明，认为"自然力量及其大小和所谓的道德力量和崇高没有本质性的关联"③。他仍然从他的"想象论"出发去界定崇高，认为"崇高的对象不是那种自身具有某些属性的对象，而是观看者用想象性的态度修正过的对象，其中，想象性态度坚持作为想象的崇高，并在绝对的意义上坚持美。正是在我们与对象的关系中，而不是在孤立的对象中，崇高的基础才可能被理解"④。

需要说明的是，根据上下文及科林伍德的想象理论，在笔者看来，科林伍德所说的"我们与对象的关系"既不是物理的关系，也不是道德的关系，而是想象的关系。因此，科林伍德强调那种超过我们的并使得对象成为崇高的能力或力量不是别的任何能力，而只是一种审美能力，在这里"审美"和"想象"是同义的。所以，所谓崇高的美，在科林伍德的逻辑里应该是指在一定程度上超越我们想象力的美，而所谓超越，是指想象力的被动接受而非主动想象。因此，科林伍德在描述崇高时说："崇高是把其自身强加于我们心灵的美，是我们不由自主地感觉到它是违

---

① ［英］罗宾·乔治·科林伍德：《艺术哲学新论》，卢晓华译，工人出版社1988年版，第28页。

② ［英］罗宾·乔治·科林伍德：《艺术哲学新论》，卢晓华译，工人出版社1988年版，第28页。

③ R. G. Collinwood, *Outlines of a Philosophy of Art*, London: Oxford University Press, 1925, p. 34.

④ R. G. Collinwood, *Outlines of a Philosophy of Art*, London: Oxford University Press, 1925, p. 34.

背我们意志的美，是我们被动地接受的和我们通过审慎的探究在我们期待发现它的地方没有发现的美。"① 但是，崇高本身却是我们主体自己的想象能力，是想象对被动的克服，是"我们自身中想象能力向上流动的冲击"②。在这里，能看到科林伍德对伯克和康德崇高学说的改造，在这种改造之中，客观的量和力对人主观的冲击，变成想象力对自身的冲击。

就一切的美都对想象力有某种冲击，因而都含有这种被动因素以及靠想象对这种被动因素进行克服（都需要想象力做出努力）来说，"一切的美都有着某种崇高的色彩"③。因此，科林伍德认为，"崇高是美的首要的和最基本形式。崇高是美作为美的纯粹显露，是审美经验的流入。所有作为一种绝对创造的美——在它快乐的最初时刻，在它绝对的新颖性中——都是崇高而不是别的东西"④。在科林伍德看来，保持是持续的创造，美的保持也需要持续的"创造"。就像他之前所说的没有努力就没有美一样，美的保持需要"想象"。在审美过程的每一个点上都保持努力并充满活力，而想象力的努力和向上冲击便是崇高，因此，美的保持依然需要崇高因素的持续介入。所以，科林伍德说："所有的美都是靠在它心里的崇高的春天维持的。"⑤

2. 喜剧的（comic）

由于崇高是一种想象能力向上流动的冲击，因此它伴随着强烈的新鲜感和敬畏感以及由此造成的对对象的赞美和对自身的贬低。但也正因为崇高是一种"冲击"，因此它不可能持久保持，它像一种冲击力一样，必然回落。当这种冲击力回落时，对象在想象力的冲击下显得新鲜、有

---

① ［英］罗宾·乔治·科林伍德：《艺术哲学新论》，卢晓华译，工人出版社 1988 年版，第 30 页。
② ［英］罗宾·乔治·科林伍德：《艺术哲学新论》，卢晓华译，工人出版社 1988 年版，第 31 页。
③ ［英］罗宾·乔治·科林伍德：《艺术哲学新论》，卢晓华译，工人出版社 1988 年版，第 30 页。
④ R. G. Collinwood, *Outlines of a Philosophy of Art*, London: Oxford University Press, 1925, p. 35.
⑤ ［英］罗宾·乔治·科林伍德：《艺术哲学新论》，卢晓华译，工人出版社 1988 年版，第 31 页。

力甚至令人敬畏的属性消失了，它变得平淡而普通，这时崇高便消失了。另外，在科林伍德看来，崇高是我们自己的想象力造成的，不是对象的性质，只是我们误以为崇高是对象的性质罢了。因此他说："我们要崇拜的是这样的偶像，它的神圣性只是夸张了的我们自己能力的影像。"① 在审美中，人们会逐渐明白这一点，这会导致对自己审美观念的纠正："如果崇高是审美经验第一次接近美的观念，那么第二次接近一定是纠正第一次接近中所包含的错误。"② 也就是说，在崇高中，我们把本属于主观的某种事物归到了对象身上，而在第二次审美经验中，人们会明白"对象本身不是我们过去想象的那种令人敬畏的东西。在我们过去赞美对象和贬低我们自身的地方，现在我们赞美自身和贬低对象"③，由此"我们发现我们最初发现是崇高的东西或许是美的或许只是矫饰的"④。科林伍德认为，这就是从崇高到"可笑"的变化步骤。喜剧就是在这个步骤中产生的。因此，科林伍德认为可以把喜剧看作"对崇高的背叛或反动"⑤。

但"可笑"并不一定是美的，只有那种在其中能够得到审美满足的"笑"才是美的，而喜剧在科林伍德看来正是"以笑的手段来满足审美主体的审美享受"的一种艺术形式。⑥ 在这个意义上，喜剧才是构成整体美的一个部分或一种形式。通过喜剧，"可笑"（或丑）变成一种不伤害我们的审美情感东西，获得了美学的意义。另外，科林伍德在论述喜剧这一美的形式时还讨论了理想的喜剧和喜剧以及"嘲笑"的意义。他认为我们之所以"嘲笑"之前显得崇高的东西，是因为我们可以解除它对我们造成的恐惧，从而超越它。因此，"我们面对疼痛带着微笑，开我们自

---

① ［英］罗宾·乔治·科林伍德：《艺术哲学新论》，卢晓华译，工人出版社1988年版，第31页。
② ［英］罗宾·乔治·科林伍德：《艺术哲学新论》，卢晓华译，工人出版社1988年版，第32页。
③ ［英］罗宾·乔治·科林伍德：《艺术哲学新论》，卢晓华译，工人出版社1988年版，第32页。
④ ［英］罗宾·乔治·科林伍德：《艺术哲学新论》，卢晓华译，工人出版社1988年版，第31页。
⑤ ［英］罗宾·乔治·科林伍德：《艺术哲学新论》，卢晓华译，工人出版社1988年版，第33页。
⑥ 汝信：《西方美学史·第四卷》，中国社会科学出版社2008年版，第164页。

己虚弱的玩笑。这种笑不受野蛮行为影响，并具有某种英雄气概"①。但我们有时也将这种"嘲笑"引向我们自身，而这种带着优势心理又"嘲笑"自己劣势之处的行为在科林伍德看来是一种矛盾的行为，蔑视者和被蔑视的东西变成同一个东西。在这种情况下，"笑"变得刺耳和不和谐。科林伍德认为这种"笑"就成了幽默，"有幽默感的心灵精神状态是，我们这种心灵精神中嘲笑我们不再认为是可鄙视的弱点"②。因此，幽默中包含着忧郁、悲观甚至是绝望，在这个意义上，科林伍德认为幽默是喜剧向悲剧的过渡。也因此，他将幽默看作最高级的"笑"的形式。

3. 美的（beautiful）

科林伍德分别将崇高和喜剧看作美的第一和第二种形式，而且，如前所言，他认为这两种形式都是美的，但又都是不完全的和部分的，完全的和整体的美在他看来需要通过黑格尔所说的"否定之否定"规律才能实现。科林伍德认为作为第二种形式的喜剧是对作为第一形式的崇高的否定，这一点在前边已经详细进行过说明。但第二次的否定（对喜剧的否定）也随之来临，"当崇高衰退时，嘲笑也耗尽它的燃料并焚毁它自身。一个从心里彻底根除那种错误地畏惧对象的人，这个对象使他把它看作是崇高的，他不再嘲笑它"③。否定之否定变成最初的肯定，于是"这些对立面相互抵消，在某种意义上把我们带回到我们的出发点"④。但"否定之否定"的过程不是一种纯然的归零运动，它是一种辩证的继承和综合，于是，"崇高和喜剧的综合给我们提供了完全意义上的美"⑤。

在这里需要说明的是，科林伍德在前边认为美的各种形式和美的关

---

① ［英］罗宾·乔治·科林伍德：《艺术哲学新论》，卢晓华译，工人出版社1988年版，第34页。
② ［英］罗宾·乔治·科林伍德：《艺术哲学新论》，卢晓华译，工人出版社1988年版，第34页。
③ ［英］罗宾·乔治·科林伍德：《艺术哲学新论》，卢晓华译，工人出版社1988年版，第35页。
④ ［英］罗宾·乔治·科林伍德：《艺术哲学新论》，卢晓华译，工人出版社1988年版，第35页。
⑤ ［英］罗宾·乔治·科林伍德：《艺术哲学新论》，卢晓华译，工人出版社1988年版，第36页。

系不是种属关系，而是类似于部分与整体的关系。不过，科林伍德则强调，它们之间虽然类似于部分与整体的关系，但并不是整体与部分的关系，因为在普通意义上，整体中的部分是并列存在的，整体正好等于部分之和。而在"美"或者"最高美"中，崇高和喜剧在彼此的否定中被保存了下来，并且改变了原来的形式，它们已经不再是崇高和喜剧本身。"崇高"从意外的荣耀冲动变成镇静的庄重，喜剧的"嘲笑"变成"微笑"。这种完全意义上的美（即"最高美"）的经验栖身于崇高和喜剧的两极中间，获得了某种均衡，成为一种平静的经验。在这种经验中，"强制性因素没有了，代之以具有深刻意义的满足和安宁……我们觉得安适，我们属于我们的世界，我们的世界也属于我们"①。

另外，在论"美"（即科林伍德所谓的"最高美"）时，科林伍德还涉及了"美"（"最高美"）是客观的还是主观的问题。科林伍德认为"最高美"既不是客观的，也不是主观的。"最高美"是一个经验，是一个与对象完全一致的经验，"心灵用这个经验在对象中找到自身，心灵达到对象的水平……观看者感到他自己的灵魂生活在对象中，对象在他自己的心目中展开它的生命"②。在这里，科林伍德透露出"最高美"是"主客一致"的想法。这种"主客一致"在科林伍德看来，是由心灵在由崇高到喜剧再到"最高美"的过程中，通过自身对自身的否定而实现的。在崇高中，心灵为自己创造一个膜拜的偶像；在喜剧中，心灵又对这个偶像进行鞭笞。在科林伍德看来，这两种态度都是非理性的，而在"最高美"中，心灵从这两种非理性的形式中恢复，"明白了这个由我们自己制造偶像，乃是我们自己'思维'的表现；直觉到这一点，就是对心灵和对象的亲密性的感受，其中，心灵让对象对其自身（心灵）可见"③。因此，他强调"美"和崇高以及喜剧的不同，认为"美"要以与纯粹的

---

① ［英］罗宾·乔治·科林伍德：《艺术哲学新论》，卢晓华译，工人出版社1988年版，第38页。

② ［英］罗宾·乔治·科林伍德：《艺术哲学新论》，卢晓华译，工人出版社1988年版，第38页。

③ R. G. Collinwood, *Outlines of a Philosophy of Art*, London: Oxford University Press, 1925, p. 44.

想象无关的学习经验的能力为先决条件,因为在一定的处境当中会出现什么反应和一个人过去的经验是息息相关的。不过,这个想法与他之前认为的"美"是想象的统一或一致相矛盾。实际上,企图将一切审美现象都纳入"想象"之中而割裂客体的理论体系,势必给他带来这样、那样的矛盾,这一矛盾在他以"想象"来论述自然美的过程中进一步凸显出来。

(二)想象与自然美(the beauty of nature)

1. 自然美的性质

科林伍德自始至终都用"想象"来说明美,"我们关于一个对象无论说些什么其他的东西,它只是对想象地考察它的人才是美的"①。也就是说,美无法离开"想象"而存在。艺术及艺术美作为人想象的产物,自然只有依靠"想象"而存在,但在科林伍德看来,自然美也是如此,因为对他来说,"只有一个审美原则,即想象"②。如前所述,科林伍德认为"想象"意味着不关心对象是否真实,既然审美的原则也是"想象",那么审美活动也不同于知觉活动。"它或不坚持和不能坚持它的对象的实在性,或不否定和不能否定它的对象的实在性,更不必说它能够坚持它的对象成为一种方式中或另一种方式中的存在。"③ 因此,科林伍德不主张将美区分为自然美和艺术美。他说:"哲学家也不去判定某物具有那种我们称之为自然美的美的特殊种类。"④ 因为自然美和艺术美的区别在习惯做此区别的人看来,只是对象是否真实的区别,而审美却并不考虑这种区别。另外,科林伍德认为,"把一个对象称之为自然,就是表示感觉到

---

① [英]罗宾·乔治·科林伍德:《艺术哲学新论》,卢晓华译,工人出版社1988年版,第41页。
② [英]罗宾·乔治·科林伍德:《艺术哲学新论》,卢晓华译,工人出版社1988年版,第43页。
③ [英]罗宾·乔治·科林伍德:《艺术哲学新论》,卢晓华译,工人出版社1988年版,第42页。
④ [英]罗宾·乔治·科林伍德:《艺术哲学新论》,卢晓华译,工人出版社1988年版,第42页。

它在任何意义上都不是我们自己的活动成果"①。在这个意义上，任何的美都是自然美，因为在科林伍德看来，即使是想象的对象，在艺术家看来也是真实的，这是因为"想象包含着一种特殊类型的经验，它在这种经验中把它的对象看作是本质上真实的东西"②。

所以，科林伍德不认为自然美和艺术美有本质的差别，"自然美和艺术美之间的区别不是形而上学的区别……而是两种审美经验之间的区别"③。这两种审美经验，就是纯粹想象性的经验和存在着反思的想象性经验。科林伍德认为，"艺术家总是要做两件事：想象和认识他在想象。他的心灵仿佛是一个双重的心灵，在他面前有一个双重的对象；作为想象，在他面前有一个想象性的对象；作为思维，在他面前有他自己想象那个对象的活动。……作为艺术家，他是在想象；作为思想家，他注视着自己的想象"④。也就是说，在艺术和审美活动中存在着两个经验：直接的想象和间接的反思。自然美和艺术美的差别在科林伍德看来只是是否存在某种反思性的差别。也就是说，当我们被动地感受对象而没有认识到这是我们想象的产物时，这样感受到的美就是自然美；而当我们意识到对象是我们想象的造物时，这样感受到的美即是艺术美。对此，科林伍德说："自然美的享受是不知道它自己创造力的想象。当想象发现它自己为其自身创造对象的能力时……它的对象是艺术作品。在这个发现之前，想象认为自己是被动地注释着现成的自然。"⑤ 所以，科林伍德对自然美和艺术美的区分只是一个心理学上的区分，在反思中的美只能是艺术美，没有反思存在的美才是自然美。他说："自然美是在它直接性中

---

① [英]罗宾·乔治·科林伍德：《艺术哲学新论》，卢晓华译，工人出版社1988年版，第48页。

② [英]罗宾·乔治·科林伍德：《艺术哲学新论》，卢晓华译，工人出版社1988年版，第42页。

③ [英]罗宾·乔治·科林伍德：《艺术哲学新论》，卢晓华译，工人出版社1988年版，第42页。

④ [英]罗宾·乔治·科林伍德：《艺术哲学新论》，卢晓华译，工人出版社1988年版，第43—44页。

⑤ [英]罗宾·乔治·科林伍德：《艺术哲学新论》，卢晓华译，工人出版社1988年版，第48页。

的美，这种美的特殊性质是它没有努力、没有企图认识某种不能认识的东西。"① 这明显受到克罗齐只承认将直觉和美等同起来的影响。

2. 自然美的各种形式

基于以上认识，科林伍德认为自然美不应该划分为动物美、植物美或矿物美等。因为美的各种形式之间的区别，"不是对象之间的区别，而是审美观点之间的区别"②。在科林伍德看来，正是审美观点的区别，可以将自然美分为不同的种类。而人对什么是自然看法，受到人对自身看法的影响。科林伍德认为，对那些只认为自己是人的人来说，自然只意味着没有人性的东西，他们发现海洋、暴风和恒星中的自然美；对那些认为自己不仅是人，而且是文明人的人来说，自然不仅包含着非人的世界，还包含着人在未开化状态时的世界，他们会在原始人类社会和产品中发现同样类型的美；而对于一个艺术家来说，凡是没有注入人的有意识的审美动机的世界都是自然的世界，他们会在机器和其他功利产品中发现这种美。根据这三种看待自己和自然的不同观点，科林伍德将自然美划分为三个类型：纯粹自然的美、人类改造过的自然的美和人造物的自然美。

（1）纯粹自然的美

如上所述，科林伍德认为三种自然美是由不同的审美观念造成的。对于那些刚刚意识到自己是活动的人来说，他们发现自己面临的世界不是自己活动的结果，"这种给予的和远离他自己兴趣的情感在这种意义上构成了自然美的特殊性质"③。如日月星辰、山林湖海、花鸟虫鱼、风霜雨雪等，在科林伍德看来都具有这种荒野的美。自然崇拜，在科林伍德看来就是这种审美能力的进一步发展。科林伍德认为这种审美观念构成了人类审美力发展的第一个阶段，在这个阶段，"审美力渴望对象完全离

---

① ［英］罗宾·乔治·科林伍德：《艺术哲学新论》，卢晓华译，工人出版社1988年版，第51页。
② ［英］罗宾·乔治·科林伍德：《艺术哲学新论》，卢晓华译，工人出版社1988年版，第51页。
③ ［英］罗宾·乔治·科林伍德：《艺术哲学新论》，卢晓华译，工人出版社1988年版，第53页。

开人,甚至最原始的人类活动迹象都会激怒它"①。

(2) 人类改造过的自然的美

科林伍德认为,随着人类自我意识的发展,人类开始学会反思,正是这种反思促使人类自我意识变得更加深刻,也因此不再满足纯粹的自然美,而是"倾向于通过增加和修改来补充它"②。这时他们明白,美的自然不必是完全不受人影响的,而且人的干预可能提升这种美。如横穿荒野的小路突出了那块土地的造型和结构,因而增加了荒野的美。这种经过改造的自然美的代表便是乡村生活。科林伍德认为,以华兹华斯为代表的浪漫派寻找的自然美就是这种自然美,"它不是与人相对立的东西,而是与工业化的人相对立的东西"③。

(3) 人造物的自然美

科林伍德认为自然美分别是对人的活动或某种活动的否定:第一种类型的自然美("纯粹自然的美")是对人类活动的否定;第二种类型的自然美("人类改造过的自然的美")是对人造物的否定;第三种类型的自然美("人造物的自然美")既不是对所有人类活动的否定,也不是对人造物的否定,而仅仅是对有意识成为美的意图的否定。也就是说,在科林伍德看来,有很多人造物本来不是为着美的意图,而是为着某种功利意图制造的。这些人造物,在特定的语境中却成为一种自然美,如铁路、轮船、工厂等。这种意义上的美,作为和艺术美的对比来说,才是一种自然美。

尽管科林伍德将自然美分成三种类型,但他认为,在这三种情况中,美的类型是相同的,即它们都是"旁观者和他的对象之间对比的美,是美的东西的美"④。在这里,科林伍德还是对对象的客观属性有所强调,

---

① [英]罗宾·乔治·科林伍德:《艺术哲学新论》,卢晓华译,工人出版社1988年版,第52页。
② [英]罗宾·乔治·科林伍德:《艺术哲学新论》,卢晓华译,工人出版社1988年版,第54页。
③ [英]罗宾·乔治·科林伍德:《艺术哲学新论》,卢晓华译,工人出版社1988年版,第57页。
④ [英]罗宾·乔治·科林伍德:《艺术哲学新论》,卢晓华译,工人出版社1988年版,第52页。

与他之前所说的"美只是想象"有所矛盾。

本章小结

本章主要讨论的是科林伍德前期的想象论，其前期想象论主要体现在《精神镜像：或知识地图》和《艺术哲学大纲》两本书中。

在《精神镜像：或知识地图》中，科林伍德主要关注想象和认知的关系，其观点主要受维科和黑格尔影响。在这本书中，他认为想象就是一种非断言、非逻辑地提出问题和回答问题的方式。依靠着此种想象，艺术便成为一种追求初级认知的形式。但所谓初级认知是相对而言的，因为在科林伍德看来，在高级认知发展到一定阶段后，还会返回到艺术并重新以"初级阶段"的形式存在，如此构成一个螺旋上升的结构。在这一点上，他超出了黑格尔的论述。

在《艺术哲学大纲》中，他并没有推翻他之前关于想象和认知关系的看法。但他主要关注想象和艺术及想象和美、丑、崇高等范畴的关系，并根据其想象论对这些重要概念给予了不同于康德等人的解释。这本书中关于想象的观点虽然受克罗齐影响较深，但用想象来界定诸多审美范畴则远远超出了克罗齐的论述。

第三章

想象与情感

前期科林伍德的"想象论"主要是将"想象"和"认知"及"美"相联系,并从这些联系中看待艺术的特质及艺术在整个精神活动中的位置和作用。在前期科林伍德看来,艺术是纯粹的想象,艺术中的理论(认知)要素、实践要素和情感要素都是通过"想象"参与到艺术中来的;科林伍德也都是从想象的角度来解释这三个要素,而不是相反。因此,前期科林伍德美学完全是一种"想象论"美学,可以说,"想象"在其前期美学思想中占有本体性地位。后期科林伍德美学仍然重视"想象",不过,"想象"的重要性在其美学体系中已经大大降低。后期科林伍德美学将艺术的本质看作情感的表现,"想象"在其中起的作用是意识到情感。不过,"想象"仍然和"情感"及"语言"有着紧密的联系,是艺术不可或缺的因素。相比其前期对"想象"粗浅的说明,后期科林伍德在康德的影响下重新从心理学角度对"想象"进行了严密的界定和论说。他首先将"想象"和感觉及思维进行分割,进而确定"想象"在人的心理和经验活动中的位置,从而将"想象"和"情感"联系起来。如此,"想象"作为情感表现的一个重要环节,被后期科林伍德纳入其美学思想体系之中。

第一节 想象与感觉

一 概念的界定

同许多哲学家一样,在论述自己的选题时,科林伍德往往创造新的术语，或者对已有的术语赋予新的含义。因此，在阐明科林伍德的"想象论"之前，必须对其所用术语的含义进行必要的说明，以避免不必要的误解。

"感觉"和"想象"之间存在着常识性的区别，即感觉被认为是"实际上"或"真实地"看到（视觉）、听到（听觉）、触摸到（触觉）（某物），而"想象"则是在虚构（想象）中看到、听到、触摸到（某物），想象的过程也伴随着类似以上感官的感受。为了将两者联系起来，科林伍德为之设置了一组总称性术语，他把实际上看到、听到、触摸到和想象的东西都称为"感觉"（sensation，需要动词时则使用"to sense"），并把实际上看到、听到、触摸到和想象的东西一律都称为"感受物"（sensa 或 sensum）、"感觉资料"（sense-data），感受物的种类则相应地被称为"色彩""声音""气味"等。为了将两者区分开来，科林伍德又为之设置了一组特殊性术语，他将真实的或实际的感觉称为"真实感觉"（real sensation，需要动词时则使用"really sense"），将真实感觉的下属名称分别叫作"真实看到"（really seeing）、"真实听到"（really hearing）等，将真实感觉的东西称为"真实感受物"（real sensum），将真实感受的下属名称分别叫作"真实的色彩"（real colours）、"真实的声音"（real sounds）等。与之相对应，科林伍德将想象中的感觉仍称为"想象"（imagination，需要动词时则使用"imagine"），将想象的东西称为"想象感受物"（imaginary sensum）或"意象"（image），将其下属名称分别叫作"想象的色彩"（imaginary colours）、"想象的声音"（imaginary sounds）等。这样便形成了一个三级的概念体系，如图 3－1 所示（形状相同的图形其概念相互对应）。科林伍德的这个三级概念体系，是以他的想象理论为基础的，而他的想象理论又是在对以往想象理论批判的基础上形成的。

二 科林伍德对以往想象与感觉关系理论的批判与借鉴

文艺复兴和启蒙运动以前的西方哲学家，特别是中世纪哲学家，普遍地将"感觉"和"想象"区分开来，他们一般认为或假定"感觉"可以了解真实的世界。但随着哲学上对认识论的重新审视，这种假定的不

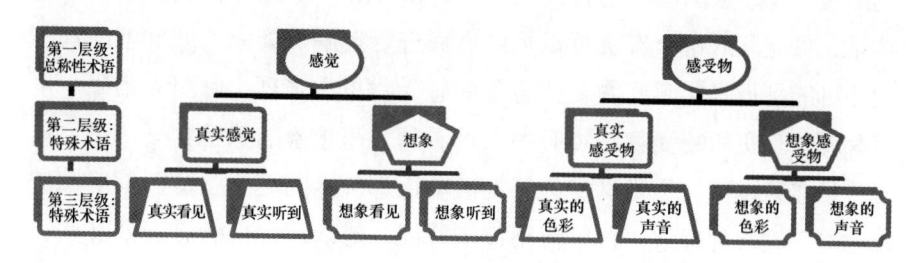

图3-1 三级的概念体系

言自明性消失了，于是很多哲学家为了奠定认识论的基础，从而重新讨论"感觉"和"想象"的关系。

笛卡尔在《第一哲学沉思集》等著作中认为，凭借着人的直接的感觉，人甚至无法确认他是真实地坐在火炉前，还是梦见（也可以说是想象）自己坐在火炉前；进而他认为，凭借着人的感觉，人无法确认自己的存在。套用科林伍德的概念来说，笛卡尔认为人们无法区分感觉和想象，也无法区分真实的感受物和想象的感受物。当然，笛卡尔不是否认真实感觉的存在，他想说明的是，除非运用数学推理的方法，这种区分是不可能的，并把这一点作为他的哲学基础。因此，他批判一切以假定真实感觉和想象能够区分为基础的一切理论体系和哲学。霍布斯和笛卡尔的看法类似，在《利维坦》的第一章中，他也认为想象和感觉无法区分，甚至主张将两者作为同义词来使用。斯宾诺莎在《伦理学》中认为想象是一种被动的活动，不是一种思维方式，因此在本质上同"感觉"一样，因此，他认为所有的感觉都是想象。莱布尼茨也持有相似的见解，他认为不同于思维，感觉是一种含混的观念，不具有清晰性，是一种梦境或幻象。比起大陆理性主义重视理性轻视感觉的主张来说，经验主义哲学家较为重视感觉的重要性。在《人类理解论》中，洛克认为一切感受物都是真实的，但他只针对真实感受物，对于想象，只承认想象中简单的组合观念是真实的。在科林伍德看来，以上诸位哲学家都不主张将感觉和想象区分开来。

贝克莱在《人类知识原理》中也试图将感觉同想象区分开来，并从两个方面论述了两者的区别。首先，从常识的角度看，贝克莱认为"感觉的观念比想象的观念更为强烈、鲜明和清晰"①。按照科林伍德的概念体系，贝克莱的这个看法可以从两方面进行理解。第一，贝克莱的这个说法可能是指真实感受物要比想象的感受物更为强烈、鲜明和清晰。也就是说，真实的感受物是可听的和可看的，而想象的感受物则不是。第二，贝克莱也可能是指真实的感觉活动比想象活动更为强烈、鲜明和清晰。对于这两种理解，科林伍德都不赞同，他以精神疾病患者及某些正常人在某种场合下的幻听、幻视进行驳斥。而且，科林伍德认为即使正常人，在通常情况下，也不意味着感觉比想象更为强烈、鲜明和清晰。其次，从关系的角度看，贝克莱认为感觉要遵守既定的"自然法则"和应有的秩序，所以具有稳定性、连贯性，而想象则由于不需要遵守"自然法则"而显得混乱、随意和无秩序。对此，科林伍德也表示反对。他认为不仅感觉要遵守某种法则，想象也是如此，而且感觉和想象要遵守的法则很可能是混合在一块儿的，这一点后边再论述。

休谟在《人性论》中将人类心灵中的知觉分为"印象"与"观念"两类，他所说的印象和科林伍德所说感觉相对应，观念则与"想象"相对应。在感觉和想象的关系上，休谟的观点和贝克莱类似，他也认为这两种知觉在冲击心灵或进入人的思想意识的时候，它们的强度和鲜明度不同。休谟强调的不是感受物之间的差异，而是感觉之间的差异。正因为感觉（印象）和想象（观念）相比，其强度和鲜明度更高，所以感觉是一种被动的感知，人无力对之拒绝或修正；而想象则需要经过人的认可才可能发生，而且人可以对自己的想象进行抑制和修正。这个看法也和贝克莱类似。对此，科林伍德以精神疾病患者的幻觉为例，对贝克莱进行过批评。在对休谟的批评中，他也运用了与之类似的人的幻觉的例子。此外，科林伍德强调要运用一个统一的原则来看待感觉和想象。

贝克莱和休谟对感觉和想象的区分，甚至他们的方法，在科林伍德看来都是失败的。科林伍德认为，康德虽然也没有对感觉和想象做出实际的区分，但提供了一个有益的方法。康德在《纯粹理性批判》里提出了人类的知性范畴，康德认为人对客观事物的认识，无一例外地会遵循

---

① ［英］贝克莱：《人类知识原理》，关文运译，商务印书馆1973年版，第33页。

人的主体的某些先天的范畴，科林伍德称之为"知性原则"。科林伍德将贝克莱所说的感觉的"自然法则"称为第一等级的法则，将康德的"知性原则"称为第二等级的法则。根据康德的观点，科林伍德认为，表面上只遵循"自然法则"（第一等级的法则）的人的感觉实际上离不开人的"知性的原则"（第二等级的法则），例如每个事件都有一个原因（康德所说的因果范畴），引起我们感觉的事件也不能摆脱这个范畴。据此，科林伍德认为，并不存在着什么完全被动接受的"野性"的感受物，因此感觉与想象的区别不能凭借自然法则来区分。

三 科林伍德论感觉与想象的同质性

根据康德的说法，科林伍德认为区别真实与虚假感受物只能从知性的角度进行。他说："一个真实的感受物只能指那种受到知性所解释的感受物，只有知性有权授予真实的称号；而一个想象的感受物将是那种尚未经历这种过程的感受物。"① 受到康德的启示，科林伍德认为区分感觉和想象只能从知性入手。为了说明这个问题，他引入了"幻觉感受物"（illusory sensa）这一概念。科林伍德认为，"一切幻觉感受物不过是我们把它和其他感受物之间的关系弄错了的那种感受物而已"②。也就是说，在科林伍德看来，只要把感受物之间的关系弄错了，任何感受物包括真实的感受物和想象的感受物都可以成为幻觉感受物。对此，科林伍德举了许多例子进行说明。一个人梦见自己在眺望大海、天空和高山，或者一个人在想象大海、天空和高山，在这里，如果你知道大海、天空和高山仅仅是你梦见的或想象出来的，那它们就不是幻觉感受物，而只有你将它们当作真实存在的情况下它们才成为幻觉感受物。科林伍德还强调，不仅想象的感受物可以成为幻觉，真实的感受物同样也可以成为幻觉感受物，如小孩子或者野蛮人在第一次照镜子的时候，很可能以为镜子后面有个真实的人，这时真实的感受物就成为幻觉感受物。在这里被弄错

---

① ［英］罗宾·乔治·科林伍德：《艺术原理》，王至元、陈中华译，中国社会科学出版社1985年版，第193页。

② ［英］罗宾·乔治·科林伍德：《艺术原理》，王至元、陈中华译，中国社会科学出版社1985年版，第195页。

的并不是感受物本身，而是某种关系。当小孩子认为他看到一个人、某种颜色或造型时，他并没有错，错的是将之理解为镜子后面真实的人。于是，科林伍德将幻觉转化成一种关于错误的概念。

按照科林伍德的理解，这种错误是一种知性的错误、理解的错误，而不是感觉或感受物本身的错误。根据这一点，科林伍德还纠正了"外观"（appearances）和"形象"（images）两词的错误用法及相关理论。一个远处的人，看起来会比实际要小；平行的铁轨，看起来是向"一点"集中的。一些哲学家和心理学家给出的解释是，看起来小的人和向"一点"集中的双轨只是人和双轨的外观或形象，而外观或形象不是人和铁轨本身。科林伍德认为这种理论和术语的用法是错误的。在科林伍德看来，这种看法"暗示了感受物与物体之间的关系类似于照片或图画与被拍摄、被描绘对象之间的关系"①。而科林伍德认为一幅画和被画的物体都是作为实际被感知的物体呈现给视觉的，这幅画可以被当作实际物体的外观或形象，而在远处的人及实际的双轨和人眼之间并不存在着这样一幅画。因此，他认为这种类比实际上是在人眼和实际的物体之间引入了一个第三者，并且"由于第三者的介入，我们就根本看不见所谓的物体了"②。科林伍德认为我们眼见的并不是什么作为第三者的外观或形象，而就是实际物体本身。我们之所以认为我们眼见的和实际事物并不一样，不是感觉或感受物本身错了，而是我们对他们之间的关系理解错了。

在科林伍德看来，"想象"的情况也是如此，即想象作为感觉本身无所谓对错，想象的感受物本身也无所谓对错，对错取决于我们对感受物之间关系的理解。科林伍德认为想象分为两种情况：一种是想象实际存在的东西，一种是想象不存在的事物。在前一种情况下，"对于我们认识围绕我们的世界来说，想象是一种'不可或缺的机能'"③。科林伍德以

---

① ［英］罗宾·乔治·科林伍德：《艺术原理》，王至元、陈中华译，中国社会科学出版社1985年版，第197页。
② ［英］罗宾·乔治·科林伍德：《艺术原理》，王至元、陈中华译，中国社会科学出版社1985年版，第197页。
③ ［英］罗宾·乔治·科林伍德：《艺术原理》，王至元、陈中华译，中国社会科学出版社1985年版，第198页。

火柴盒为例来说明这个问题。他说将一个火柴盒放在观察者面前，观察者只能看到三个面，另外三个面可以由想象进行补充，而且我们可以想象摸火柴盒的感觉、磷化物的气味，等等。据此，科林伍德认为，"只有在我想象它们的情况下，我才能真正意识到作为完整物体的火柴盒的存在。一个能实际看却不能想象的人，他将看不到一个物体的完整世界，而只能看见'各式各样排列的各式各样的色彩'"[1]。这种情况下，想象的感受物的对与错和上边感官感觉的情况类似，此不赘述。在后一种情况下，科林伍德仍然坚持感受物本身无所谓对错，对与错出自对感受物和其他事物关系的理解。如一个人梦到自家的房子着火，醒来后幻觉消散了。那么，这场火是真实的还是虚假的呢？科林伍德认为，对于梦中的那个人来说，或者对于想象着的人来说，这场火是真实的。对于醒来的人来说，这场火是否真实则又要分情况：如果醒来后的人仍然认为他们家房子着火了，那么这场火则是虚假的；如果醒来的人认为自己被子盖得太厚太热了，所以做了着火的梦，那么这场火在科林伍德看来同样也是真实的。

在分析完各种情况后，科林伍德将自己对感觉和想象以及感受的观点进行了总结。他认为感受物本身不能被分为真实的和想象的，感觉也不能被划分为（真实的）感觉和想象。他说："我们称为感觉的那种经验，只是一种并不遵从真实与不真实、正确与错误、实际与幻觉之分的经验。"[2] 科林伍德认为有正误之分的东西只能是思维，因此感受物只有在我们的思考中才可以分正误，而所谓思考这些感受物就是解释这些感受物，解释这些感受物与其他事物之间的关系。因此，科林伍德认为，"一个真实的感受物指的是得到正确解释的感受物，一个幻觉的感受物则指一个解释错误的感受物。而一个想象的感受物指的是根本未予解释的感受物，这或者是因为我们试图解释却失败了，或者是因为我们还没有

---

[1] ［英］罗宾·乔治·科林伍德：《艺术原理》，王至元、陈中华译，中国社会科学出版社1985年版，第198页。

[2] ［英］罗宾·乔治·科林伍德：《艺术原理》，王至元、陈中华译，中国社会科学出版社1985年版，第200页。

去尝试解释"①。如此，根据思维对感受物解释与否，科林伍德将感受物分为三种，即真实的感受物、虚假的感受物和想象的感受物。这三种感受物和思维的关系是："思维对于第一种作出了好的解释，对于第二种作出了坏的解释，对于第三种则没有作出解释。"②

第二节 想象与意识及情感

对于感觉与想象的区分，科林伍德比较矛盾。传统的理论认为感觉是被动的，想象是主动的，感觉是由外物导致的，想象是主体自己进行的。对此，科林伍德表示反对。首先，在科林伍德看来，感觉本身也是一种主动的活动。科林伍德认为，就感觉需要刺激而言，它是被动的，但就感觉是一种反应而言，它又是主动的。对此，科林伍德运用生物学的例子进行了说明。他认为眼睛需要把波转化为色彩，耳朵需要把波转化成声音，这个转化的过程尽管是自动的，却是主动的。何况想象本身也需要一定的"刺激"或条件，而且停止想象并不比停止观看容易。其次，如精神病患者的幻视、幻听一样，感觉也不完全是由外物造成的，就想象也需要引发来说，想象也不完全是由主体自己在内心进行的。因此，科林伍德认为感觉和想象无法凭借其自身进行区分，也就是说他们的作为感觉的性质是相同的。虽然如此，但科林伍德认为感觉和想象虽然不能凭借着"质"进行区分，却可以凭借着"量"，亦即可以从它们在人的心理经验的位置及其和意识、思维的关系上进行区分。科林伍德认为想象在单纯的感觉和思维之间占据了一个中间位置。③ 这个中间位置的确立是在意识的作用下完成的，因此，感觉与想象的区分只能通过对意识的解释及其和思维的联系来完成。为此，他借助印象、观念、注意、

---

① [英] 罗宾·乔治·科林伍德：《艺术原理》，王至元、陈中华译，中国社会科学出版社1985年版，第200页。

② [英] 罗宾·乔治·科林伍德：《艺术原理》，王至元、陈中华译，中国社会科学出版社1985年版，第200页。

③ [英] 罗宾·乔治·科林伍德：《艺术原理》，王至元、陈中华译，中国社会科学出版社1985年版，第204页。

意识等概念对感觉与想象进行区隔。

一 意识对感觉的修正

现代哲学家们往往将感觉与想象、真实的感受物和想象的感受物相混淆。科林伍德认为当哲学家们在谈论应该的、过去的或未来的感受物时，他们谈的其实不是真实的感受物，而只是想象的感受物。科林伍德认为想象是一种不同于感觉却又与感觉密切相关的经验形式。从常识上看，它们两者的区别是，感觉是直接的看见或听见，而想象则是在感觉不存在的情况下对保留在头脑里的感觉（色彩、声音等）的预测和回忆。这种以感觉为基础的预测和回忆就是科林伍德所说的"想象"。关于这一点，休谟曾经用印象（impressions）和观念（ideas）对之进行区隔。科林伍德认为休谟区分观念与印象，就是为了区分想象和感觉。休谟主张，与思维直接相关的是他所说的观念（即想象）而不是印象（即感觉）。科林伍德正是在休谟的启发下，通过与思维的关系来区分感觉与想象的。

为了进一步区分感觉和想象，科林伍德引入了注意（attention）这一概念。在前边，科林伍德说过，思维可以理解一个感受物和另一个感受之间的关系，如确定一块色彩是黄色的，就是思维判定这一感受物同之前确定为黄色的感受物之间的关系。但是在理解这种关系之前，需要把一个事物单独进行识别、鉴定（这时的鉴定不考虑和其他事物的关系）。"这种鉴定某种事物的活动，当那个事物维持原状不变时，在我们能够开始对它进行分类时，我们就称之为对事物的注意。"[1] 科林伍德认为，注意就是感觉本身，不过是一种聚焦的感觉。科林伍德以"一块红色"为例说明这种聚焦功能。当我们观看时，呈现在面前的是一片视野，这片视野是杂色斑驳的，没有明确的边缘和中心，当我们看到一块红色时，说明我们已经进行了聚焦（注意）。注意让我们从这片视野中切割出一小片红色，于是"这片视野被划分成了一个注意的目标和注意被移开的背

---

[1] [英]罗宾·乔治·科林伍德：《艺术原理》，王至元、陈中华译，中国社会科学出版社1985年版，第210页。

景或边缘"①。如若没有聚焦（注意），我们将看不到任何具体的事物。基于此，科林伍德认为看不等于看见，听不等于听见，除非有注意的参与。但注意可以切割视野，不能进行抽象，看到的红色只是具体的红色，若没有抽象（思维的参与），观看者也不明白这就是红色。"如果我们从中抽象出红色的性质，一种其他个别色彩能够共有的某种性质，我们这样做所运用的就不是注意而是思维了。"② 因此，科林伍德认为注意是思维活动或理智活动的基础，但他强调这并不是说思维活动发生在注意活动之后，它们有可能同时发生。而且，"一种注意总与理智相结合，并且理智以这种结合所要求的方式对注意加以修正"③。

科林伍德认为感觉只有一个对象，而注意有着双重的对象。注意不仅注意着感觉的对象，而且注意着感觉本身，比如听觉听到的只是单纯的声音，而注意却同时关注声音和听声音的动作。这时的倾听或观看，就成为有意识的观看。所以，当单纯的感觉加上注意活动时，呈现给心灵的感觉就被分成两部分，其中给予注意的那一部分，科林伍德称之为"意识"（conscious）部分，其余的部分被科林伍德称为"无意识"（unconscious）部分。科林伍德强调这里所说的无意识部分不是心理等级，而是指不被注意聚焦的感受物的边缘地带，因此它并不处在注意活动之外，而是离开焦点被意识所忽略了。科林伍德认为在单纯的感觉中，意识和无意识的界限是不存在的，正是注意使感觉加入了意识，而"当意识之光落到这些工作上时，它们就改变了自己的性质，被感觉到的东西就变成想象了"④。不过，科林伍德对此没有给予更多的解释，这使得这个结论有些突兀。

如上所述，注意就是意识进入感觉经验领域，而"随着意识进入经

---

① ［英］罗宾·乔治·科林伍德：《艺术原理》，王至元、陈中华译，中国社会科学出版社1985年版，第210页。
② ［英］罗宾·乔治·科林伍德：《艺术原理》，王至元、陈中华译，中国社会科学出版社1985年版，第211页。
③ ［英］罗宾·乔治·科林伍德：《艺术原理》，王至元、陈中华译，中国社会科学出版社1985年版，第211页。
④ ［英］罗宾·乔治·科林伍德：《艺术原理》，王至元、陈中华译，中国社会科学出版社1985年版，第212页。

验领域，一个新的原则就自行建立起来了。注意集中在一个事物上，而对其余事物则排除在外"①。而且，注意的焦点与视觉的焦点及听觉的焦点可以不一致。比如人将目光固定在一个方向上，而人的注意则可以偏离相当多的角度，还可以在巨大的声响中注意那些微小的声音，等等。这就意味着注意有选择感觉对象的自由，它并不仅仅是对刺激的一种反应，并不服从感觉的命令。用科林伍德的话来说就是："意识是感觉之主，是它支配着感觉。"② 科林伍德认为在心理经验的水平上（即在注意或意识不参与的情况下），自我是由自己的种种感觉控制的，这就是贝克莱和休谟认为感觉具有强制性的原因。而在意识水平上，种种感觉都是由"自我"所支配。例如，一个小孩在没有自我意识之前感到愤怒，他会本能地号叫，这时他控制不了自己的感觉和哭叫；而当他有了自我意识之后，他会注意到自己的愤怒、叫不再是本能的，而是为了引起别人注意他的愤怒，而且他还能随时控制自己的号叫。这时，暴烈的感觉力量就因为意识的参与而被"驯化"了。

科林伍德认为感觉的被驯化可以产生一个重要的结果："能够随意使感觉（包括感受物）长久化。"③ 也就是说，人可以依靠注意让一种感觉（包括感觉的动作）从单纯的感觉之流中独立出来，并把它保留到必要长的时间，以便我们能够在以后再次注意到它。科林伍德认为，这样一种感觉，"相对于自我的总体经验来说，它就不具有印象的性质而具有观念的性质了"④。记忆在科林伍德看来，就是"对一种尚未完全消逝的感觉—情感经验痕迹的重新注意"⑤。

---

① ［英］罗宾·乔治·科林伍德：《艺术原理》，王至元、陈中华译，中国社会科学出版社1985年版，第213页。
② ［英］罗宾·乔治·科林伍德：《艺术原理》，王至元、陈中华译，中国社会科学出版社1985年版，第214页。
③ ［英］罗宾·乔治·科林伍德：《艺术原理》，王至元、陈中华译，中国社会科学出版社1985年版，第216页。
④ ［英］罗宾·乔治·科林伍德：《艺术原理》，王至元、陈中华译，中国社会科学出版社1985年版，第216页。
⑤ ［英］罗宾·乔治·科林伍德：《艺术原理》，王至元、陈中华译，中国社会科学出版社1985年版，第217页。

二 意识与想象及意识的腐化

通过以上论说,科林伍德将感觉的"生命历程"划分为三个阶段:一是处于意识水平之下的感觉,或者叫单纯的感觉;二是逐渐被人意识到的感觉;三是除了意识到感觉之外,人们还将它和其他感觉联系起来。这三个阶段之间的关系,在科林伍德看来不是时间上的,而是逻辑上的。也就是,它们有可能同时(或者难以在时间上区分先后)发生,但在逻辑或心理机能上,后者以前者为基础。在三个阶段中,第一个阶段和休谟说的印象相当,第二个阶段和休谟所说的观念相当。这三个阶段,在科林伍德看来,都会有相应的感受物(或感觉资料)出现:在第一阶段会出现某种流动的感受物,它一出现,马上就会消失在感觉之流中;在第二阶段,凭借着意识或想象,某种感受物被长久化,在将来这种感觉和感受物能被唤起;在第三阶段,经由理智活动的参与,过去从未出现在感觉中的感受物可以经推理被建立起来。其中在第二阶段的时候,"意识活动把印象转变为观念,也就是说,把未加工的感觉变成了想象"[①]。

科林伍德认为,意识和想象在这里处于同一种经验水平之上,从这个意义上看,意识和想象是同义词,都代表了发生转变的那一水平的经验。但两者又有不同,在科林伍德看来,"在产生这种转变的东西和经受这种转变的东西之间,有一种区别;意识属于前者,想象属于后者。因此,想象是感觉被意识活动改造时所采取的新形式"[②]。也就是说,意识是想象的动因,想象是意识的结果,两者难以分解。所以,想象也就处于科林伍德所说的感觉"生命历程"的第二个阶段。由于第一个阶段是单纯的感觉,第三个阶段则是思维,所以在科林伍德看来,"想象是介于感觉和理智之间的一种不同水平的经验,是思维世界和单纯心理经验世

[①] [英]罗宾·乔治·科林伍德:《艺术原理》,王至元、陈中华译,中国社会科学出版社1985年版,第221页。

[②] [英]罗宾·乔治·科林伍德:《艺术原理》,王至元、陈中华译,中国社会科学出版社1985年版,第222页。

界相互联系的接触点"①。由此,科林伍德一反经验主义哲学家认为的是感觉为理智活动提供资料的观点,在他看来,为"理智提供资料的并不是感受物本身,而是被意识的作用改造成为想象观念的感受物"②。不过,虽然科林伍德认为想象是联结感觉与思维的中间项(在这里,意识起到了关键作用),但科林伍德却不认为意识是与思维不同的东西。在科林伍德看来,意识就是思维本身,只不过不是理智水平的思维。

科林伍德认为理智的作用是把握或建立各种关系,它有两种形式,即初级形式和第二级形式。初级形式把握"受到意识修正而且被转化为观念的那些感觉"③,第二级形式把握的则是初级理智活动之间的关系,即把握观念之间的关系。而没有意识这种思维活动,理智的初级形式就不会发挥作用,或者没有可操控的资料。因此在科林伍德看来,"意识是绝对基本和原始的思维"④。既然意识是思维,那就必然具有科林伍德之前所说的思维的两极性,即它必然被判定真假或好坏。但这中间却出现一个悖论,因为意识和想象一样不涉及事物之间的关系,不把事物和对错的概念联系起来,怎么会有正误的两极性呢?但是,科林伍德认为即使在陈述"这是我的感觉",也意味着两极性,因为它具有一个相反的陈述,即"这不是我的感觉",肯定一个就等于否定另一个。因此,科林伍德认为,即使实际上意识从不出错,但它仍然和所有的思维形式一样具有两极性:"一个正确的意识就是向我们承认自己的感觉,一个错误的意识就会否认它们和自己有关系。"⑤

科林伍德在前边论述"注意"的时候,将感觉—情感经验分为被注

---

① [英]罗宾·乔治·科林伍德:《艺术原理》,王至元、陈中华译,中国社会科学出版社1985年版,第222页。
② [英]罗宾·乔治·科林伍德:《艺术原理》,王至元、陈中华译,中国社会科学出版社1985年版,第222页。
③ [英]罗宾·乔治·科林伍德:《艺术原理》,王至元、陈中华译,中国社会科学出版社1985年版,第222页。
④ [英]罗宾·乔治·科林伍德:《艺术原理》,王至元、陈中华译,中国社会科学出版社1985年版,第223页。
⑤ [英]罗宾·乔治·科林伍德:《艺术原理》,王至元、陈中华译,中国社会科学出版社1985年版,第223页。

意的和不被注意的两部分，被注意的感觉（或感受物）就从印象转化成观念，受到意识的支配或者被意识驯化了，而不被注意的部分就被忽略了。但科林伍德认为，还可能出现第三种情况，即不承认或否定自己的感觉与情感。科林伍德这样解释这种情况：我们意识到了一种感觉，然后被我们认出的东西吓住了。在这里，科林伍德强调，吓人的东西不是作为印象的感觉，而是我们把感觉转变为观念（想象）后，它变成了吓人的东西，因此这种吓人是主观的。我们发现我们支配不了它，于是便放弃了它，转而注意那些不吓人的东西。科林伍德将这种行为称为意识的"腐化"（corruption），"它从一个难以对付的任务转向一个较容易的任务，于是意识在旅行职责中受贿或腐化了"①。科林伍德认为这种意识腐化的情况在人类的生活中极其常见。当人们极力逃避某种感觉或情感而不是正面面对和处理时，这种腐化就产生了。由于想象是意识所建构的，所以本来无所谓真假的因而不可能被腐化的想象也被腐化了。

科林伍德认为，以往心理学家研究的很多现象其实都属于意识的腐化，如心理学家所说的抑制（repression）就是意识对经验的否认，投射（projection）就是将感觉经验归于他人，分离（dissociation）就是将某些经验合并到性质相同的经验之中，幻构（fantacy-building）就是建立一个删改过的经验。心理学家已经指出，意识的腐化一旦成为习惯，会对人和人的生活产生难以预计的不良后果。腐化意味着不承认、逃避，但那被动的或可怕的感觉与情感仍然存在，而只有真实面对才可能正确处理的情感就因为意识的腐化将永远停留在被动和可怕地位，它们并没有消失。对此，科林伍德说："一个意识腐化的人身内身外都不得安宁，只要那种腐化主宰着他，他就是一个失去灵魂的人，对于他来说，地狱并不是虚构的传说。"②

科林伍德这些关于感觉和想象的理论深深影响了他的美学和艺术理论，这一点会在下一节涉及的时候进行论述。

---

① ［英］罗宾·乔治·科林伍德：《艺术原理》，王至元、陈中华译，中国社会科学出版社1985年版，第224页。
② ［英］罗宾·乔治·科林伍德：《艺术原理》，王至元、陈中华译，中国社会科学出版社1985年版，第227页。

第三节　作为想象的艺术

科林伍德的美学理论受克罗齐影响极大，在很多克罗齐用"直觉"来说明艺术的地方，科林伍德都用"想象"来替代。克罗齐认为艺术不需要经过"物化"的阶段，也不需要任何外在的技巧，只在"直觉"中完成。这一点在科林伍德后期的美学中也体现得十分明显。在讨论艺术创造之前，科林伍德从词源学的角度给创造下了一个定义。他说："创造某种东西，意指不用技巧但仍然是自觉有意识地制作某种东西。"① 接下来，他从词源学的角度论述了为什么说创造不需要特殊形式的技能，不需要任何预想的目的、计划、原料，等等。科林伍德的论述与其说是为了给"创造"正名，还不如说是为了给自己的想象艺术论奠定一个理论基础。他说："一件艺术作品作为被创造的事物，只要它在艺术家的头脑里占有了位置，就可以说它被完全创造出来了。"② 因此，他认为不必把艺术品称为真实的事物，可以将之称为"想象的事物"。在对待艺术品的"物化"形态时，他也和克罗齐保持一致，即认为这些物质性的产品只是艺术创造的副产品、附属品。以上便是他后期艺术想象论的理论基础。

一　想象与幻想

科林伍德主张艺术是想象，但他强调应该将严格的想象和幻想（make-believe）③ 区别开来。幻想的实质是靠想象来满足在现实生活中不能实现的欲求或愿望，如正在饿着肚子的人幻想着自己正在吃东西。有些"艺术"作品也确实旨在为观众或读者提供这种幻想性的满足，弗洛

---

①　［英］罗宾·乔治·科林伍德：《艺术原理》，王至元、陈中华译，中国社会科学出版社1985年版，第132页。
②　［英］罗宾·乔治·科林伍德：《艺术原理》，王至元、陈中华译，中国社会科学出版社1985年版，第134页。
③　"make-believe"是一个心理学术语，指靠想象来满足在现实生活中不能实现的欲求或愿望，但在中文中没有合适的对应词。《艺术原理》一书的中文译者将之译为"虚拟"，本书作者认为"幻想"比"虚拟"更加接近原意，所以暂将之译为幻想。

伊德将之称为白日梦。科林伍德认为这种幻想根本不是严格意义上的想象，由这种幻想作为主题的作品也不是真正意义上的艺术作品。

科林伍德认为想象和幻想的区别不在于前者是真实的，后者是虚假的，正如之前科林伍德说过的那样，想象不在乎真实与不真实的区别，幻想也是如此，并不是说幻想者真的以为他所幻想的世界是真实的世界。实际上，幻想者也能对现实和幻想做出区分，除非他已经到了病态的境地。科林伍德认为想象和幻想的区别在于，在幻想活动的背后总有一个"功利"的动机，即希望所想象的情境是真实的，以便可以享受或者占有某种东西。对此，科林伍德说："这意味着一个人对自己实际所处的情境感到不满，又不企图运用实际手段去实现一个令人满意的事物状态来补偿这种不满，而是凭借想象一个更满意的事物状态来得到一个人能够从中得到的满足。"① 在科林伍德看来，严格的想象就不存在这种动机，这便是想象和幻想的区别。对此，他补充道："想象不仅不在乎真实与不真实之间的区别，它而且也不在乎喜好与厌恶之间的区别。"② 如果像幻想一样，我们只倾向于想象美好的、生动的事物，那么其余的东西就会被抑制，以至于出现科林伍德之前所说的"想象的腐化"的现象，所以科林伍德坚决抵制将幻想作为想象的艺术理论。

科林伍德认为将想象和幻想混为一谈，不仅会因为"想象的腐化"给人类精神生活带来害处，而且也会给美学和艺术理论造成极大损害。在科林伍德看来，以弗洛伊德为代表的精神分析派美学就是将想象和幻想混为一谈的突出代表。以弗洛伊德为代表的心理分析派美学家将艺术家当作"白日梦患者"，认为"艺术家是一种梦想家或白日梦想家，只在幻想中构造虚拟的世界，如果实现了这个世界，就会比我们生活的真实世界要美好得多，也快活得多"③。科林伍德认为这种看法是极其错误

---

① ［英］罗宾·乔治·科林伍德：《艺术原理》，王至元、陈中华译，中国社会科学出版社1985年版，第141页。
② ［英］罗宾·乔治·科林伍德：《艺术原理》，王至元、陈中华译，中国社会科学出版社1985年版，第141页。
③ ［英］罗宾·乔治·科林伍德：《艺术原理》，王至元、陈中华译，中国社会科学出版社1985年版，第142页。

的。他讽刺说,只有精神分析学家或者他们的病人才是这样的人。在科林伍德看来,用幻想来代替想象只能是"娱乐艺术"①——流行小说或流行电影的产物,因此,精神分析学派的幻想理论只适合分析此类作品,而不适合分析真正的艺术。总之,科林伍德将幻想看作"一切艺术赝品的主题"②。

二 总体性想象经验

后期科林伍德认为艺术没有功利的目的,艺术家虽然在表现情感,但他并不期待着在观众或读者身上产生某种情感效果;科林伍德也不认为艺术是一种技艺或需要某种技艺,它不是制作,而是创造。所有这一切都使得他认为艺术只是一种想象,纯粹的想象,不需要任何外化的实践。因此,他认为编写一首乐曲,"当这首乐曲还仅仅存在于他的头脑中时,也就是说,还是一首想象的乐曲时,它就已经是完成的和完美的了"③。根据这一点,科林伍德对古老的形式主义理论和技巧论展开了批判。他认为"音乐不是由听到的音响构成的,绘画不是由看见的色彩构成的……艺术不是由形式构成的"④。科林伍德将艺术形式理解为"我们所听到的各种音响之间或者我们所看到的各种色彩之间的关系样式或关系体系"⑤,这种形式在科林伍德看来只是艺术作品整体的知觉结构而已,它和艺术本身毫不相关。这种形式主义的理论或哲学在科林伍德看来仅仅是一种技艺哲学,而不是艺术哲学。艺术不是形式,不是技艺,"真正的艺术作品不是看见的,也不是听到的,而是想象中的某种东西"⑥。这

---

① 科林伍德认为娱乐艺术是伪艺术,这一点将在论述科林伍德的表现理论时再详谈。
② [英]罗宾·乔治·科林伍德:《艺术原理》,王至元、陈中华译,中国社会科学出版社1985年版,第139页。
③ [英]罗宾·乔治·科林伍德:《艺术原理》,王至元、陈中华译,中国社会科学出版社1985年版,第143页。
④ [英]罗宾·乔治·科林伍德:《艺术原理》,王至元、陈中华译,中国社会科学出版社1985年版,第145页。
⑤ [英]罗宾·乔治·科林伍德:《艺术原理》,王至元、陈中华译,中国社会科学出版社1985年版,第145页。
⑥ [英]罗宾·乔治·科林伍德:《艺术原理》,王至元、陈中华译,中国社会科学出版社1985年版,第146页。

种观点来自克罗齐,科林伍德只是将克罗齐的"直觉"替换为他自己的"想象"罢了。此外,科林伍德所说的想象不仅蕴含在艺术作品当中,还蕴含在艺术作品的创造、欣赏当中。当然,科林伍德之后对这一克罗齐式的观点进行了修改,这一点在本书第六章再论述。

从欣赏的角度来看,读者或观众实际看到的、听到的和想象中见到的、听到的东西之间存在着某些差异。木偶戏中的木偶脸上的表情本来是固定不变的,可随着木偶动作和语言的变化,观众们会看到木偶的表情也在起变化。听音乐的过程也存在类似的情况。用科林伍德的术语来说,这是想象对感觉的修正。另外,除了积极的修正作用以外,科林伍德认为,在所有的情况下,想象力也以否定的方式在起作用。科林伍德所说的"否定方式"是指,"有许多东西我们实际上看到了和听到了,但是我们却并不想象它们"①。科林伍德所说的"不想象",指的是他所说的不被"注意"聚焦。如在听音乐会时,听众可以将街道的喧闹声和邻座的走动声置之度外;在观看画作时可以在想象中忽略落在画面上的影子和画作上的反光。总之,科林伍德认为想象可以对在欣赏艺术时的感觉进行修正或修补,这种想象力是比"内心的耳朵"和"心灵的眼睛"复杂得多的东西。

想象力的复杂性还表现在,想象不仅可以对艺术创作和艺术欣赏中的某种感觉进行修正,还可以将不同感官的经验综合到一起。科林伍德以塞尚、维尔伦·布雷克等人的画作为例进行了说明,他认为塞尚的画已经突破了二维平面的感觉,给人一种立体感;而维尔伦·布雷克的画能画出包含人的触觉感知的浮雕的效果。中国的书法艺术也是如此,从书法里,艺术家和观众都能产生触觉和立体的感受。不仅如此,高建平在著作《中国艺术的表现性动作——从书法到绘画》中甚至认为,从书法中能看到一个人书写时的力度、力量和动作。② 这都说明,想象可以在艺术创作和欣赏中将分属不同感官的感觉结合到一起。因此,科林伍德

---

① [英]罗宾·乔治·科林伍德:《艺术原理》,王至元、陈中华译,中国社会科学出版社1985年版,第147页。
② 参看高建平《中国艺术的表现性动作——从书法到绘画》,张冰译,安徽教育出版社2012年版。

认为，从一件艺术作品中获得的感觉可以分为两部分：一种是特定感官的感觉经验，如绘画中的视觉、音乐中的听觉；另一种则是想象中的感觉经验，这一部分又可以包含两部分。它不仅包括（按照其想象方式）与构成特殊化感官经验的东西同属一类的因素，而且包括与之异类的其他因素。科林伍德将这种复杂的想象性经验称为"总体性想象经验"（the total imaginative experience）。

科林伍德强调的"总体性想象经验"也是历来美学和艺术理论所重视的，但科林伍德不仅是提供了一个新的名词，他对总体性想象经验的理解和传统的理解，特别是与技巧论者的理解不同。在科林伍德看来，技巧论者也重视"总体性想象经验"，而且他们甚至认为"任何特定艺术作品的价值并不在于实际构成艺术作品感觉因素的愉快效果，而在于这些感觉因素在他身上唤起的想象中体验的愉快效果。艺术作品不过是达到某一目的的手段，而目的就是作品使我们能享受的总体性想象经验"①。也就是说，技巧论者企图把艺术家赋予作品的实际的感性性质和由观众或读者凭着想象力注入作品中的东西分开，他们认为前者是客观的，属于艺术作品本身，后者是主观的，不属于艺术作品，属于主体的活动。基于此，他们认为美是主观性的。科林伍德认为区分在艺术中发现的东西和引入艺术中的东西想法是天真的。科林伍德认为这两部分经验——欣赏艺术时感觉的经验和想象的经验——相互对立的说法是没有根据的。观众的眼睛能够发现绘画里的色彩，就在于观众的眼睛和画家的眼睛一样有分辨颜色的动能和机理。同"眼同此眼"一样，心也同此心，因此，人的想象力也能发现想象所揭示的东西，而"我们在作品里发现它，是因为画家本来就把它放在那里了"②。不过，对于观众或读者在作品中看到的东西是否等同于艺术家在作品中注入的东西，科林伍德虽然倾向于认为等同，起码他认为对于有着足够想象力的读者来说等同，但他对此没有下明确的断语。

---

① ［英］罗宾·乔治·科林伍德：《艺术原理》，王至元、陈中华译，中国社会科学出版社1985年版，第152页。
② ［英］罗宾·乔治·科林伍德：《艺术原理》，王至元、陈中华译，中国社会科学出版社1985年版，第155页。

基于以上的理论，科林伍德以音乐为例对什么是艺术品进行了总结。在他看来，音乐不像技巧论者所说的那样，是一系列可听见的音响，"而是某种只可能存在于音乐家头脑里的东西"；"在某种程度上，音乐作品只能唯一地存在于音乐家（当然在这个称呼下，既包括作曲家也包括听众在内）的头脑中，因为他的想象力总是对他实际听到的声音加以补充、校正和净化"。① 因此，科林伍德认为音乐只是某种被想象的东西，当然不是被想象的音响，而是他所说的总体活动的想象性经验。最后，科林伍德将这种音乐的理论扩展到所有的艺术中，认为"一件真正艺术的作品，是欣赏他的人用他的想象力所领会、意识到的总体活动"②。问题是科林伍德有时从艺术家的角度，有时又从读者或观众的角度来说明这种作为想象的艺术。不过，对于科林伍德来说，这似乎不是问题，因为科林伍德倾向于认为艺术在艺术家和观众或读者的想象中是一致的。

本章小结

本章讨论的是科林伍德后期的想象论，主要体现在《艺术原理》一书中。科林伍德前期的想象论主要受维科、黑格尔及克罗齐影响，将想象及包含想象的艺术看作追求初级认知的一种形式；后期的想象论则在康德的影响下，将"想象"建构为一种统筹其他感觉和意识到感觉并对之澄清的理论。康德在《纯粹理性批判》的第一版中将想象力看作"一种对杂多进行综合的能动能力"。③ 科林伍德据此将想象看成可以包含触觉、视觉、听觉等各种感觉要素的"总体性想象经验"。④ 此外，在康德看来，正是想象力才是联结感性和知性不可或缺的"中介"："感

---

① ［英］罗宾·乔治·科林伍德：《艺术原理》，王至元、陈中华译，中国社会科学出版社 1985 年版，第 155 页。
② ［英］罗宾·乔治·科林伍德：《艺术原理》，王至元、陈中华译，中国社会科学出版社 1985 年版，第 155 页。
③ ［德］康德：《纯粹理性批判》，邓晓芒译，杨祖陶校，人民出版社 2004 年版，第 127 页。
④ 参看 ［英］罗宾·乔治·科林伍德《艺术原理》，王至元、陈中华译，中国社会科学出版社 1985 年版，第 148—155 页。

性和知性，必须借助于想象力的这一先验机能而必然地发生关联；否则的话，感性虽然会给出现象，却不会给出一种经验性知识的任何对象，因而不会给出任何经验。"① 在科林伍德看来，"想象是介于感觉和理智之间的一种不同水平的经验，是思维世界和单纯心理经验世界相互联系的接触点"②。

科林伍德将这两种关于想象的看法都和情感及艺术联系起来。根据前者，他将艺术界定为包含各种感觉要素在内的"总体性想象经验"；根据后者，他将艺术看作通过想象澄清艺术家情感并将之变成一种观念的过程。正是根据他的这种想象论，他才将想象和情感表现联系在了一起。

---

① ［德］康德：《纯粹理性批判》，邓晓芒译，杨祖陶校，人民出版社2004年版，第130页。
② ［英］罗宾·乔治·科林伍德：《艺术原理》，王至元、陈中华译，中国社会科学出版社1985年版，第222页。

第四章

表现与情感

在后期科林伍德的"表现论"美学中,和表现相关的有三个关键词:一个是"想象",另一个是"语言",最核心的一个是"情感"。可以说,是否表现情感是后期科林伍德美学评判一件作品是不是艺术的试金石。而后期科林伍德的情感"表现论"美学则是在对"技艺论"美学、"模仿论"(再现论)美学、功利主义和享乐主义美学批判的基础上构建起来的。

科林伍德对种种美学派别和艺术理论的批判始于对艺术(art)一词含义的梳理和辨析。艺术一词在其发展历史中几经变化,因此它有着多种含义,科林伍德将这些含义概括为陈旧含义(obsolete meanings)、类比含义(analogical meanings)和礼节含义(courtesy meanings)。科林伍德认为当这几种含义与艺术真正的含义纠缠在一起时,就会在美学和艺术理论中产生种种谬误,因此对"艺术"一词种种不恰当含义的辨析及对相应的艺术理论的批判是建立真正的美学或艺术理论的基础。在科林伍德的理解中,艺术的陈旧含义对应的是技艺论和模仿论(再现论)美学,类比含义对应的是实用主义的美学(如巫术艺术),礼节含义对应的是享乐主义的美学(如娱乐艺术),因此科林伍德正是在对三种含义的辨析和对三种美学的批判中奠定了自己的情感表现论美学原则。

第一节 科林伍德对技艺论美学的批判

一 艺术概念的变化及科林伍德的理解

根据波兰美学家塔塔凯维奇(Wladyslaw Tatarkiewicz)在《西方美学

六概念史》（*A History of Six Ideas—An Essay in Aesthetics*）中的翔实考证，在古希腊，界定艺术最早的原则是"有规则的技艺"。诸如需要某种技艺的建筑术、雕刻术、陶艺、裁缝、几何学、修辞学、文法、逻辑等，都可以被称为艺术，而被认为出自灵感而非技艺的诗歌反倒不被划到艺术的行列。塔塔凯维奇认为古希腊人"从未将艺术区分为美的艺术和工艺"①。当然，古希腊人也在这些艺术当中做出区分，区分的原则是使用体力还是脑力，他们将使用体力的艺术称为机械的艺术，将使用脑力的艺术称为自由的艺术。这个原则和分法一直延续到中世纪，以至于在中世纪，艺术被划分为七种自由艺术和七种机械艺术，不过在中世纪如果不做强调，艺术特指"自由的艺术"。我们今天所谓的"美的艺术"中的绘画、音乐、雕刻等，则由于需要体力而被放在机械的艺术（粗俗的艺术）之列，而诗则由于其"非技艺"性没有进入艺术的行列。

以技艺为艺术原则的概念体系一直延续到近代，文艺复兴时期开始出现转变。在这个时期，科学与工艺被排挤出艺术的行列，诗则取而代之，"美的艺术"体系渐渐形成。"在十六世纪，佛朗西斯科·达·赫兰达在谈到视觉艺术时就曾偶然用到了'美的艺术'这个表达。"② 17 世纪后半期，佛朗索瓦·布隆德尔在 1675 年出版的一部关于建筑的专著之中，将建筑、诗、论辩术、喜剧、绘画与雕塑等列在一起，认为将这些艺术联系在一起的是其给予人的愉悦和美，但他还没有用到"美的艺术"这个表述。直到 18 世纪中期，法国神父夏尔·巴图才在《论美的艺术的界限与共性原理》当中，将以前已经形成一个模糊类别的绘画、雕塑、建筑、音乐、诗歌、戏剧和舞蹈称为"美的艺术"。后来"美的艺术"一词，通过康德的《判断力批判》被广泛应用并产生巨大影响，美和审美便成为界定艺术最权威的原则。然而究其实底，用美和审美来界定艺术已经是晚近的事情了。

和技艺同样古老的一种原则是"模仿"，不过在古希腊及以后很长

---

① Wladyslaw Tatarkiewicz, *A History of Six Ideas—An Essay in Aesthetics*, Warszawa: Polish Scientific Publishers, 1975, p. 13.

② Wladyslaw Tatarkiewicz, *A History of Six Ideas—An Essay in Aesthetics*, Warszawa: Polish Scientific Publishers, 1975, p. 20.

的时间里，模仿只是区分艺术而并非界定艺术的原则。自柏拉图和亚里士多德以来，艺术被区分为独创的艺术和模仿的艺术，其中模仿的艺术主要包括诗、雕塑及绘画，而不包括音乐和建筑。夏尔·巴图在将诗歌、戏剧、音乐、建筑、舞蹈、雕塑和绘画总称为"美的艺术"时，认为这些艺术的共同特征便是"模仿"现实。巴图也是最先将所有的艺术都看作模仿的人，也就是说到了巴图这里，模仿成为界定艺术的原则。模仿作为界定艺术的原则也在历史上产生过巨大的影响，后来的现实主义理论、马克思的艺术反映论等，都可以看见模仿论的影子。

19世纪之后，随着艺术现实的不断变化，又出现了几种界定艺术的新原则。英国美学家克莱夫·贝尔（Clive Bell）认为艺术是有意味的形式；意大利哲学家克罗齐及其门人将艺术的本质归结到表现上；另外，新出现的界定艺术的原则还有美感经验、产生激动等。20世纪之后，这些原则的变种和新出现的原则更多，不再一一介绍。不过，从有关艺术概念建构的历史过程可以看出，在文艺复兴之前，"美的艺术"原则并不占有优势，之后也面临着多方面的挑战。

对于"艺术"一词历史含义的考察，科林伍德与塔塔凯维奇的理解虽稍有出入，但基本一致。科林伍德特别强调艺术一词的含义与"技艺论"的脱钩。在科林伍德看来，17世纪艺术的概念开始与技艺论脱钩，18世纪这种脱钩变得十分明显，19世纪最终完成。在这个艺术概念与技艺论脱钩的过程中，逐渐形成一种"美的"艺术的概念体系。在科林伍德看来，"'优美的'艺术并不是指精细的或高度技能的艺术，而是指'美的'艺术"[①]。对照塔塔凯维奇的《西方美学六概念史》来看，科林伍德的考察是基本上符合史实的，不过，不把技艺纳入艺术概念之中和排斥技艺却是两回事。在这一点上，科林伍德对技艺论的非难则走向了另一个极端。

---

① ［英］罗宾·乔治·科林伍德：《艺术原理》，王至元、陈中华译，中国社会科学出版社1985年版，第7页。

二 科林伍德对技艺论美学的批判

（一）技艺的特征及其与真正艺术的区别

科林伍德所谓的艺术的陈旧含义对应的就是技艺论（再现论）美学，因此他对陈旧含义的舍弃体现在他对技艺论（再现论）美学的批判之中。

科林伍德将技艺定义为："通过自觉控制和有目标的活动以产生预期结果的能力。"[①] 他认为建立一种完善的美学理论必须将真正艺术的概念和技艺的概念区别开来。为此，科林伍德根据他对技艺的定义列举出技艺的六个主要特征，其对技艺和真正艺术所做的区别也主要以这六个特征展开。

科林伍德认为技艺的第一个特征是："技艺总是涉及手段与目的之间的区别，两者清楚地被看作是互相区别而又彼此关联的东西。"[②] 在科林伍德的理解中，手段指的是运用某种工具、材料达到某种目的活动，且作为手段的活动在目的达到后便停止存在了。在艺术的技艺论者看来，艺术中也存在着手段与目的的区别，他们往往将艺术看作打动、影响或感染观众的手段。对此，科林伍德坚决反对。首先，科林伍德认为艺术创作不需要任何外在的物质材料作为手段，只在心里构思完成即可，而墨水、纸张等材料只是"书写"工具，并不是艺术创作的材料或工具。其次，艺术的创作也没有外在的目的，真正的诗歌也不是为了在读者或观众身上产生某种心理状态或效果。不过，对于诗歌创作需要的词汇、韵律等算不算艺术的材料，科林伍德没有给予正面的解释。

科林伍德认为技艺的第二个特征是在计划与执行之间存在着一定的区别。也就是说，在技艺中，"待取得的结果早在获得之前就已经预先被设想和考虑好了，工匠在制作之前就知道自己要制作些什么"[③]。而且，

[①] ［英］罗宾·乔治·科林伍德：《艺术原理》，王至元、陈中华译，中国社会科学出版社1985年版，第15页。

[②] ［英］罗宾·乔治·科林伍德：《艺术原理》，王至元、陈中华译，中国社会科学出版社1985年版，第15页。

[③] ［英］罗宾·乔治·科林伍德：《艺术原理》，王至元、陈中华译，中国社会科学出版社1985年版，第16页。

科林伍德强调这种预知是精确的，不是模糊的。科林伍德也承认艺术特别是与工艺相结合的艺术，如建筑、陶瓷等，存在着计划与执行之间的区别，这是因为它们在艺术之外有着某种实用的目的。在纯艺术中，如诗歌等，就难以进行这种区分。对此科林伍德说："假定诗人一边走路一边构造诗句……他可能只是模糊地知道，如果他去散步，可能会写出诗来；至于说他计划要作诗的种种标准和规格是什么，他就不会事先知道了。"① 因此，科林伍德得出结论说："艺术并不意味着计划和执行间的区别。"② 但科林伍德强调这种特征只是一种消极的特征和可允许的特征。所谓消极的特征，是说"我们绝不可能把缺乏计划确定为一种积极的力量并称它为灵感或无意识之类"③，而可允许的特征是指它不是一个必备的特征，也就是说无计划的艺术作品是可能，但并不能由此得出结论说所有无计划的作品都是艺术品。此外，科林伍德也承认艺术创作中必然包含着一定的技艺成分，而且越是最伟大、最严肃的艺术作品，其计划和技艺的成分就越多，而那些全然没有计划和技艺的作品在科林伍德看来，只能是一些无关宏旨的小品。从科林伍德对技艺第二个特征的分析中可以看出他对待技艺的态度存在着矛盾。他的结论似乎有两点：第一，存在着无计划的艺术作品创作；第二，伟大严肃的艺术作品的创作包含着计划的成分，但计划和执行之间并不清晰对应。

技艺的第三个特征，在科林伍德看来，是手段和目的的先后次序。在技艺的计划中，目的总是先于手段，"目的首先想到，往后才想出了手段"④；而在技艺的执行中，手段总是先于目的，"手段首先出现，目的是

---

① ［英］罗宾·乔治·科林伍德：《艺术原理》，王至元、陈中华译，中国社会科学出版社1985年版，第21—22页。
② ［英］罗宾·乔治·科林伍德：《艺术原理》，王至元、陈中华译，中国社会科学出版社1985年版，第22页。
③ ［英］罗宾·乔治·科林伍德：《艺术原理》，王至元、陈中华译，中国社会科学出版社1985年版，第22页。
④ ［英］罗宾·乔治·科林伍德：《艺术原理》，王至元、陈中华译，中国社会科学出版社1985年版，第16页。

通过手段而达到的"①。科林伍德认为在真正的艺术中,没有手段和目的之分,因此在真正的艺术中也没有手段和目的的次序之分。

科林伍德认为技艺的第四个特征是"存在着原料和制成品或制造物之间的区别"②。这体现为三个方面:第一,技艺总是倾向于将一件东西改造为另一件东西;第二,未经技艺加工的东西是原料,经过技艺加工的东西则是成品;第三,原料都是现成的。科林伍德认为在真正的艺术中不存在这种区别。对此他以诗歌为例进行说明,他认为在诗歌中,包括语词、情感在内的所有因素都构不成艺术创作的材料。不过,在诗歌中虽然很难辨别何为材料,但雕塑艺术却很符合科林伍德所说的原料和制成品之间的三点区别,对此科林伍德没有提及。

科林伍德认为技艺的第五个特征是技艺中存在着形式与物质的区别。在科林伍德看来,原料和成品都是物质,也都有形式,但是原料不具有被技艺改造过后的成品的形式,因此相对于成品来说,原料是无形式的物质,而相对于原料来说,成品则是某种形式。科林伍德承认在某种意义上,艺术作品里也具有可以称为形式的东西,如韵律、格式、组织、布局、结构等。但科林伍德不认为在艺术中存在着形式和物质的区别。这有两个原因:首先,在技艺制成品中,"在产品被赋予这种形式之前,物质具有原料的形态"③,而在真正的艺术(比如诗歌)中,虽然在创作之前也有某种东西存在(如诗人心灵中的情感或纷杂的兴奋等),但它并不是诗歌的原料;其次,在技艺制作中,在给原料施加形式之前,形式就预先以计划的形态存在于人的头脑当中,而在科林伍德看来,艺术创作中则不存在这种"前形式"。同样,在论述这一点时,科林伍德仅仅以诗歌为例说明艺术和技艺的不同。科林伍德在以"例外"来论证艺术和技艺的不同之时,他忘记了他所说的不同也有例外,比如在雕塑艺术之

---

① [英]罗宾·乔治·科林伍德:《艺术原理》,王至元、陈中华译,中国社会科学出版社1985年版,第16页。
② [英]罗宾·乔治·科林伍德:《艺术原理》,王至元、陈中华译,中国社会科学出版社1985年版,第16页。
③ [英]罗宾·乔治·科林伍德:《艺术原理》,王至元、陈中华译,中国社会科学出版社1985年版,第24页。

中往往存在着形式和物质的区别以及在创作之前的"前形式"。

各种技艺之间存在着一定的等级关系，是科林伍德认为的技艺的第六个特征。所谓等级关系是指，"每个技艺向比它低一级的技艺指示目的，又向比它高一级的技艺或者提供手段，或者提供原料，或者提供条件"[①]。科林伍德认为在技艺的制作中存在着三种等级关系，即材料的等级、手段的等级和各个部分的等级。所谓材料等级，是指某种技艺的成品只是为另一种技艺提供原料，如育林人栽培的树木为伐木工提供原料，伐木工砍伐而成的圆木为锯木工提供原料，锯木工制成的木板又为木工提供原料，如此等等；手段的等级是指一种技艺制成品为另一种技艺提供工具，如矿工给铁匠提供煤炭，铁匠给农民提供马掌等；各个部分的等级是指制造业的各种分工，如在汽车制造中，一个工厂制造发电机，一个工厂制造离合器，另一个制造汽车底盘，等等，最后一个厂负责组装。据此，科林伍德认为，"每一种技艺都具有等级的性质；或者在等级中和别的技艺相关联，或者它本身就是由多种在等级上彼此关联的、不同性质的制作过程所组成的"[②]。各种艺术的创作中也存在着诸多的关系，如诗人写作歌词，而音乐家为之谱曲，歌剧、电影综合了音乐、诗歌、戏剧等艺术形式，文学家也经常利用前人文学作品的题材进行再创作等。但科林伍德认为艺术中的这些关系不是技艺中的等级关系，因为对于音乐家来说，歌词既不是原料（保持原貌不变），也不是手段（手段在达到目的时会被弃之不顾），在歌曲中歌词和音乐是结合在一起的。对于其他艺术形式中的种种关系，科林伍德没有给予更多的解释，但他认为诸种艺术形式之间的关系不是等级的关系，只是部分与整体之间的关系。

科林伍德并非看不出真正的艺术中也有技艺的存在，他本人也十分重视技艺在艺术创作中的作用。在他看来，没有一定的创作或运用媒介的技巧，任何样式的艺术作品都不可能被创造出来，而且在其他条件（如艺术家情感的丰沛、思想的深度、道德情操的高度等）都相近的情况

---

① ［英］罗宾·乔治·科林伍德：《艺术原理》，王至元、陈中华译，中国社会科学出版社1985年版，第25页。

② ［英］罗宾·乔治·科林伍德：《艺术原理》，王至元、陈中华译，中国社会科学出版社1985年版，第17页。

下，技巧性越高的艺术家，创造出优秀艺术品的可能性就越大。因此，他反对的并不是技艺本身，而是将"技艺"看作艺术本质或核心的美学观。在科林伍德看来，"技能虽然是第一流艺术的必要条件，但单凭它本身却不足以产生第一流作品"①。科林伍德认为，技艺是可以通过后天的训练造就的，而使得艺术之所以是艺术的力量却是天生的，和这种力量相比，技巧只是第二位的。因此他认为，一个具有伟大"艺术力量"的艺术家，即使欠缺一定的创作技巧，也有可能创造出伟大的艺术作品，而一个拥有完美技巧却没有"艺术力量"的艺术家则不可能创造出伟大的艺术作品。在这里，技艺的作用是辅助性的，技艺只有在成为服务于艺术的东西时，艺术家才能被称为艺术家。在谈到诗人本·琼生时，科林伍德说："使本·琼生成为一位诗人而且是一位伟大诗人的，却并不是构造这些格式的技能，而是文艺女神及侍从者赋予他的那种想象性目光。为了表现这种想象性目光，才值得诗人去运用那种技能；为了这种想象性目光的享受，才值得我们去研究诗人构造的那些格式。"② 什么是"想象性目光"（imaginative vision），科林伍德没有给予解释。如果结合上下文及科林伍德美学的整体构架来看，他所说的想象性目光很可能和情感及情感的表现有关。

总的来看，科林伍德对技艺的特征及其和艺术之间区别的论述不是十分严密，有很多例外可以用来反驳他，不过他的论述对于在工业和大众艺术时代区分艺术和工艺及艺术和大众娱乐产品仍有着积极的意义。正是以对技巧论美学批判为基础，科林伍德展开了对再现论美学、心理刺激艺术、优美的艺术、巫术的艺术和娱乐的艺术的批判。虽然对巫术的艺术和娱乐的艺术的批判都是基于对技巧论的批判，但这两个问题内容较多，后边专门分节来谈。

（二）科林伍德对心理刺激艺术和优美艺术概念的批判

科林伍德认为心理刺激的艺术和优美的艺术都是对艺术技巧论的复

---

① ［英］罗宾·乔治·科林伍德：《艺术原理》，王至元、陈中华译，中国社会科学出版社1985年版，第27页。
② ［英］罗宾·乔治·科林伍德：《艺术原理》，王至元、陈中华译，中国社会科学出版社1985年版，第27页。

活，都属于技艺艺术的类型，因而不是真正的艺术。

1. 科林伍德对心理刺激艺术的批判

科林伍德认为心理刺激的艺术旨在制作某种人工制品用以在观众或读者身上引起特定的心理状态。当然，这种理论是一种古老的心理学的艺术理论，亚里士多德《诗学》中的"净化"或"疏泄"说便是这种理论较早的版本。不过科林伍德认为现代所谓的心理刺激的艺术理论不是源于对古老理论的研究，而是源于对当下名不副实艺术的研究。这些名不副实的艺术处心积虑地在观众或读者身上引起某种心理状态并以此为手段达到种种艺术之外的目的。根据引起心理状态的不同，科林伍德将这些目的大致分为三类：第一类的目的在于唤起某种情感。唤起情感有两种不同的动机：一种是为了享受这种情感，另一种是为了在实际生活中实现这种情感的价值。第二类的目的在于激发某种理智活动，之所以激发这种理智活动或者是因为对象值得去理解，或者这种活动本身值得追求。第三类的目的在于激发某种行动，这也有两种动机：一是该行动是有利的；二是该行动是正当的。

名不副实的艺术之所以或被称为艺术，在科林伍德看来是因为"在这些技艺中创作者能够运用技巧在观众身上引起合乎愿望的心理反应"①。它们之所以被科林伍德称为名不副实的艺术，是因为它们都是依据手段与目的之间的区别，也就是说它们只是技艺而非真正的艺术。根据这一点，科林伍德将名不副实的艺术分为六种：一是娱乐（amusement），如果被唤起的情感被用于享乐，这种技艺就是娱乐；二是巫术（magic），如果唤起的情感是为了达到某种现实的目的，这种技艺就是巫术；三是哑谜（puzzle），如果为了智力的乐趣或者训练某项智力能力，这种技艺就是哑谜；四是教诲（instruction），如果是为了认识某种事物，这种技艺就是教诲；五是广告（advertisement）或宣传（propaganda），如果其目的在于激起观众或读者有利于制作方或出资方的实际行动，这种技艺就是广告或宣传；六是告诫（exhortation），如果激发的活动是正当的，这种

---

① ［英］罗宾·乔治·科林伍德：《艺术原理》，王至元、陈中华译，中国社会科学出版社1985年版，第32页。

技艺就是告诫。

上述六种技艺在科林伍德看来可以单独存在，也可以结合起来。科林伍德认为这六种名称"穷尽了现代世界盗用艺术之名的所有活动的功能，这些活动中的任何一个与真正艺术都毫不相干"[1]。不过科林伍德在一切问题上始终坚持一种辩证的态度。他虽然认为上述六者都不是真正的艺术，但同样认为真正的艺术品可以具有上述六种功能，而且在功能性上可能更好。虽然如此，但在科林伍德看来，应该将有用性和艺术性分开来谈，艺术可以有用，但有用的却不一定是艺术，而且拿艺术来"用"和艺术本身的"用"并不相同。也就是说，艺术恰好有用和使艺术有用是完全不同的情况，前者可能是艺术，而后者则是伪艺术。据此科林伍德说："形形色色的伪艺术，实际上是可以分派给艺术的形形色色的用途。"[2] 当然，科林伍德承认，为了利用艺术，伪艺术的创作者往往得先创作艺术，然后再在艺术上附加其他用途。因此，此类伪艺术的创作一般会有两个阶段：第一个阶段是追求为艺术而艺术的写作，"绘画或其他某种艺术创作活动，它们按照自己的方式进行，按照自己的本性发展，对一切外在事物不予理睬"[3]；第二个阶段则是艺术被迫离开自己的本性，被役使为自己以外的目的服务。科林伍德认为这是"艺术家在现代世界处境中特有的悲剧"[4]，并将此看作一种堕落，"一种比卖淫或单纯的身体奴役更加可怕的堕落"[5]。

因此，科林伍德认为这种将艺术作为手段的技艺理论根本不是一种艺术理论，不是一种美学，而是反美学。

---

[1] [英]罗宾·乔治·科林伍德：《艺术原理》，王至元、陈中华译，中国社会科学出版社1985年版，第32页。

[2] [英]罗宾·乔治·科林伍德：《艺术原理》，王至元、陈中华译，中国社会科学出版社1985年版，第33页。

[3] [英]罗宾·乔治·科林伍德：《艺术原理》，王至元、陈中华译，中国社会科学出版社1985年版，第33页。

[4] [英]罗宾·乔治·科林伍德：《艺术原理》，王至元、陈中华译，中国社会科学出版社1985年版，第33页。

[5] [英]罗宾·乔治·科林伍德：《艺术原理》，王至元、陈中华译，中国社会科学出版社1985年版，第34页。

2. 科林伍德对"优美艺术"概念的批判

科林伍德认为"优美艺术"(fine art)也是一个与"技巧论"联系紧密的概念,因此,"抛弃艺术的技巧论,也就要抛弃以'优美艺术'之名来描述真正艺术的某种术语学"①。在科林伍德看来,"优美艺术"这一术语意味着艺术可以分为"实用艺术"(useful art)和"优美艺术"两类:实用艺术指的是制造实用品的技艺,而优美艺术则指专门制造优美的(即美的)东西的技艺。也就是说,在科林伍德看来,这一分类就是在肯定"技巧论"的正当性,就是肯定艺术也是一种制造。这和科林伍德的艺术想象论相矛盾。在科林伍德看来,艺术首先是一种"总体性想象经验",是仅仅存在于艺术头脑当中的精神性的事物,其次才是一种有形体的、可感知的、物质性的事物。而且,作为一种物质性的事物的艺术,在科林伍德看来只是伴随艺术家内心的艺术而来的,是前者的副产品。判断一种东西是不是艺术品,不是看这件东西自身,而是看它和艺术家总体性想象经验之间的关系,因此科林伍德认为没有独立于人的"总体性想象经验"独立存在的艺术品。如此,科林伍德便将艺术的本质同技艺割断了联系。

科林伍德之所以批判"优美艺术"这一概念还有一个原因,即"词组'优美艺术'进一步还意味着,有形体的或可感知的艺术作品具有一个区别于实用艺术产品的特性,即美"②。这在科林伍德看来是一种严重的误解或歪曲。

科林伍德首先从语言学的角度分析了"美"这一词的含义,他认为在古希腊,"美和艺术之间毫无关系"③。柏拉图在其著作中多次谈到美,不过科林伍德认为柏拉图只是将"美"这个词在当时的用法系统同化了而已。在科林伍德看来,柏拉图对"美"一词的使用和三种理论有关,

---

① [英]罗宾·乔治·科林伍德:《艺术原理》,王至元、陈中华译,中国社会科学出版社1985年版,第36页。
② [英]罗宾·乔治·科林伍德:《艺术原理》,王至元、陈中华译,中国社会科学出版社1985年版,第37页。
③ [英]罗宾·乔治·科林伍德:《艺术原理》,王至元、陈中华译,中国社会科学出版社1985年版,第38页。

即性爱理论、道德理论和认识的理论,其中性爱理论涉及的美和情欲有关,道德理论涉及的美和善相关,而认识的理论涉及的美则和真理相关。总之,科林伍德认为,在柏拉图的语境中,美只是一切能令我们赞赏、惊叹和爱慕的性质,它包括情欲、道德、认知、完善等。也就是说,科林伍德认为"美"这个词在古希腊不具有我们今天所说的审美含义。在现代社会,美学理论家企图赋予"美"这个词以某种独特的含义或性质,希冀凭借这个含义或性质能够用来指称"审美经验"或者辨别艺术,但在科林伍德看来这种含义或性质并不存在于"美"这个词之中。科林伍德认为,在现代社会中,"当我们谈到一些东西是美的时候,更经常与更准确地讲,是指它们具有某种仅仅迎合我们感官的神妙之处"①。这个神妙之处是多方面的,如数学中"漂亮的证明"(在英语中漂亮与美是同一个词,在汉语中也是近义词)、饮食中的"美味"、手表等工艺品的"精美"、女子的"美丽"、日子的"美好"等。在这些例子当中,很多和美学家所谓的审美经验无关,而仅仅指"某种愿望的满足或某种情感的唤起"②。另外,当我们赞赏某种事物"美"的时候,还很可能是"出于生命对于生命所感受的爱,并不是出于对其审美价值的判断"③,如我们对小老鼠亮晶晶的双眼的感受,等等。总之,科林伍德认为即使在现代社会,"按照实际用法,'美''美的'这些词并没有美学含义"④。

其次,在现代美学家那里,"美"这一词的使用"意味着事物具有某种性质,由于这种性质,我们才喜爱、赞赏或向往那些事物"⑤。然而,在科林伍德看来,在事物上根本就不存在这种用"美"来指称的性质。

---

① [英]罗宾·乔治·科林伍德:《艺术原理》,王至元、陈中华译,中国社会科学出版社1985年版,第39页。
② [英]罗宾·乔治·科林伍德:《艺术原理》,王至元、陈中华译,中国社会科学出版社1985年版,第39页。
③ [英]罗宾·乔治·科林伍德:《艺术原理》,王至元、陈中华译,中国社会科学出版社1985年版,第39页。
④ [英]罗宾·乔治·科林伍德:《艺术原理》,王至元、陈中华译,中国社会科学出版社1985年版,第38页。
⑤ [英]罗宾·乔治·科林伍德:《艺术原理》,王至元、陈中华译,中国社会科学出版社1985年版,第40页。

实际上，科林伍德将审美经验看作一种发自内心的自主性活动，而不是一种对特定外在物的刺激做出的反应。基于此，科林伍德认为，美的理论仅仅是"求助于事物的一种假象的性质来解释审美活动"①，因此他断言美学理论不是关于美的理论，而应该是关于艺术的理论。

科林伍德关于美和艺术关系的论述尽管有偏颇之处，但总体而言还是符合西方美学和艺术理论发展实际的。根据前面对艺术概念史的考察可以发现，美和艺术概念的结合是近代以来才出现的事情，只是一定历史阶段内一种人为的理论构建，并不一定具有天然合理性。当然，用美和审美来界定艺术并非纯粹的历史偶然，而是有其历史必然性和巨大意义。正如塔塔凯维奇所说："回顾艺术概念的发展史，我们会说，这一发展是自然的，也确实不可避免。"② 而且，"美的艺术"原则的建立无论对于美学的发展还是对于艺术的发展都起过巨大的历史作用。对"美的艺术"的强调以及"美的艺术"从工艺中的分离，提高了艺术和艺术家的地位，从而极大地促进了艺术自身的发展。但也应该看到，自19世纪以后特别是在艺术现实如此多元化的今天，"美的艺术"原则越来越不适应对当前的艺术实践进行阐释和解读，丑的或不美的艺术的大量出现和流行对界定艺术的原则提出了新的要求。根据美国美学家诺埃尔·卡罗尔（Noël Carroll）的看法，美和艺术的捆绑，是由于美学同艺术理论的混淆以及对康德等人的"审美无功利"学说的误读和误用造成的。③ 这是另外一个话题，不再展开。不过解开美和艺术在概念上的捆绑以及建立新的美学原则已经成为美学的一个重要方向，科林伍德也是其中的一环，其努力有着积极的意义。

---

① ［英］罗宾·乔治·科林伍德：《艺术原理》，王至元、陈中华译，中国社会科学出版社1985年版，第41页。

② Wladyslaw Tatarkiewicz, *A History of Six Ideas—An Essay in Aesthetics*, Warszawa: Polish Scientific Publishers, 1975, p. 22.

③ 参看［美］诺埃尔·卡罗尔《大众艺术哲学论纲》，严忠志译，商务印书馆2010年版；［美］诺埃尔·卡罗尔《美学与艺术理论的谱系》，载《超越美学》，李媛媛译，商务印书馆2006年版。

第二节 科林伍德对再现论美学的批判

模仿（imitation）与再现（representation）在科林伍德看来，都只是一种技艺或技巧，因此，科林伍德对技巧论的批判实际上就暗含着对模仿论和再现论的批判。但由于再现论在美学史上有着重要的地位，所以科林伍德又专门探讨了这个问题。

一 再现艺术与真正的艺术

科林伍德对模仿和再现进行了区别。在他看来，"说一件艺术作品是模仿，是根据它对另一件艺术作品的关系，后者给前者提供了精妙的典范。说一件艺术品是再现，是根据它对'自然'中某种事物的关系，也就是对某种非艺术作品的关系"①。模仿是一种技艺，因此，一件艺术品，如果它仅仅是模仿的话，自然不是真正的艺术作品。在现代社会，许多人仅仅在模仿别人的作品，因而他们不是真正意义上的艺术家。不过，科林伍德认为这一点已被大众广泛接受，因而不必过多强调。相反，对于"独创性"的过分强调，则很可能走向艺术的方面。科林伍德认为，那种与过去完成的任何作品都毫无相似的独创性是荒谬的，而且，"生产某种东西，如果有意设计成与已有的艺术品相似，那就只能算是技艺；根据完全相同的道理，生产某件东西，如果有意设计成与已有的艺术品不相似，那也只能是技艺"②。科林伍德并非不重视独创性，实际上认为所有的真正的艺术品都是独创的；在他的理解中，独创性在美学领域和艺术是同一个名词。他说："独创性一词所表达的事实在于，这件作品是一件艺术品，而不是别的任何东西。"③虽然科林伍德没有解释他所说的

---

① [英]罗宾·乔治·科林伍德：《艺术原理》，王至元、陈中华译，中国社会科学出版社1985年版，第43页。
② [英]罗宾·乔治·科林伍德：《艺术原理》，王至元、陈中华译，中国社会科学出版社1985年版，第43页。
③ [英]罗宾·乔治·科林伍德：《艺术原理》，王至元、陈中华译，中国社会科学出版社1985年版，第43页。

独特性是什么，但从后期科林伍德美学思想来看，他所说的独特性只能是对个人独特情感的表现。

科林伍德对艺术和再现之关系的论述是辩证的，他虽然认为艺术不是再现，但并不认为艺术和再现不可相容。正如艺术和技艺可以结合一样，艺术和再现也可以叠合。一座大楼或一只杯子，首先是一件需要某种技艺的人工制品，但也可以是一件艺术品，只不过使它们成为艺术品的原因和使它们成为工艺品的原因并不相同。同样，"一个再现物可以是艺术品，但是，使它成为再现物的是一种原因，而使它成为艺术品的却是另一种原因"①。如一幅肖像画，当它只追求技艺就可处理得再现的逼真时，它还不是艺术，但在这个基础上，如果画家进一步追求艺术性，那么它就可以是一件艺术品。不管这个再现是个性化的还是概括化的，在科林伍德看来，情况都是一样。基于此，科林伍德批判了自亚里士多德以来形成的"典型观"。这种典型观认为，对事物的再现一旦超越特殊性，成为一种具有"普遍性的再现"，它就可能成为艺术或好的艺术。科林伍德认为即使是典型化的再现，也仍然是再现，丝毫改变不了它不是艺术的事实。

二　科林伍德论柏拉图与亚里士多德的再现观

在西方美学和艺术理论史上，有很多理论家是通过对柏拉图和亚里士多德的再阐释来宣扬自己的美学思想的，科林伍德也是如此。基于对城邦政治治理的考虑，柏拉图在《理想国》中表述了对艺术及其作用的忧虑，并在最后做出放逐诗人和建立相关审查制度的结论，因此，许多美学史家将柏拉图看作抵制艺术或对艺术怀有敌意的人。实际上，柏拉图在《理想国》中也确实表达了被后人归结为一个三段论式的结论，即模仿是虚假的，艺术是模仿，所以艺术是虚假的，也因此艺术是有害的。不过，声言柏拉图在《理想国》中要驱逐所有的诗人和艺术则是站不住脚的。柏拉图在《理想国》中之所以要建立审查制度，就是为了驱逐一

---

① ［英］罗宾·乔治·科林伍德：《艺术原理》，王至元、陈中华译，中国社会科学出版社1985年版，第44页。

部分诗人和艺术,而保留另一部分诗人和艺术。事实上,柏拉图在《理想国》中也确实有保留某种艺术的明确表达。造成美学史家误解的原因是《理想国》的表述方式。由于《理想国》采用的是对话录的方式和其特有的"辩论体",所以,随着对话和辩论的推进,后边的结论很容易又推翻前边已经形成的结论。

根据科林伍德的分析,在《理想国》中,柏拉图对待诗人和艺术的态度出现过两次较为明确的结论:一次是在第三卷,一次是在第十卷。

在第三卷中,柏拉图借苏格拉底之口说:

> 那么,假定有人靠他一点聪明,能够模仿一切,扮什么,象什么,光临我们的城邦,朗诵诗篇,大显身手,以为我们会向他拜倒致敬,称他是神圣的,了不起的,大受欢迎的人物了。与他愿望相反,我们会对他说,我们不能让这种人到我们城邦里来;法律不准许这样做,这里没有他的地位。至于我们,为了对自己有益,要任用较为严肃较为正派的诗人或讲故事的人,模仿好人的语言,按照我们开始立法时所定的规范来说唱故事以教育战士们。①

很明显,在这里柏拉图不是主张驱逐一切模仿(根据科林伍德对模仿和再现的定义,他将这个模仿理解为再现)的诗人,而仅仅是某一类或几类模仿的诗人。根据前后文,科林伍德将之总结为"那些以取悦于人的奇能淫巧再现种种琐碎龌龊事物的供人娱乐者,即那些哗众取宠、逢场作戏之类的人物"②。而某些种类的诗人,甚至是某些种类的模仿(科林伍德理解为再现)的诗人都被保留在城邦中了。可以说,在这个阶段,柏拉图不是反对模仿或者再现本身,而只是反对在他看来对城邦和公民有害的模仿和再现。

但随着辩论的推进,到第十卷时,柏拉图的态度又发生了一次重大

---

① [古希腊]柏拉图:《理想国》,郭斌和、张竹明译,商务印书馆1986年版,第102页。
② [英]罗宾·乔治·科林伍德:《艺术原理》,王至元、陈中华译,中国社会科学出版社1985年版,第48页。

的改变。如在第十章中，柏拉图借苏格拉底之口，说出了如下几段话。

苏：确实还有许多其它的理由使我深信，我们在建立这个国家家中的做法是完全正确的，特别是（我认为）关于诗歌的做法。

格：什么样的做法？

苏：它绝对拒绝任何模仿。须知，既然我们已经辨别了心灵的三个不同的组成部分，我认为拒绝模仿如今就显得有更明摆着的理由了。

格：请你解释一下。

苏：哦，让我们私下里说说，——你是不会把我的话泄露给悲剧诗人或别的任何模仿者的——这种艺术对于所有没有预先受到警告不知道它的危害性的那些听众的心灵，看来是有腐蚀性的。①

从上面几段对话中可以看出，柏拉图的态度已经从第三章的反对部分模仿（再现）的诗人和艺术转向反对所有的模仿（再现）的诗人和艺术。也是在第十章柏拉图提出了他著名的"三张床"理论。根据这一理论，柏拉图驱逐了包括悲剧、喜剧甚至荷马史诗在内的所有的模仿（再现）型的诗人和艺术。可问题是，在柏拉图的理解中，是不是所有的诗人和艺术都是模仿（再现）型的？如果是，那么他就是要驱逐所有的诗人和艺术；如果不是，那么他有可能会主张在城邦中保留某些非模仿（再现）型的诗人和艺术。可是，当苏格拉底声言要驱逐荷马及悲剧诗人的时候，却话锋一转说道："但是你自己应当知道，实际上我们是只许可歌颂神明的赞美好人的颂诗进入我们城邦的。"② 如果不是柏拉图自相矛盾的话，那么这只有两种可能：要么"歌颂神明的赞美好人的颂诗"（或在柏拉图看来）不是模仿或再现型的，要么他要驱逐的不是全部的模仿或再现型诗歌。

科林伍德认为，柏拉图从没有试图抨击一切诗歌和艺术，也没有认

---

① ［古希腊］柏拉图：《理想国》，郭斌和、张竹明译，商务印书馆1986年版，第387页。
② ［古希腊］柏拉图：《理想国》，郭斌和、张竹明译，商务印书馆1986年版，第407页。

为所有的诗歌都是模仿或再现的。也就是说，在科林伍德看来，柏拉图所说的"歌颂神明的赞美好人的颂诗"不属于其要驱逐的模仿或再现类型。不过，科林伍德认为柏拉图在这里出错了，"他的过错在于把再现型诗歌和娱乐性诗歌混为一谈，因而造成了严重的混乱；然而娱乐艺术仅仅是再现艺术的一种，那另一种是巫术艺术"①。也就是说，在科林伍德看来，柏拉图反对的仅仅是模仿（再现）型艺术类型之一的娱乐艺术，而不是模仿（再现）型艺术本身，只不过他将娱乐艺术等同于模仿或再现型艺术，而将属于巫术艺术（科林伍德认为巫术艺术是再现型艺术类型之一）的"歌颂神明的赞美好人的颂诗"排除在模仿（再现）型艺术之外。这便造成柏拉图理论上的不一致和矛盾。据科林伍德研究，"柏拉图想做的事情是倒拨时钟，从希腊衰微时期的娱乐艺术复归到古代和公元前五世纪的巫术艺术"②。柏拉图之所以要恢复巫术艺术，在科林伍德看来，是因为柏拉图看到了娱乐艺术对公民及城邦的腐蚀并导致了城邦的衰落，所以希望用巫术艺术来干预公民的教育及城邦重建。③虽然科林伍德有借助柏拉图宣扬自己美学理论的嫌疑，但他所说的并非没有道理。柏拉图在反对模仿（再现）型艺术时，往往将之和娱乐、欲望、享乐联系在一起，而根据柏拉图的理论，将"歌颂神明的赞美好人的颂诗"排除在模仿（再现）型艺术之外确实有些牵强和自相矛盾。

　　同柏拉图一样，亚里士多德将大多数艺术类型的本质归结为模仿（再现）。他说："史诗的编制，悲剧、喜剧、狄苏朗勃斯的编写以及绝大部分供阿洛斯和竖琴演奏的音乐，这一切总的来说都是模仿。"④不过，

---

① ［英］罗宾·乔治·科林伍德：《艺术原理》，王至元、陈中华译，中国社会科学出版社1985年版，第50页。

② ［英］罗宾·乔治·科林伍德：《艺术原理》，王至元、陈中华译，中国社会科学出版社1985年版，第50页。

③ 关于这个问题，科林伍德在《艺术原理》第四章、第五章及论文 Plato's Philosophy of Art 中都有详细论述。参看［英］罗宾·乔治·科林伍德《艺术原理》，王至元、陈中华译，中国社会科学出版社1985年版，第58—107页；R. G. Collingwood：*Essays in the Philosophy of Art*, Bloomington: Indiana University Press, 1964, pp. 155 – 183.

④ ［古希腊］亚里士多德：《诗学》，陈中梅译注，商务印书馆1996年版，第27页。

从相同的模仿（再现）论出发，亚里士多德却得出了和柏拉图大为不同的结论。在《理想国》中，柏拉图基于他的"理式论"和"三张床"理论，认为包括悲剧等在内的艺术是模仿的模仿，和真理隔着三层。此外，柏拉图还认为悲剧通过模仿激发的情感属于人的情感中低劣和不理智的部分，因此对个人和城邦都有害。亚里士多德对柏拉图对模仿（再现）型艺术的两条攻击都做了回应。

首先，亚里士多德认为"理式"（也有翻译为理念、相或型相）并不存在于彼岸的永恒世界，它就存在于现实世界的事物之中，只是人对现实事物的一种抽象。因此，亚里士多德就抽空了柏拉图"三张床"理论的基础，并赋予模仿（再现）论以某种合法性。不仅如此，亚里士多德还将历史和诗进行了比较，认为历史和诗（以悲剧为代表）的区别不在于是否用韵文写作，而在于历史只能描写已经发生的事情，诗却可以根据或偶然或必然之原则来描写可能发生的事。正是在这个意义上，亚里士多德肯定了作为模仿的诗的长处和优点，并得出结论说："诗是一种比历史更富哲学性、更严肃的艺术。"①

其次，虽然亚里士多德和柏拉图都认为悲剧通过模仿可以激发人的情感，但柏拉图认为激发的情感会在现实生活中释放，因而对个人和城邦有害，而亚里士多德则认为悲剧激发的情感在人们观看悲剧时就可"消耗"掉，不会对人的实际生活造成有害影响。不仅如此，亚里士多德还认为悲剧通过模仿激发的情感不仅无害，还可以"通过引发怜悯和恐惧使这些情感得到疏泄"②。虽然后世学者对"疏泄"的解释多有不同，但不管如何解释，亚里士多德认为这种情感激发对观众是有益的论点不会变。

一般的美学史家会将亚里士多德（相较于柏拉图）看作诗（悲剧）的辩护者，但科林伍德认为"《诗学》决不是一篇'诗歌辩护词'，而是一篇'迎合快感的诗歌辩护词，或者说是再现型诗歌的辩护词'"③。科

---

① ［古希腊］亚里士多德：《诗学》，陈中梅译注，商务印书馆1996年版，第81页。
② ［古希腊］亚里士多德：《诗学》，陈中梅译注，商务印书馆1996年版，第63页。
③ ［英］罗宾·乔治·科林伍德：《艺术原理》，王至元、陈中华译，中国社会科学出版社1985年版，第51页。

林伍德之所以这么说，和他自己的美学观念有关。作为表现主义者的科林伍德认为一切的模仿或再现型的艺术都是伪艺术，因此自然反对为模仿或再现论辩护。另外，科林伍德将"再现型"艺术分为两类：娱乐艺术和巫术艺术。虽然科林伍德两者都反对，但在两者相比较时，科林伍德还是较为肯定巫术艺术，他认为娱乐艺术对个人和国家危害极大，而巫术艺术虽然不是真正的艺术，却会对个人生活及国家事务有益。这一点在论述娱乐艺术和巫术艺术时详谈，此不赘述。在科林伍德看来，柏拉图正是看到了娱乐艺术的兴起及其带给希腊的衰落，所以才对娱乐艺术展开了全面的批判，并希望恢复对城邦有益的巫术艺术。正是基于自己这样的观点，他对亚里士多德为诗所做的辩护表示怀疑，而对柏拉图则表示了明显的同情："柏拉图，他站在希腊走向衰落的门槛上，先知般地预见到夜幕的降临，他竭尽其英雄心灵的全部精力以防止夜幕渐临，亚里士多德，他作为新的希腊世界中的个人，却看不出夜幕的存在，但是夜幕已经降临了。"①

三 刻板再现与情感再现

作为表现主义美学家的科林伍德强调情感表现在艺术中的本体性地位。他不仅反对艺术再现现实世界和现实世界中的物品，而且也反对艺术再现情感；他称前者为刻板再现（literal representation），后者为情感再现（emotional representation）。而且，在科林伍德看来，尽管刻板再现在（伪）艺术中也大量存在，但更典型、更广泛，从而也更容易对人的认识造成混乱的是（伪）艺术中的情感再现，对于近现代的艺术和大众通俗艺术来说尤其是如此。不过科林伍德并非认为刻板再现不唤起情感，而是认为两种再现采取的方式不同，这从科林伍德给再现划分的等级中也可以看出。

科林伍德粗劣地将再现分为三个等级。第一个等级的再现是一种全盘接受（再现物），而不对再现物进行主观取舍或改造，这种再现追求一

---

① ［英］罗宾·乔治·科林伍德：《艺术原理》，王至元、陈中华译，中国社会科学出版社1985年版，第53页。

种完全逼真的效果。而所谓追求完全逼真的效果，在科林伍德看来并不是指艺术创作的结果，而仅仅指艺术创作的目的或意向，因此科林伍德将旧石器时代原始人所画的动物等图像（尽管达不到逼真的效果）也放在这个等级。这个等级的再现可以产生情感效果。

第二个等级的再现试图从再现物中抽取某种重要的特征或特色（包括外观、声音等），并抑制或舍弃再现物中其他较为普通的因素。之所以对再现物进行抽取，在科林伍德看来是因为这样做可以唤起或者更有利于唤起某种情感。根据这一点，科林伍德认为"螺旋线、迷宫图、编织"等符号化的原始艺术也属于再现型，其目的是选取某种特征进行再现，以唤起某种情感。此外，科林伍德还针对这一点驳斥了艺术创作论中的"取舍"观念。一般的艺术理论认为，艺术家创作时要对题材进行一定的取舍，科林伍德认为这是一种误解。在他看来，真正的艺术里没有取舍，"真正的艺术家描绘他所看见的东西，表达他所感受的东西，完全吐露自己的感受，什么也不隐瞒，什么也不改动"①。因此，科林伍德认为当人们谈论"取舍"时，他们不是在谈论真正的艺术理论，而只是在谈论第二个等级意义上的再现理论。

前两个等级在科林伍德看来都属于刻板再现。完全舍弃刻板再现而专门进行情感再现，就是科林伍德所说的第三个等级的再现。对于一门艺术如何摒弃所有的刻板再现而只进行情感再现，科林伍德并没有给予详细的解释，只是以音乐为例进行了简单说明。他认为某些音乐可以不模仿情感产生的任何场景，而单单唤起那种场景下产生的情感。科林伍德对再现等级的划分有一定道理，但一种完全抛弃刻板存在的情感再现能在多大意义上存在于除音乐之外的艺术类型中，仍然是有疑问的。实际上，即使是音乐，是不是就完全不需要刻板再现也仍然是大有疑问的，因为音乐的节拍、韵律和曲调都很可能和现实中的某些经验相关。

---

① ［英］罗宾·乔治·科林伍德：《艺术原理》，王至元、陈中华译，中国社会科学出版社1985年版，第56页。

第三节　科林伍德对巫术艺术和娱乐艺术的批判

如前所述，科林伍德将名不副实的"再现型"艺术分为六种：娱乐、巫术、哑谜、教诲、广告和告诫。在这六种伪艺术当中，尤以巫术艺术（magical art）和娱乐艺术（amusement art）最为常见和盛行。因此，科林伍德在总体上批判了再现论美学之后，又专门对这两种艺术进行了分析和批判。科林伍德认为再现是一种唤起情感的手段：当唤起情感是为了实用的目的时，这种艺术就是巫术艺术；而当唤起情感是为了享受情感本身时，这种艺术就是娱乐艺术。

一　科林伍德对巫术艺术的批判

科林伍德除了是一位美学家之外，还是一位历史学家和考古学家，因此，他对远古的人类历史及人类学的相关理论较为熟悉，这对他运用历史、人类学、美学等知识重新审视巫术理论做了必要的知识储备。以泰勒、弗雷泽及列维－布留尔为代表的人类学家总将巫术和野蛮、愚昧、迷信、伪科学等联系在一起，这类理论倾向于认为野蛮人由于缺乏必要的思维能力及科学知识，因而相信通过巫术可以达到或替代自己种种现实的目的。科林伍德认为这样的看法不符合实际。野蛮人并不像这些理论家所说的没有逻辑思维的能力，在他看来，"野蛮人在设计安排非常复杂的政治、司法和语言系统上所表现出来的理智能力，足够理解自然界中的因果关系，从而进行他们在金属冶炼、农业、牲畜饲养等方面的精细操作。一个掌握了因果关系足以能从铁矿石造出锄头的人绝不是一个科学上的低能者"[①]。因此，科林伍德不认为野蛮人会真的相信对着庄稼跳舞会使庄稼长得快，也不认为野蛮人真的相信单单通过诅咒可以杀人或被杀。

弗洛伊德在《图腾与禁忌》中，利用泰勒－弗雷泽的理论，对巫术

[①] ［英］罗宾·乔治·科林伍德：《艺术原理》，王至元、陈中华译，中国社会科学出版社1985年版，第60页。

进行了一种精神分析学式的解释。弗洛伊德在此书中将野蛮人同精神病人并举，认为野蛮人像精神病人一样"以表演代表所希求事物状态的动作来满足自己的愿望，换句话说，以制造自动幻觉来满足愿望"[①]。也就是说，弗洛伊德相信野蛮人和精神病人一样，会相信自己的思想无所不能，可以用思想代替实际行动来实现任何目的和企图。弗洛伊德将他自己的这个看法作为巫术活动的理论根基。科林伍德认为弗洛伊德的这个看法也是站不住脚的，"没有哪个巫师会相信，单凭自己想要，他就能得到所要的东西；他也不会相信，事情的发生是因为他想到这些事发生"[②]。相反，巫师正因为明白思想不能改变现实才想要发明某种巫术将思想和现实联系起来。

在科林伍德看来，巫术中的艺术因素（如歌唱、舞蹈、绘画等）在巫术活动中处于中心地位，因此，如果想要将巫术在理论上说清楚，只能借用艺术的相关理论对之进行审视。科林伍德认为，巫术既不像泰勒和弗雷泽所说的是蹩脚科学，也不像弗洛伊德所说的是精神病人心中的臆想，而是某种类似于艺术的东西。当然，巫术绝非真正的艺术，而只是达到某种预想目的的手段，因而，在科林伍德的理解里，它只能是技艺，只能是某种半艺术性的东西，其目的在于激发某种情感。不过，巫术虽然能激发情感，却不同于娱乐。娱乐激起情感是为了释放情感，而巫术活动唤起或激起情感并不是为了让情感在虚拟情境中释放，恰恰相反，它是为了在虚拟情境当中将情感集中、凝聚、加强，以期这种情感能在实际生活中产生其应有的作用。根据这一原理，科林伍德认为野蛮人之所以要进行巫术活动，不是想通过巫术活动真的改变什么，也不是通过制造幻觉而满足自己的愿望，其目的只是激发某种情感，让这种情感在实际的活动中发挥更大作用。例如战前或打猎前的舞蹈和神秘仪式，野蛮人不是相信通过这个仪式就可以打败敌人或杀死猎物，而是通过这个仪式激起战士或猎者的勇武之情，让他们更好地投入战斗。

---

① ［英］罗宾·乔治·科林伍德：《艺术原理》，王至元、陈中华译，中国社会科学出版社1985年版，第64页。
② ［英］罗宾·乔治·科林伍德：《艺术原理》，王至元、陈中华译，中国社会科学出版社1985年版，第65页。

当然，科林伍德也承认，在野蛮人当中也确实存在着相信或仿佛相信巫术可以办到诸如呼风唤雨或停止地震等"文明人"通过正常活动办不到的事情。不过，科林伍德认为这不是巫术的实质，而是对巫术的滥用。正如文明人也经常犯错误一样，当野蛮人这样想或这样做时，在科林伍德看来，是由于他们不了解巫术的实质而犯了某种错误。

巫术产生这些情感效果的基本方式，科林伍德认为是"再现"。也就是说，巫术往往通过模仿或者再现实际生活中的场景（如播种时的犁地场景、作战时挥舞长矛的场景等）来创造某种情态，并通过再现这些世界生活中的情态，提前调动人们的此类情感，以利于人们此后实际从事这类活动。因此，科林伍德认为"巫术活动是一种发电机，它供给开动实际生活的机构以情感电流"[1]。从这个意义上讲，巫术对于时时需要行动的人类而言，是一种必需的活动。事实上，在现代社会中，巫术活动也是无处不在，科林伍德就将纳粹的战争宣传以及常人生活中的婚礼、葬礼、宴会、舞会等都列入巫术的范畴。

所谓巫术艺术，就是和巫术结合的艺术，是企图实现巫术作用的艺术。因此，科林伍德认为，"巫术艺术是一种再现艺术，因而属于激发情感的艺术，它出于预定的目的唤起某些情感而不唤起另外一些情感，为的是把唤起的情感释放到实际生活中去"[2]。巫术艺术的本性决定了巫术艺术一般有双重动机——巫术的动机和艺术（审美）的动机。在一个只重视其巫术动机的社会或场合，巫术艺术的审美水平可能会很低，但在一个观众、艺术家同时很看重其艺术动机的地方，也就是说在两种动机绝对一致的情况下，巫术艺术也可以达到高级审美水平。

如前所述，科林伍德认为巫术艺术是一种再现，是一种技艺，这种艺术观念是倡导表现及真正艺术概念的科林伍德所反对的。不过和娱乐艺术相比，科林伍德对巫术艺术表示了极大的同情。虽然科林伍德不认为巫术艺术是真正的艺术，但他仍然认为巫术艺术在人类社会中有积极

---

[1] ［英］罗宾·乔治·科林伍德：《艺术原理》，王至元、陈中华译，中国社会科学出版社1985年版，第70页。

[2] ［英］罗宾·乔治·科林伍德：《艺术原理》，王至元、陈中华译，中国社会科学出版社1985年版，第70页。

的作用，甚至不可或缺。宗教艺术、现代的政治宣传艺术、民间艺术、赞美诗、军乐、爱国主义艺术等大量在生活中起着重要作用的艺术形式都被科林伍德看作巫术艺术。

二　科林伍德对娱乐艺术的批判

（一）娱乐艺术及其特征和分类

和巫术一样，娱乐也意在激起特定的情感，但并不想让被激起的情感释放到日常生活之中，恰恰相反，要让被激起的情感和日常生活隔离并加以享受。科林伍德称为此种目的而制造出来的产品为娱乐或消遣。①

科林伍德认为，任何情感都包含两个阶段：负荷阶段和释放阶段。在情感负荷阶段，负荷着一定情感的人在身心上会处于焦虑、憋闷等"紧张"的状态，这种状态也推动着人将自己的情感释放出来。在情感得到释放之后，负荷着情感的人也才能从这种紧张的状态当中解脱出来。娱乐所产生的情感也是如此，它也会出现这些紧张的状态，并要求着情感的及时释放。但在科林伍德看来，娱乐情感的释放是以"不干预现实"的方式释放出来的。在这里，科林伍德将实际生活和娱乐一分为二，实际生活在他看来只是限于并非娱乐生活的那部分生活，而娱乐则是被封闭在实际生活之外的部分。也就是说，科林伍德将人的经验分为两部分——娱乐和生活。而且，在他看来，在实际生活中产生的情感不允许在娱乐里释放，而在娱乐中产生的情感也不会释放在实际生活当中。生活和娱乐确有区别，但将娱乐排斥在实际生活之外，只能是个二元论的错误。实际上，娱乐是而且只能是实际生活的一部分，而实际生活也势必会影响到娱乐。单从情感的产生和释放来看也是如此。事实上，人们经常在娱乐中释放实际生活中产生的情感负累，而在娱乐中产生的情感也往往以实际生活中产生过的情感为基础或者与之相关联。这是因为娱乐本身虽然可以释放情感，却不具有"产生"基本情感的能力。不过，科林伍德认为娱乐中释放的情感"不干预实际生活"则是符合实际的。

---

① ［英］罗宾·乔治·科林伍德：《艺术原理》，王至元、陈中华译，中国社会科学出版社1985年版，第80页。

为了不让情感影响或干预现实生活且能释放出来,就需要创造一种虚拟情境,让情感在这个虚拟情境中释放出来。这个虚拟情境又必须和可能会产生这种情感的真实情境类似,因此创造的这个虚拟情境本质上也是一种再现或模仿。在这一点上,娱乐艺术和巫术艺术相通,即"它们所唤起的情感很像,据说是它们要再现的那些情境所唤起的情感"①。不过,在科林伍德看来,和巫术艺术及真正的艺术相比,娱乐艺术再现的情境是"不真实"的或"虚拟"的情境。所谓虚拟情境,在科林伍德的语境中,并不是指它在实际生活中从未发生过,而是说情感会因着这种情境释放以至于产生"接地"的效果。"它不会涉及那些在实际生活条件下会涉及的种种后果。"② 这种虚拟因素,科林伍德称为"幻觉",并认为这是娱乐艺术所特有,而不存在于巫术艺术和真正艺术中的因素。

根据以上理论,科林伍德认为娱乐艺术是一种非功利性的、享乐的艺术。不过,欣赏娱乐艺术是一回事,制造娱乐艺术则是另一回事了。科林伍德虽然没有像文化研究者那样注意到娱乐艺术背后资本的功利性运作,但他似乎也看到了娱乐艺术制作功利性的一面:"通常所谓提供娱乐的艺术品,倒是严格功利性的,它不像真正艺术的作品那样本身具有价值,而是达到某种目的的手段。"③ 不过科林伍德所说的"功利性"主要着眼于创作上精细的计划性、技巧性,以及其在观众或读者身上激起(唤起)某种情感、效果的目的性。如果联系到文化研究者的资本主义文化工业对意识形态的控制理论、观众的文化认同理论的话,娱乐艺术的无功利性可能要大打折扣了。

科林伍德还根据自己的巫术和娱乐理论重新解释了贺拉斯的"寓教于乐"说。对于特定时刻和处于特定语境的观众以及特定的情感来说,艺术作品中的巫术功能和娱乐功能是相互排斥的。一种情感,无法既让

---

① [英]罗宾·乔治·科林伍德:《艺术原理》,王至元、陈中华译,中国社会科学出版社1985年版,第81页。
② [英]罗宾·乔治·科林伍德:《艺术原理》,王至元、陈中华译,中国社会科学出版社1985年版,第81页。
③ [英]罗宾·乔治·科林伍德:《艺术原理》,王至元、陈中华译,中国社会科学出版社1985年版,第83页。

它保留（延迟）到实际生活中发生作用，同时又让它以"接地"的形式在娱乐的当下就释放出来。但是，一件"艺术"作品往往是个复杂的综合体，因而携带着不止一种的情感，这些不同种类的情感就可以采取不同的方式予以释放——"某些情感以实用的形式释放，某些则以'接地'的形式释放"①。根据科林伍德的理解，贺拉斯所倡导的"寓教于乐"式的艺术，就是两种情感释放方式结合在一起的"艺术"形式。"'教益'就是把情感释放在实际生活中，'乐趣'就是把情感释放在娱乐的虚拟情境中。"② 也就是说，贺拉斯"寓教于乐"的模式，在科林伍德看来等于巫术加娱乐。

可以被娱乐艺术吸纳的情感多种多样，科林伍德将之大致分为五类。第一类是情欲。由于情欲容易被激起，也容易得到释放，因此在科林伍德看来，情欲高度适合娱乐的目的。因此在娱乐昌盛的时代，色情艺术（裸体绘画、情欲小说等）就较为普及。不过科林伍德强调，色情艺术"不是为了激起人们的这种情感去发生实际关系，而是向他们提供虚拟对象从而使他们从实际目标转向娱乐的兴趣"③。第二类是惧怕和恐怖，侦探小说（也伴随其他情感）、恐怖小说是其代表。第三类情感是解决疑难时理智上的兴奋，如悬疑推理小说等。第四类情感是对冒险的渴望，即"渴望参与和实际生活的枯燥事物尽可能不同的事件"④。犯罪小说、武打小说、战争小说等都属于这类。教育界和宗教界的人士总是担心青少年在看了这类小说后会因为模仿而走向犯罪。科林伍德认为这种担心是一种"很坏的心理学"，认为没有证据能够证明经常阅读或观看此类作品的人更容易走向犯罪。相反，在科林伍德看来，反倒有降低这类犯罪的可能，这是因为娱乐艺术是一种在娱乐的"虚拟情境"中就能让情感因

---

① ［英］罗宾·乔治·科林伍德：《艺术原理》，王至元、陈中华译，中国社会科学出版社1985年版，第84页。
② ［英］罗宾·乔治·科林伍德：《艺术原理》，王至元、陈中华译，中国社会科学出版社1985年版，第84页。
③ ［英］罗宾·乔治·科林伍德：《艺术原理》，王至元、陈中华译，中国社会科学出版社1985年版，第86页。
④ ［英］罗宾·乔治·科林伍德：《艺术原理》，王至元、陈中华译，中国社会科学出版社1985年版，第88页。

"接地"而自行释放的艺术,因此便会减少此类情感流向实际生活,从而引发某种行动的可能。第五类情感来源于"希望别人特别是那些胜过我们的人会倒霉这种幸灾乐祸的心理"①。许多喜剧及讽刺类作品就属于这一类。

(二) 娱乐艺术的危害

如上所述,"娱乐意味着把经验分解成'实际部分'和'虚拟部分',当虚拟部分所唤起的情感又在虚拟部分中释放出来,并使之不能泛滥到'实际'生活的事物中去时,这个经验的虚拟部分就被称为娱乐"②。这种依靠娱乐及娱乐艺术唤起又释放情感,从而获得某种享受的活动自古有之。不过在科林伍德看来,在一个健康的社会里,这种活动轻微到可以忽略不计,或者说娱乐活动总是保持在一个合适的,从而不至于影响人们正常生活的量上。而一旦娱乐艺术产品无处不在,享受娱乐的活动成为整个社会的风尚时,危险就来临了。

尽管科林伍德认为巫术艺术和娱乐艺术都只是再现型艺术,从而不是真正的艺术,对两者也都有所批判,但他对两者的态度还是截然不同的。对于巫术艺术,科林伍德尽管也颇有微词,但他认为在一个正常的社会,必要的此类产品是必需的,也是有益的。爱国主义艺术、宗教艺术、教育意义上的艺术等,在生活中都起着不可或缺的积极作用。科林伍德对于娱乐的批判则更为严厉,他认为娱乐会导致对人能量的透支,过度的娱乐必然会让人付出沉重而惨痛的代价。"当娱乐从人的能量储备中借出的数目过大,因而在日常生活过程中无法偿付时,娱乐对实际生活就成为一种危险。"③ 当这种状况达到顶点时,实际生活就会破产,人们就会出现精神上的病症——耽于娱乐而失去应对现实生活的乐趣和能力。"这种精神疾病如果在一个人身上发展成为慢性病,他就会或多或少

---

① [英]罗宾·乔治·科林伍德:《艺术原理》,王至元、陈中华译,中国社会科学出版社1985年版,第89页。
② [英]罗宾·乔治·科林伍德:《艺术原理》,王至元、陈中华译,中国社会科学出版社1985年版,第97页。
③ [英]罗宾·乔治·科林伍德:《艺术原理》,王至元、陈中华译,中国社会科学出版社1985年版,第98页。

心安理得地相信，娱乐是使人值得生活下去的唯一东西。如果在一个社会里这种疾病成了地方流行病，那么其中大部分人在大部分时间里都会感染上这种病态的人生信念。"① 而当一个社会中大部分人患上这种疾病时，人们便会普遍地逃避劳作和创造，以至于导致整个社会和国家的灭亡。科林伍德认为，这种疾病便是导致古希腊和古罗马分裂和灭亡的主要原因。柏拉图在《理想国》中要放逐的艺术正是娱乐艺术，柏拉图想保持和恢复的则是传统的巫术艺术，这正是由于柏拉图看到了娱乐和娱乐艺术对城邦和国家的腐蚀能力。②

科林伍德认为他所处的当代社会就处于娱乐过剩而危机重重的时代，"症状之一就是娱乐行业的空前增长，为的是满足日益贪得无厌的娱乐渴求"③。陷于这种疾病的人们，将一个社会文明发达所依赖的各种工作（如工业工人的工作、农民的工作、办事员的工作等）都看作难以忍受的苦役，于是"人们越来越要求更多的悠闲时间（而这意味着获得享受娱乐的机会）和填补这种悠闲生活的种种娱乐活动"④。而这样的要求，在科林伍德看来，会愈演愈烈，以至于"娱"壑难填，从而导致整个社会的衰落或分裂。基于此，科林伍德认为，从历史性的比较来看，"我们的文明正在追踪一条类似罗马帝国晚期所走的道路"⑤。

科林伍德对娱乐危害的估计或许有所夸大，但并非毫无道理。差不多半个世纪后，美国学者尼尔·波兹曼（Neil Postman）在《娱乐至死》（*Amusing Ourselves to Death*）中从媒介的角度表达了更为强烈的忧虑："这是一个娱乐之城，在这里一切公共话语都日渐以娱乐的方式出现，并

---

① ［英］罗宾·乔治·科林伍德：《艺术原理》，王至元、陈中华译，中国社会科学出版社1985年版，第98页。

② 参看 *Plato's Philosophy of Art*，见 R. G. Collingwood: *Essays in the Philosophy of Art*, Bloomington: Indiana University Press, 1964, pp. 155–183。

③ ［英］罗宾·乔治·科林伍德：《艺术原理》，王至元、陈中华译，中国社会科学出版社1985年版，第99页。

④ ［英］罗宾·乔治·科林伍德：《艺术原理》，王至元、陈中华译，中国社会科学出版社1985年版，第100页。

⑤ ［英］罗宾·乔治·科林伍德：《艺术原理》，王至元、陈中华译，中国社会科学出版社1985年版，第106页。

成为一种文化精神。我们的政治、宗教、新闻、体育、教育和商业都心甘情愿地成为娱乐的附庸，毫无怨言，甚至无声无息，其结果是我们成了一个娱乐至死的物种。"[1] 波兹曼认为"娱乐至死"从根本上说是由电视、电影以及电脑等热媒介的属性造成的，因此他给出的仅有的解决方案是通过教育让学生学会疏远某些媒介和信息形式，并了解它们的特点和危害。[2] 波兹曼对娱乐的忧虑很有远见，但他的解决方案却过于天真，甚至有开历史倒车的嫌疑。

对此，科林伍德却从娱乐及娱乐艺术的本性来考虑。他选择的方法既不是逃避式的禁止，也不是简单地退回到另一个历史阶段，而是主张通过人的努力重塑真正艺术的品质，并让真正的艺术引领时代潮流，以此走出"娱乐至死"的魔咒。所以，他认为柏拉图的药方没有用处，因为禁止一切娱乐艺术或建立艺术审查制度的企图从来不会取得成功；高雅的补救之道没有用处，因为高雅的东西是过去时代的贵族娱乐，而用过时的贵族娱乐代替今天的民主性的娱乐只能是哗众取宠，不可能让今天的电影观众和杂志读者有所提高，而且由于其曲高和寡，效果远不如现代的流行电影和音乐；民歌的补救之法也没有用处，因为民间艺术在科林伍德看来是一种巫术艺术，这种巫术的价值不在于其审美价值，而在于它和民间的劳动时令有关系，而当这种劳动时令随着工业化消失之后，民间艺术的消失也是必然的和不可阻挡的；暴力反抗的方法也行不通，因为文明的革新与新生在科林伍德看来还必须诉诸文明自身的力量，暴力对此无能为力。"文明的死亡既不能以暴力阻止也不能以暴力加速，文明的死亡与诞生并不是伴随着大街上旗帜的挥舞或机关枪的喧嚣，它是在暗中悄无声息、无人觉察地进行的。它从不登报，时隔多年之后，少数人回首往事，才开始明白它已经发生了。"[3] 针对这种疾病，科林伍德的处方是改变"在我们生活里，在艺术名义下从事的绝大部分活动都

---

[1] [美]尼尔·波兹曼：《娱乐至死》，章艳译，中信出版社2015年版，第4页。
[2] [美]尼尔·波兹曼：《娱乐至死》，章艳译，中信出版社2015年版，第193页。
[3] [英]罗宾·乔治·科林伍德：《艺术原理》，王至元、陈中华译，中国社会科学出版社1985年版，第107页。

是娱乐"① 的现状，培育我们真正的艺术——真正的表现性的艺术。

当然，科林伍德对娱乐艺术危害的看法过于夸张了。从娱乐产业异常兴盛的今天来看，娱乐不但没有毁坏一个国家或社会，还有可能给某个国家或团体带来巨大的经济或文化收益。实际上，娱乐的危害也不在于娱乐，而在于唯娱乐是从，因此，减少娱乐的危害不能从限制娱乐的制造入手，而只能从人对于娱乐的态度入手。单就其开出的用真正的表现性的艺术来代替娱乐的药方来看，也未必对症。首先，从科林伍德的观点来看，娱乐艺术与真正的艺术本身就不是同一种东西（也不是同一种事物好与坏上的分类），因此，人们发明这两者肯定源于人们的不同需要。既然如此，人们对艺术的需求肯定不能替代对于娱乐的需求（即使娱乐的需求如科林伍德所言，是不正当的），所以，即使真正的艺术变得异常发达，也未必能阻止娱乐的兴盛和危害。其次，即使面对真正的艺术，人们也可以将之作为娱乐来消遣，从而产生同娱乐一样的危害。因此，解决娱乐危害真正的方法，不能放在为其寻求替代之物上，根本性的办法只能放在人和人的教育上。当然不是如波兹曼所说，让人远离这些东西，而是让人学会理性地、有节制地对待这些事物。

第四节　作为表现的真正艺术

如上一章所指出的那样，科林伍德认为，包括理论家和批评家在内的人们总是将再现的两种形式——巫术和娱乐——与真正的艺术相混淆。以往的艺术家和作家，大部分是一些职业的娱乐出售者，这妨碍着人们对真正艺术的追求和认知。此外，巫术艺术的广泛存在也在扰乱着人们对真正艺术的辨别。在批判了技艺论与再现论的美学及巫术和娱乐与真正艺术的混淆之后，科林伍德试图为艺术理论奠定一个表现论的基础。可以说，科林伍德后期美学的核心便是"表现"，通过"表现"，他将"想象论"和"语言论"融合在了一起。

---

① ［英］罗宾·乔治·科林伍德：《艺术原理》，王至元、陈中华译，中国社会科学出版社1985年版，第107页。

一 唤起情感与表现情感

在批判技巧论和再现论的美学以及对巫术艺术、娱乐艺术和真正的艺术相混淆的观念时，科林伍德经常提到"唤起情感"（arousing emotion），以示和真正艺术中的"表现情感"（expressing emotion）相区别。在科林伍德的理解中，表现情感与唤起情感是辨别真伪艺术最核心的品质，因此，弄清"表现情感"的含义，是理解科林伍德后期美学的关键。

在阐述"表现情感"的含义和特征之前，科林伍德事先对情感表现的过程做了一个整体上的描述。在这个描述中，科林伍德将情感表现看作一个逻辑上（不是时间上）可以分为三个阶段的过程：首先，一个要表现情感的人意识到了他心中有某种情感，这时他意识到的只是"有"，但对于这是一种什么样的情感却茫然无知，他能感到的只是和已有情感相关的烦躁、不安、兴奋、激动等"紧张"的情绪，并且期盼着能够摆脱这些情绪的负累。其次，为了摆脱这种情感负累，他选择付诸某种行动。通过这种行动，他摆脱了这样一种情感负累，对于这种行动，科林伍德称之为"表现"。科林伍德在此强调，这样一种表现行动是一种运用"语言"的"诉说"行动。最后，在情感得到"表现"之后，进行情感表现的人，意识或探测到了他拥有的是一种怎样的情感，他也因此从那种紧张和不安的情绪当中解脱出来，获得了内心的安宁。

从上边的描述中可以看出，科林伍德所说的情感表现与三种事物相关：语言、意识和感受方式。任何表现都需要媒介，情感的表现也是如此，而能够表现情感的媒介都被科林伍德称为"语言"。根据科林伍德的理论，用"语言"表现，可能是对着某人或某些人诉说，也可能只是对自己诉说（关于科林伍德的"语言"理论，在下一章涉及科林伍德的语言观时再详细论述）。但即使是对着别人诉说，在科林伍德看来也不是为了在别人身上"唤起"同样的情感，而是为了让别人明白诉说者自己是如何感受的。

在这里，唤起情感和表现情感出现了差异。第一，唤起情感意味着诉说者想让听众感动，而自己则未必感动（即使有所感动也不是因为自己的情感）。这种关系在科林伍德看来非常类似于医生、病人和药物的关系。医生（诉说者）是开药（诉说）的人，病人（倾听者）是服药（倾听）的人，而药物就是唤起的情感。在这种关系中，联结医生和病人的是药物，然而医生却并不服用药物。相反，表现情感的人以同样的方式对待自己的倾听者，表现对于他而言，"首先是指向表现者自己，其次才指向任何听得懂的人"①。他要做的是使情感首先对自己显得清晰，顺便分享给倾听者。

第二，致力于唤起情感的人，必须试图了解自己的听众，他应该知道什么样的刺激会在听众身上产生什么样的预期的情感反应，应该让自己的语言适合自己的听众，否则特定的、对听众的刺激就不会产生。而致力于表现情感的人，因为他首要的任务是让自己对自己的情感清晰起来，所以不用考虑这些。因此，刺激加反应的术语在科林伍德看来只适合于唤起情感，而不适合表现情感。

第三，一个试图唤起情感的人，他要唤起的情感在他诉说之前就是清晰的，他要做的是让这种情感在听众身上再生，因此他知道自己的目的，也应该知道采取什么样的诉说手段。一个表现情感的人，在情感获得表现之前，他对自己的情感也不清楚，更不会知道采取什么样的诉说手段。因此，科林伍德在批判技艺论和再现论美学时使用的"手段加目的"的术语也仅仅适合于唤起情感，而不适合于表现情感。当然，科林伍德也承认，表现情感需要一种"引导过程"，需要一种"导向某一目的"的努力，但这个目的不是某种能够被提前预知或预料的东西，也不是我们可以根据这个目的就能够设计出特定的手段予以实现的东西，而只能是一种模糊的、要表现的冲动。基于此，科林伍德认为"表现是一种不可能有技巧的活动"②。

第四，表现情感的过程，在科林伍德看来也是意识到情感的过程，这便和他的艺术"想象论"联系了起来。在科林伍德看来，"想象是感觉

---

① [英]罗宾·乔治·科林伍德：《艺术原理》，王至元、陈中华译，中国社会科学出版社1985年版，第114页。
② [英]罗宾·乔治·科林伍德：《艺术原理》，王至元、陈中华译，中国社会科学出版社1985年版，第114页。

被意识活动改造时所采取的新形式"①。于是，表现的活动便同时也成了一种想象的活动。这样，语言、想象和情感便通过表现融合在了一起，成为科林伍德美学思想的三个关键维度。

第五，情感在获得表现之后，表现情感的人会从压抑、抑郁的状态中解放出来，获得身心上的放松。这种放松不同于亚里士多德所说的净化，也不同于在娱乐艺术中因"接地"而产生的释放，而是表现者因为对自己情感的清醒认识产生的那份释然。

在大众娱乐艺术发达的今天，当大量所谓艺术都是为了打开观众钱包的时候，通过各种技术的、心理的手段刺激观众的情感就成为所谓"艺术制作家"的普遍选择。而且，为了能够准确找到观众容易被激起的情感点，一件"艺术"品的完成不再是由一个人，而往往是由众多人构成的团队来制作完成。如果从技巧、形式等方面来看，这样的作品可能是华丽而完美的，如果从内容或情感上看，它也可能是容易打动和感染观众的。但这样的作品是不是艺术品，是不是好的艺术品，就难以去判断了。因此，科林伍德对唤起情感和表现情感的区分有利于在当今时代进行真伪艺术的辨别和批评。不过，科林伍德将唤起情感和表现情感的区分更多地放在艺术家主观的层面，这给辨别和批评工作带来一定的难度。

二 描述情感与表现情感

科林伍德认为表现情感和描述情感（describing emotion）并非一回事。如说"我很痛苦"，在科林伍德看来只是描述情感，而非表现情感。表现情感根本不需要用描述的词语对这种情感本身进行说明，相反，对这些情感的说明性言辞，在科林伍德看来，还会损害这种情感的表现。因此，科林伍德认为"为追求表现力而使用形容词是一种危险"②。使用形容词来指称某种情感，反而会让表现者的语言变得索然无味，没有表

---

① ［英］罗宾·乔治·科林伍德：《艺术原理》，王至元、陈中华译，中国社会科学出版社1985年版，第222页。

② ［英］罗宾·乔治·科林伍德：《艺术原理》，王至元、陈中华译，中国社会科学出版社1985年版，第115页。

现力。这是因为"描述"是一种概括活动,"描述一件事物就是认为它是这样一个事物和这样一类事物,就是把它置于一个概念之下并加以分类"①。而表现活动由于是探测表现者的具体情感,因此它是一种个性化的活动,两者路径正好相反。

情感表现作为个性化的活动,使得作为情感表现的真正的艺术区别于旨在唤起情感的、再现型的技艺。因为在科林伍德看来,"技艺想要实现的目的,总是从一般性原则加以设想,而从不加以个性化"②,如同木匠生产桌子、医生医治病人都是依靠类的一般性原则进行一样。同理,科林伍德认为,"对于一个想要在观众身上产生某种情感的'艺术家'来说,他所要生产的并非一种个别的情感,而是某一种类的情感"③。而对于致力于产生"类"的情感的"艺术家"来说,他们就可以根据自己要生产的情感的种类而采取不同的技术手段或招数。科林伍德的说法可能比较抽象,但如果联系现代商业电影千篇一律的"类型片"的生产来看,其看法就比较好理解了。现代"类型片"的生产简直可以放入技术生产的流水线了。

根据这一理论,科林伍德再次批评了亚里士多德《诗学》中的"概括化"或"典型"的艺术观念。他认为亚里士多德所说的这些都不是真正的表现,而只是对某种类型情感的再现。对此,他说:"如果你要生产某种情感的典型,实现这一点的方法是在观众面前呈现能够引起这种情感的那类事物的典型特征:使你的国王真正高贵,使你的士兵真正英勇,使你的妇女真正娇柔,使你的茅屋真正简陋,使你的橡树真正苍劲,等等。"④ 据此,科林伍德认为亚里士多德的《诗学》并不涉及真正的艺术,而只涉及再现型艺术。

---

① [英] 罗宾·乔治·科林伍德:《艺术原理》,王至元、陈中华译,中国社会科学出版社1985年版,第115页。
② [英] 罗宾·乔治·科林伍德:《艺术原理》,王至元、陈中华译,中国社会科学出版社1985年版,第116页。
③ [英] 罗宾·乔治·科林伍德:《艺术原理》,王至元、陈中华译,中国社会科学出版社1985年版,第116页。
④ [英] 罗宾·乔治·科林伍德:《艺术原理》,王至元、陈中华译,中国社会科学出版社1985年版,第117页。

三 暴露情感与表现情感

所谓"暴露情感"（betraying emotion），就是"展示情感的种种症状"①，亦即展示情感的种种后果，如害怕时的脸色苍白、张口结舌，生气时的脸色发红、大声咆哮，痛苦时的声色俱厉、声泪俱下，等等。在科林伍德看来，一个具有如此症状的人并不意味着他意识到了自己的情感是什么，而在只展示这些症状的艺术品中，也不意味着成功表现了某种情感。恰恰相反，这只能是一种无能的表现。如在表演领域，声泪俱下并不表明他是个优秀的演员，"使演员本身和观众都清楚眼泪为什么而流，这才是演员的真正本领"②。一个只会展示情感症状的演员，在科林伍德看来，"就像一个起诉律师讲完一席话之后，朝囚犯脸上吐一口唾沫一样"③蹩脚。

基于此，科林伍德认为，"真正表现的特征标志是明了清晰或明白易懂；一个人表现某种东西，他也因此而意识到他所表现的究竟是什么东西，并且使别人也意识到他身上和他们自己身上的这种东西"④。

四 与情感表现相关的其他问题

根据自己的情感表现理论，科林伍德重新审视了与之相关的一些美学和艺术理论问题，如审美情感及其创作取材、艺术家与读者（观众）的区隔、艺术家的社会角色等，并提出了一些有价值的新的见解。

（一）选择与审美情感

人的情感千万种，那么有没有一些情感是适合艺术表现的，而另一些情感是不适合用艺术进行表现的？科林伍德的回答是不可能有这种区

---

① ［英］罗宾·乔治·科林伍德：《艺术原理》，王至元、陈中华译，中国社会科学出版社1985年版，第125页。
② ［英］罗宾·乔治·科林伍德：《艺术原理》，王至元、陈中华译，中国社会科学出版社1985年版，第126页。
③ ［英］罗宾·乔治·科林伍德：《艺术原理》，王至元、陈中华译，中国社会科学出版社1985年版，第127页。
④ ［英］罗宾·乔治·科林伍德：《艺术原理》，王至元、陈中华译，中国社会科学出版社1985年版，第125页。

分。他认为人类心灵中的所有情感都可以进行表现，也都适合进行表现。而且，科林伍德反对在艺术中进行表现与否的选择，他认为"任何一种选择，任何要表现这种情感而不表现那种情感的决定，都是非艺术的"①。而现实中确实存在艺术家乐意表现某些情感，而不乐意表现另一些情感。科林伍德认为这仅仅是针对"公开表现"而言的，也就是说艺术家可以选择哪些表现（情感）让人们听到或看到，哪些不让人们听到或看到，但是他们不能选择哪些予以表现，哪些不予以表现。因为表现在科林伍德看来是一个探索（意识）自己情感的过程，在表现完成之前，艺术家并不知道他要表现什么情感，所以也就无从选择。而预先选择情感的做法只能是再现情感，因而是非艺术的。但这并不意味着真正的艺术家有选择地将某些表现呈现给人们的艺术不是真正的艺术品，而只能说"当真正的表现工作已经完成之后，选择又额外搞了一个非艺术种类的程序"②，而这个程序并不损害先前的表现。

基于上述观点，科林伍德探讨了艺术的分类方法。传统的分类法有两种：一种是根据艺术家创作媒介的不同，将艺术分为绘画、文学、音乐、舞蹈等；另一种是根据情感的种类将艺术分为悲剧、喜剧等。对于第一种分类，科林伍德并没有异议。而第二种分类法在科林伍德看来，对于艺术家的创作而言意义有限。因为既然表现是艺术家对自己情感的探测，那么在开始表现之前，他并不清楚自己拥有什么样的情感，也就不可能知道自己创作的是悲剧还是喜剧。这种针对真正艺术品的分类，也只能是在作品完成之后，依据作品的情感特征给这些作品贴上喜剧或悲剧的标签，因而对于创作而言意义不大。但如果是再现型艺术（如巫术艺术、娱乐艺术）的话，在科林伍德看来，这种分类对于创作意义还是很大的，"这里的艺术家预先就知道他希望唤起哪一类的情感，他将根

---

① ［英］罗宾·乔治·科林伍德：《艺术原理》，王至元、陈中华译，中国社会科学出版社1985年版，第118页。

② ［英］罗宾·乔治·科林伍德：《艺术原理》，王至元、陈中华译，中国社会科学出版社1985年版，第118页。

据作品要产生的不同种类的效应而构制不同种类的作品"①。

正是根据这样的表现理论,科林伍德认为,在各种各样的可以表现的情感当中,不存在一种特殊的、单单适合艺术表现的审美情感(aesthetic emotion)。但是,如果说审美情感是一种特殊的美感的话,科林伍德也承认在真正的艺术(表现)中存在着这样一种美感。这就是情感在得到表现后表现者获得的那种轻松感,而这种轻松感是由于解除情感未获表现时的压抑感而产生的。由于科林伍德认为读者、观众在阅读和观看艺术作品时也是在表现自己的情感,从而读者和观众也能够通过阅读和观看而获得这种轻松感,所以这种审美情感可以共存于艺术家和欣赏者之中。但是这种作为美感的审美情感,并不是一种客观地存在于表现之外的情感,而是一种伴随着情感表现(无论这种情感是美好还是痛苦的)才产生的情感色彩。

(二)艺术家与普通人

文艺复兴后对美的艺术的强调使得"美的艺术"与工艺区分开来,也使得艺术家和传统的工匠区别开来,这大大提高了艺术家的社会地位。但历代学者和艺术家在强调艺术家地位的同时,逐渐表现出一种将他们拔高甚至是神圣化的倾向,如康德等人的天才论等。于是,艺术家成为一种不同于普通人的"物种",他们被认为在精神天赋或使用天赋的方法上高于作为读者或观众的普通人。

对于这种对艺术家和普通观众或读者之间所做的区隔,科林伍德是有异议的。科林伍德也承认,在技艺的艺术领域确实存在着这种差别,因为在技艺上,确实有人由于天赋或者训练而优于一般人。而对于激发一定情感的"技艺型"艺术来说,在激发者和被激发者之间,激发者处于主动地位,被激发者处于被动地位。

但科林伍德否认在真正的表现性艺术中存在这种区隔。他说:"这种把艺术家隔离于普通人的结论属于作为技艺的艺术概念,它和作为表现

---

① [英]罗宾·乔治·科林伍德:《艺术原理》,王至元、陈中华译,中国社会科学出版社1985年版,第119页。

的艺术概念是水火不相容的。"① 因为对于科林伍德来说，表现情感就是探测清楚或意识到自己的情感，而读者或观众也可以在阅读或观看某个艺术作品时探测自己的这种情感，在这个意义上，读者或观众也同时是表现者。对此，科林伍德说："当某人阅读并领会了诗人的诗句时，他就不仅仅是领会了他自己的情感，而且是凭借诗人的语言表现了他自己的情感，于是诗人的语言就变成他自己的语言了。"② 正是根据这样的理论，科林伍德认为，在真正的艺术情感表现之中，观众或读者也是艺术家，他们之间没有种类的差别。

虽然不承认它们之间有"种类"的差别，科林伍德还是承认他们之间存在着一些不同。虽然艺术家和观众、读者都是在用某种语言表现这种特殊的情感，"但诗人能够自己解决如何表现的问题，而观众只有当诗人给他们做示范时才能把情感表现出来"③。也就是说，无论就拥有的那种情感来看，还是从表现这种情感的能力来看，艺术家都不是独特超凡的。但是科林伍德承认，"就表现大家都感受到的并且大家都能表现的情感的首创精神而言，他却是独特超凡的"④。

在这里，科林伍德仍然犯了过于轻视表现技巧和媒介的过错。任何表现都是需要媒介的，即使仅仅在艺术家心理层面的表现也是需要媒介的，而任何媒介的使用都是需要一定技巧的，一种媒介的表现技巧是需要某种天赋和多年严格训练的。所以，即使假设艺术家和观众或读者在感受力方面基本一致，那么对于表现媒介的使用，也使得艺术家同观众或读者区别了开来。而且，科林伍德认为表现需要媒介而感受不需要媒介的倾向，不仅和他自己的看法相矛盾，也和事实不符。

实际上，当科林伍德说表现就是对情感的探测的时候，他已经认可

---

① ［英］罗宾·乔治·科林伍德：《艺术原理》，王至元、陈中华译，中国社会科学出版社1985年版，第120页。
② ［英］罗宾·乔治·科林伍德：《艺术原理》，王至元、陈中华译，中国社会科学出版社1985年版，第121页。
③ ［英］罗宾·乔治·科林伍德：《艺术原理》，王至元、陈中华译，中国社会科学出版社1985年版，第122页。
④ ［英］罗宾·乔治·科林伍德：《艺术原理》，王至元、陈中华译，中国社会科学出版社1985年版，第122页。

了表现和感受的一致性，也就是说我们身上的情感，只有在表现它时，我们才能清清楚楚地感受。那么清清楚楚地感受某种情感需要特殊的语言媒介吗？现代语言学认为语言是思维的工具，人们只有借助语言才能思维，而不是思维出一个结果再用语言表达。笔者认为，在清清楚楚地感受情感方面也是如此，人们只有借助某种语言媒介才能获知或清楚自己具有什么样的情感（科林伍德将想象介于感觉和思维之间，并认为想象具有意识到情感的作用，也说明意识到情感比感觉更需要语言），这在科林伍德看来就是表现。这也就意味着，使用语言媒介的能力不仅影响着表现的能力，甚至影响着"感受"的能力。而语言的运用又是需要某种天赋和后天训练的，所以这种天赋和后天训练必然将艺术家和普通观众在"清清楚楚地感受"情感能力方面区分开来，科林伍德认为这就是表现。也就是说，按照科林伍德的理论，他们在表现层面也应该区别开来。这是导致科林伍德自相矛盾的原因。科林伍德也意识到了他的矛盾之处，并在《艺术原理》的最后一章对这些观点进行了一定的修正。

不过，随着教育的普及，人和人之间，媒介使用能力的差距越来越小。可以预见的是，艺术家和普通人的差距也将越来越小。

(三) 艺术家与社会

基于以上的理论，科林伍德批判了"艺术家以其特殊的天赋或专门的训练区别于社会上其余的人，能够或者应当构成一种特殊的品次或等级"[①]的看法。如上所述，这种看法在科林伍德看来，是艺术技巧论的产物。如果艺术是一种技巧，那么这种看法就不仅是正确的，而且是有益的。因为技艺在科林伍德看来是需要隔离的，"一种技艺只有当它自行组成社团形态，以一种特殊方式致力于为公众利益服务，并且从这种服务的条件出发来计划安排自己的全部生活时，技艺才会变得更加富有成效"[②]。

如果艺术不是技艺，而是情感的表现，情况就截然相反了。如果艺

[①] [英] 罗宾·乔治·科林伍德：《艺术原理》，王至元、陈中华译，中国社会科学出版社1985年版，第122页。

[②] [英] 罗宾·乔治·科林伍德：《艺术原理》，王至元、陈中华译，中国社会科学出版社1985年版，第123页。

术家们将自己组织成一个特殊的团伙，那么在科林伍德看来，"他们所表现的情感就会只是那个集团的情感，其后果将是他们的作品只有对他们的同人艺术家才是可以理解的"①。如此的话，艺术界就真的成了一种象牙塔，"塔中的囚犯们除了他们自己之外别无可想也别无可谈，因而只能互为观众了"②。这种情况如果发展到极致，就可能出现每个艺术家都有构筑自己的象牙塔的倾向。在这种情况，艺术家不仅与普通人的生活世界相隔离，而且艺术家们之间也不相往来。科林伍德认为，艺术品在这样的象牙塔之中必然走向衰微。因此，他倡导艺术家冲出象牙塔，与普通人的生活打成一片，表现"大家所共同感受的东西"③。

科林伍德之所以这样强调，也和他的关于情感选择的理论有关。如前所述，科林伍德认为在真正的艺术及表现中，不存在情感选择的问题，艺术家必须表现自己所有能够表现的情感。而即使一个将自己封闭在象牙塔的艺术家，在科林伍德看来，"他的经验既包含着他选择加入的那个小社会天地中的种种情感，也包含着他出生成长的那个较大世界的各种情感"④。如果他只是表现他那个小艺术团体的情感，这在科林伍德看来就是进行情感选择，这种操作是非艺术的，只属于技艺性的范畴。因此，在科林伍德看来，这种"象牙塔的艺术"不具有艺术价值，只具有些许的娱乐价值和巫术价值。凭借着这种娱乐价值，"那些或因为自己的不幸或因为自己的过失而被囚禁在塔里的人，帮助自己并彼此帮助，以消磨时光，不致死于对生活的厌烦，不致死于怀念他们抛下的那个世界的思乡病"⑤；凭借着其巫术价值，"他们说服自己并彼此说服，相信囚禁在

---

① ［英］罗宾·乔治·科林伍德：《艺术原理》，王至元、陈中华译，中国社会科学出版社1985年版，第123页。
② ［英］罗宾·乔治·科林伍德：《艺术原理》，王至元、陈中华译，中国社会科学出版社1985年版，第123页。
③ ［英］罗宾·乔治·科林伍德：《艺术原理》，王至元、陈中华译，中国社会科学出版社1985年版，第122页。
④ ［英］罗宾·乔治·科林伍德：《艺术原理》，王至元、陈中华译，中国社会科学出版社1985年版，第124页。
⑤ ［英］罗宾·乔治·科林伍德：《艺术原理》，王至元、陈中华译，中国社会科学出版社1985年版，第125页。

这个地方的这些人中间是一种高级优待"①。

科林伍德对"象牙塔艺术"的冷嘲热讽以及无情批判无疑是正确的，但是将这些批判和自己的表现理论联系起来也确实有些牵强。而且，他这种主张艺术家和艺术融入普通人的生活的主张，和他早期美学中所宣言的单子论艺术相矛盾。

本章小结

在科林伍德看来，真正的艺术旨在表现艺术家的情感。但表现情感与唤起情感、描述情感与暴露情感皆有不同。唤起情感旨在激发读者的情感，而非表现艺术家本人的情感；描述情感是对情感进行分类和概括，而表现情感则是艺术家探测自己具体情感的过程；暴露情感仅仅是展示情感的种种症状，而非表现情感本身。真正的表现，在科林伍德看来，则是运用语言和想象探测与澄清艺术家具体情感的过程。

根据这样一种对于表现的看法，科林伍德批判了技艺论美学、再现论美学、巫术艺术和娱乐艺术。在科林伍德看来，真正的艺术与技艺和再现无关，也与娱乐和干预现实无关。真正艺术之核心，恰恰是他所说的无功利的情感表现。

---

① ［英］罗宾·乔治·科林伍德：《艺术原理》，王至元、陈中华译，中国社会科学出版社1985年版，第125页。

第五章

表现与语言

科林伍德认为"语言"的起源和本质皆源于人的"情感表现"的需求和本能，正是在人的情感表现的需求中，在"想象"的作用下产生了"语言"。因此，"语言"在科林伍德看来始终携带着其"表现"的本性，即使后来语言高度分化为"符号"与"逻辑"等思维用语时，它也从未失去其情感表现的性质及能力；相反，由于"语言"的分化，"语言"本身不仅得到了发展，而且由于分化后的"语言"更适合表现思维和思想，"语言"也变得更适合表现基于思维和思想而产生的情感。于是，在科林伍德的美学思想和艺术理论中，"语言""表现""想象"和"情感"等成为一种不可分割的整体。

第一节 表现和想象与语言的产生及本质

一 三种经验与三种情感

科林伍德将人的经验按照水平的高低（或等级）分为三种，即心理水平的经验、意识水平的经验和理智水平的经验。联系科林伍德的想象理论，可知所谓心理水平的经验，指的是那些不被人明确"意识"到的一些感觉或情感性的经验；意识水平的经验则指处于感觉（或情感）和思维之间的一种想象经验，是一些被人明确意识到的感觉和情感；理智水平的经验，指的是上升到思维及思想（也包含相应的情感）领域的经验。三种经验，在科林伍德看来，都伴随着相应的情感。心理水平的经验伴随的情感，科林伍德称为心理情感（psychical emotion），相应地，意识水平的经验伴随的是意识情感（emotion of consciousness），理智水平的经验伴随的则是理智情感（intellectual emotion）。需要强调的是，科林伍德并不将心理情感看作真正的情感，而是将之看作一种类似"纯"感觉的东西，这在科林伍德"想象论"对情感、感觉的论述中也能看出。因此，他的情感表现理论如果不做特别说明，并不包含心理情感。

科林伍德按照产生涉及经验的不同层次及产生的先后顺序将人的表现分为三种：心理表现（psychical expression）、想象性表现（imaginative expression）和理智化表现（科林伍德没有给这种表现以专门的名字，为论述方便，本书根据对科林伍德表现论及语言学思想的理解将之命名为"理智化表现"）。

在科林伍德的理解中，越是高级阶段的情感，表现方式越多，后两个阶段的情感都可以用前一阶段的表现方式来表现，但低级阶段的情感只能采用此阶段和在它之下阶段的表现方式来表现。也就是说，理智情感可以用所有三种表现方式来表现，即心理表现、想象性表现和理智化表现；意识情感可以拥有心理表现和想象性表现两种方式；而心理情感有且只有一种表现方式——心理表现。但是，高级阶段的情感不能单单依靠低级阶段的表现方式来表现，也就是说意识情感不能单靠心理表现就能完全表现自己，而理智情感也不可能单单依靠心理表现和想象性表现来表现自己，它们要想获得完全的表现必须同时依靠适合自己的更高级阶段的表现方式。这是因为，"高一水平与低一水平经验之间的区别在于前者有一个新的结构原则，这种新的结构原则并不取代旧的结构，而是附加在它的上面。较低种类的经验在较高种类的经验中永远保存下来了，保存的方式有点像（虽然并不等于）一种原先存在的物质在被赋予新形式之后永远保存下去一样"[1]。也就是说，在科林伍德看来，理智情感还可以在新形式下包含意识情感和心理情感，意识情感可以在新形式下包含心理情感，而心理情感只有它自己。所以，理智情感可以拥有三种表现方式，意识情感可以有两种表现方式，而心理情感只有心理表现一种表现方式。

---

[1] ［英］罗宾·乔治·科林伍德：《艺术原理》，王至元、陈中华译，中国社会科学出版社1985年版，第240页。

二 三种表现

（一）心理表现

心理情感是指那些自然而然产生的不曾进入人的意识（某种程度的反思之意）领域内的情感。相应地，心理表现在科林伍德看来，是一种不依赖于意识的、纯粹心理水平经验的特征。"它由人随意的活动，甚至可能是完全无意识的人体动作构成，并以某种特殊的方式与所谓的要表现的情感相关"①。也就是说，心理表现在科林伍德的理解中，是指人还未意识到的情感的身体性的表现，如面容的扭曲表现了痛苦，肌肉的松弛和脸色的苍白表现了恐惧，等等。需要强调的是，这里所说的心理表现不同于科林伍德之前所说的"暴露情感"中的此类动作，前者是一种无意识的情感的身体性流露，后者指有意识地将情感通过身体性的动作"表演"给人看。

心理表现之所以可能，完全是由人的生理、心理特点造成的。科林伍德认为，"在纯粹心理水平上的经验中发生的各式各样的情感，在肌肉系统、循环系统或腺系统的某种变化中都有它们的对应物"②。也就是说，凡是心理水平经验上的情感，在科林伍德看来都会有心理表现与之对应。这些情感表现能否被观察到并获得正确的解释，就取决于观察者的技能和经验了。但观察和解释是一个理智的过程，但不是心理表现能够被传达的唯一途径，除此之外，还存在着一种没有任何理智活动参与，甚至没有意识存在的心理表现的相互感染的情况，如恐慌情绪在人群中的蔓延、传播等。在科林伍德看来，恐慌在人群中传播并不是因为每个人都单独受到了惊吓，也不是因为每个人都知道了别人恐慌的原因，每个人都恐惧起来，唯一原因只是他的邻居或同伴在恐惧着。不仅仅恐惧，在科林伍德看来，任何心理情感都会发生同样的情况，因此，"只要看到某人陷入痛苦，或者听到他的呻吟，他的痛苦就会在我们身上产生共鸣，

---

① R. G. Collingwood, *The Principles of Art*, London: Oxford University Press, 1938, p. 229.
② ［英］罗宾·乔治·科林伍德：《艺术原理》，王至元、陈中华译，中国社会科学出版社1985年版，第237页。

我们就能够在自己身上感觉到这种痛苦的表现"①。之所以会出现这种现象，在科林伍德看来，是因为"一个人身上的恐惧心理表现，对于另一个人说来似乎是一种直接携带着恐惧的复合感受物"②。而且，这种"交感"不仅存在于人与人之间，也存在于人和动物之间以及动物和动物之间。

如上所述，心理情感有且只有一种表现形式，即心理表现。同样需要强调的是，正如科林伍德不将心理情感看作真正意义上的情感一样，他也不将心理表现看作真正意义上的表现。他的表现理论主要是想象性表现亦即语言表现的理论。

（二）想象性表现

和心理情感可以自然而然地出现相比，有一些情感只有通过意识到自己（一定程度上的反思）才能出现，如憎恨、喜爱、愤怒和羞愧等。憎恨要以了解自己愿望受阻或者意识到自己正在遭受来自某个人或事物的痛苦为前提；喜爱要以意识或了解到和我们生命息息相关的事物为前提；愤怒和憎恨相似，虽然不一定涉及特定事物或人，但也需要意识到自己受到阻碍；羞愧则源于对自己无能或弱点的认识。这些情感就是科林伍德所说的意识情感。

根据科林伍德关于表现层级的说明，意识情感也有自己的心理表现，如因羞愧而导致的脸红，伴随愤怒的肌肉紧张，等等。但心理表现是人完全不能控制的（当身体姿势得到控制时，在科林伍德看来，身体姿势就已经属于语言，而这种表现就成为想象性表现），"当它们在我们身上发生时，它们简直就是降临在我们身上并压倒了我们。它们具有与粗暴的施与性相同的特征"③。而当人们意识（意识在科林伍德看来是受思维控制的）到自己的经验时，这种粗暴的施与性便会被意识所取代。这时，

---

① ［英］罗宾·乔治·科林伍德：《艺术原理》，王至元、陈中华译，中国社会科学出版社1985年版，第238页。

② ［英］罗宾·乔治·科林伍德：《艺术原理》，王至元、陈中华译，中国社会科学出版社1985年版，第238页。

③ ［英］罗宾·乔治·科林伍德：《艺术原理》，王至元、陈中华译，中国社会科学出版社1985年版，第242页。

正如科林伍德在他的想象论中说的那样,"意识的工作把对于粗野感觉和粗野情感的印象转变为观念,即某种我们不再是单纯感觉到,而是以一种我们称为想象的新方式加以感觉(feel)了"①。

当人们以想象的方式来感受时,情感对他而言,就不再是粗暴的事实,而是已经得到控制的情感,以至于"我们能够唤起它们、抑制它们,或者凭借一种动作改变它们"②。当情感得到控制时,原先不受控制的表现情感的动作(心理表现)也同时受到控制,变得不再是一种简单、自动的心理—生理反应,而是一种出现在意识之中的、属于人自己的可控制的活动。当人们可以控制这些动作,并借以表现自己意识到的情感时,这种表现就成为想象性表现,而有意识地表现这些情感的动作作为情感的表现方式,在科林伍德看来就是语言了。当然,这只是最原始的、广义意义上的语言。在这种语言的基础上,才产生了更为复杂的、各式各样的语言和语言向着适合表达思维的方向的分化。关于这一点,在本章第二节论述语言的产生和本质时详论,此不赘述。

(三)理智化表现

科林伍德并没有给出"理智化表现"这个名词,但联系他对"三种经验""三种情感"的划分及其对语言分化的相关论述可以看出,理智化表现应该是他情感表现论中一个必不可少的环节。

如前所述,科林伍德将人的经验按照水平的高低(或等级)分为三种,即心理水平的经验、意识水平的经验和理智水平的经验。三种经验又相应地伴随着三种情感,即心理情感、意识情感和理智情感。在这三种情感当中,科林伍德专门论述了心理情感和意识情感对应的表现方式,即心理表现和想象性表现。对于理智情感,科林伍德并没有专门论述其对应的表现方式,但在论述语言的分化时有零星提及。而且,科林伍德也认为三种情感都应该对应一个不同的表现方式。他说:"一种情感总是某种活动之上的情感负荷,每一个不同种类的活动都有一个不同种类的

---

① [英]罗宾·乔治·科林伍德:《艺术原理》,王至元、陈中华译,中国社会科学出版社1985年版,第242页。

② [英]罗宾·乔治·科林伍德:《艺术原理》,王至元、陈中华译,中国社会科学出版社1985年版,第242页。

情感，而每一个不同种类的情感又有一个不同种类的表现。"① 这也就是说，理智情感也应该有一个不同种类的表现方式，而理智情感的表现又和语言的发展和分化息息相关。

科林伍德认为，语言就产生于对意识情感的想象性表现过程中，因此想象（意识）性和表现（情感）性是语言的根本特征，而且这一特征伴随语言发展的始终，从不会消失。但为了适应表达理智水平的思维，语言本身也开始分化，一方面保留着适合表达意识情感的语言，另一方面通过符号化和逻辑化向着更适合表达思维与思想的理智化语言发展。但即使是理智化的语言，在科林伍德看来，也始终携带着表现情感的本质特征。

理智有自己的情感（亦即理智情感），如数学家在数学思维中产生的情感，思想家在思想时产生的情感，等等。而这些情感的表达在科林伍德看来不可能舍弃理智而只保留情感，也不可能是分开进行，即一种语言表现情感，另一种语言表现理智（思维），而只可能是一种表现、一种语言，即"一种思维用词语表达了，并且这些相同的词语又表达了这种思维所特有的情感"②。这就是科林伍德所说的"理智化表现"。但是在科林伍德看来，在进行理智化表现时，情感的表现更为直接，思维反倒是通过理智情感间接表现出来的。他说："用语言表达一种思维绝不是直接的或立即的表达，它是通过作为思维的情感负荷的那种特殊情感而间接表现出来的。"③ 这也和他的语言观相一致，即科林伍德认为语言的本质在于表现情感，其他功能都是派生出来的。

三　语言的产生和本质及其和艺术的关系

如上所言，科林伍德认为正是在人们意识到了自己的情感，并尝试

---

① ［英］罗宾·乔治·科林伍德：《艺术原理》，王至元、陈中华译，中国社会科学出版社1985年版，第273页。
② ［英］罗宾·乔治·科林伍德：《艺术原理》，王至元、陈中华译，中国社会科学出版社1985年版，第274页。
③ ［英］罗宾·乔治·科林伍德：《艺术原理》，王至元、陈中华译，中国社会科学出版社1985年版，第274页。

着通过控制的动作来表现这种情感的时候,语言产生了。当然,科林伍德这里说的是广义的语言,它包括与有声语言表现方式相同的所有的感官的表现活动。而可控制的身体动作只是最简单、最原始的语言。不过,在科林伍德看来,即使只是可控制的身体动作,已经完全可以体现语言的本质,即"语言不过是情感的身体表现"①。另外,根据科林伍德的想象理论,人意识到自己情感必须有想象参与其中,所以"语言,作为意识水平的一个特征,它是伴随想象而产生的"②。因此,如果说情感表现是语言的本质,那么表现性和想象性就应该是语言的本质特征。在科林伍德看来,"称它为想象性的是说明它是什么,称它为表现性的是说明它做的事情。语言是一种想象性活动,它的功能在于表现情感"③。

虽然在产生以后,语言本身还要经过漫长的发展道路。为了适应情感表达及理智化的需求,语言还会继续发展、分化并持续地修正自己。但无论发展到什么程度,在科林伍德看来,语言始终不会丧失这两个本质特征。如语言为了适合表达思想或特定的思维,它不得不经过理智化的修正,变成我们日后称为"科学语言""哲学语言""逻辑语言""符号语言"甚至"数学语言"等类似的东西,但即使是这些语言也都必然携带着想象的特点,也都必然表现某种理智化的情感。而且,在科林伍德看来,"任何特定思想的表达都是通过表现伴随它的情感而实现的"④。

第二节 语言的发展和分化及其和情感表现的统一

一 身体动作与有声语言

如上一节所言,科林伍德认为,"表现某些情感的身体动作,只要它

---

① [英]罗宾·乔治·科林伍德:《艺术原理》,王至元、陈中华译,中国社会科学出版社1985年版,第243页。
② [英]罗宾·乔治·科林伍德:《艺术原理》,王至元、陈中华译,中国社会科学出版社1985年版,第232页。
③ [英]罗宾·乔治·科林伍德:《艺术原理》,王至元、陈中华译,中国社会科学出版社1985年版,第232页。
④ [英]罗宾·乔治·科林伍德:《艺术原理》,王至元、陈中华译,中国社会科学出版社1985年版,第232页。

们处于我们的控制之下，并且在我们意识到控制它们时把它们设想为表现这些情感的方式，那它们就是语言"①。然而，这只是最原始意义上的语言。从表面上看，这些作为语言和想象性表现的动作与作为心理表现的动作没有什么不同之处，但它与经验总体结构的关系已经不一样了，在这里作为语言的动作已经是对意识到的情感经验的表现了。同样是小孩的哭叫，却有不受控制的情感的自动哭叫和自我意识哭叫的不同，前者是小孩本能而自动的哭叫，后者在科林伍德看来已经是语言了，"为的是唤起对他的需要的注意并且责备看护人，似乎哭叫是因为看护人不注意而发生的"②。

随着小孩子控制能力的提高，当他通过各种"实验"最终得知哪种哭喊声最适宜表现自己的情感并将之固定下来的时候，有声语言也就产生了。一旦学会了控制发音之后，小孩子就会将各种发音进行比较，并将适合表现特定情感的语音分化出来，而且这种分化是多种多样的。之所以会出现多样的分化，在科林伍德看来，是因为"意识经验的情感生活比在心理水平经验的情感丰富得多"③。此外，意识情感还可以凭借着意识的作用将印象转化为种种观念，"想象经验通过折射、反射、凝缩和扩散的无穷作用，就为自己创造了无穷的情感"④，这都使得需要表现的情感大大增加。而有意识的心灵必须为之设计各种各样的表现，这又要求语言发音具有无限的细微性，于是有声语言进一步得到丰富。因此，在科林伍德看来，有声语言"就是在想象性经验表现它们的过程中创造的"⑤。

---

① ［英］罗宾·乔治·科林伍德：《艺术原理》，王至元、陈中华译，中国社会科学出版社1985年版，第242页。

② ［英］罗宾·乔治·科林伍德：《艺术原理》，王至元、陈中华译，中国社会科学出版社1985年版，第243页。

③ ［英］罗宾·乔治·科林伍德：《艺术原理》，王至元、陈中华译，中国社会科学出版社1985年版，第244页。

④ ［英］罗宾·乔治·科林伍德：《艺术原理》，王至元、陈中华译，中国社会科学出版社1985年版，第245页。

⑤ ［英］罗宾·乔治·科林伍德：《艺术原理》，王至元、陈中华译，中国社会科学出版社1985年版，第245页。

科林伍德一直用"语言"(language)一词来表示"任何受到控制和具有表现性的人体活动"①,有声语言自然也是"具有表现性的人体活动"的一种。为了将有声语言与作为总体的语言区别开来,科林伍德称有声语言为"言语"(speech)②。传统的语言学认为,和人身体的其他器官相比,发音器官能够发出更多、更为精细的动作,而且与视觉性动作相比,也更容易突破空间的阻隔,因此更适合发展成为主导性的语言。对此,科林伍德根据自己的情感表现理论进行了驳斥。

科林伍德认为所有的语言在本质上都是一种专门化的身体姿势,正是在这个意义上,"舞蹈是一切语言之母"③。有声语言,在科林伍德看来,其本质不在于发出的声音,而在于发音器官发出的动作。他说:"归根结底,言语只是一种姿势体系……它本质上是使用肺和喉咙、口腔和鼻腔而形成的姿势体系。"④ 其他一切不同种类的语言也一样,它们都可以归结为某种姿势,如绘画和器乐可以归结到人手的姿势,舞蹈可以归结为全身的姿势,等等。在这个意义上,有声语言并不优于其他种类的语言,这是因为发音器官的动作和人体其他器官的动作相比,在表现(情感)功能上并不必然具有什么优势。此外,科林伍德还以佛教中"拈花一笑"的故事来批判有声语言更适合表达思维的观点。最后科林伍德得出结论说:"有声语言只是许多可能的语言或语言种类的一种,这其中任何一种都可以通过一种特殊的文明而发展成为高度有组织的情感表现形式。"⑤ 也就是说,有声语言作为主导语言在科林伍德看来只是人类文明一种偶然的"选择",而非历史的必然。总的来看,科林伍德的语言源

---

① [英]罗宾·乔治·科林伍德:《艺术原理》,王至元、陈中华译,中国社会科学出版社1985年版,第248页。

② "言语"一词是《艺术原理》的译者王至元、陈中华对"speech"一词的翻译,尽管这一译法容易和我国通行的对索绪尔《普通语言学》中另一个译为"言语"的语词相混淆,但笔者也没有更好的译法,故仍采用原译。

③ [英]罗宾·乔治·科林伍德:《艺术原理》,王至元、陈中华译,中国社会科学出版社1985年版,第250页。

④ [英]罗宾·乔治·科林伍德:《艺术原理》,王至元、陈中华译,中国社会科学出版社1985年版,第250页。

⑤ [英]罗宾·乔治·科林伍德:《艺术原理》,王至元、陈中华译,中国社会科学出版社1985年版,第249页。

于情感表现的思想还值得商榷,但他对于有声语言的相关论述,则明显更为随意和缺乏严谨性。不过由于本书主要不是研究其语言学思想,笔者语言学知识也不足以对此展开分析和批判,故此处从略。

二 语言的发展和分化

科林伍德认为语言是因着表现(情感)的需要伴随着想象而产生的,故语言永远不会丧失表现性和想象性这两个最为根本的特征。但语言本身也并非单单表现情感,而且其自身也是随着人的经验不断发展的。如前所述,科林伍德认为语言产生于人类意识经验的阶段,而此后人类经验又发展到了理智经验的阶段,所以语言本身也必须向前发展以适应此理智经验阶段的另一个需要,即表达思想的需要。当然,在科林伍德看来,语言表达思想的功能是建立在表现情感的基础上的,但毕竟表现情感和表达思想不是一回事情,因此语言为适应这个需要,仍然不得不对自己(即想象性的、表现性的语言)做出变通或修正。语言对自己修正、变通以适应表达思想的发展过程就是科林伍德所说的语言的理智化过程。这个过程在科林伍德看来是经过三个阶段或三个过程完成的:语言的语法化、语言的逻辑化和语言的符号化。

语言的语法化是通过对语言做语法分析来完成的。要完成这个工作,在科林伍德看来,要经过三个阶段的工作。首先,语法学家要做的是"假定"真实的、作为整体的"语言"的存在。科林伍德认为只有以真实的、作为整体的"语言"存在为基础,也就是说只有研究(或操作)对象存在,语法学家才能展开自己的工作。如瑞士语言学家索绪尔在确立语言学的研究对象时就指出:"语言本身就是一个整体、一个分类的原则。"[①] 为了将作为整体的语言学研究对象的语言和一个个实际发生的、具体的语言活动及其产物区别开来,索绪尔将前者称为"语言",而将后者称为"言语"。但科林伍德认为语言是一种活动,"它是表现自我的活

[①] [瑞士]费尔迪南·德·索绪尔:《普通语言学教程》,高名凯译,商务印书馆1980年版,第30页。

动或说话的活动"①。科林伍德承认作为表现或说话活动的语言的存在，也承认这种活动的产物，即"言语"或"讲话"的存在，但他不承认以索绪尔为代表的语言学家所说的作为整体的"语言"的存在，认为"它是一种形而上学的虚构"②。因此，科林伍德认为语法学家在思考的不可能是语言活动的产物，即语言存在本身，而只能是语言活动。由于语法学家误将语言活动的产物（即语言）当作语言活动，因此，"这种活动的性质在他的思想中也被歪曲了"③。

其次，在确立了研究对象之后，语法学家要做的是将这个作为研究对象的"事物""分割"成一个个组成部分，亦即将语言划分成各种词汇，如将词语分为动词、形容词、名词等。但科林伍德认为这不是基于事实发现的划分，而是在分析语言的过程中人为设计出来的一种划分。

最后，语法学家还需要在划分的各部分之间设计一种或多种关系的图示，如词法、句法等。科林伍德在这里用了"设计"这个词，也就是说，语法学家所谓的这些词与词、句与句之间的关系不是作为事实被发现的，而仅仅是语法学家们发明、设计出来的东西。

总之，科林伍德并不认为语法学家发现或解释了语言的真相和秘密，相反，语法学家在很大程度上破坏了语言的完整性和表现性。对此，科林伍德用了一个尖酸的比喻进行说明："语法学家并不是一种研究语言实际结构的科学家，他是一种屠户，他把语言的有机组织变成了可以上市适合食用的大块带骨肉。当动物处于生活成长过程中时，它不是由前腿、后腿、臀部及其他大块带骨肉组成的；同样地，当语言处于生活成长过程中时，它也并不是由动词、名词等所组成的。"④ 因此，科林伍德倡导对语法学家的工作进行抵制，以便保存语言的完整和原始的表现的生

---

① ［英］罗宾·乔治·科林伍德：《艺术原理》，王至元、陈中华译，中国社会科学出版社1985年版，第261页。
② ［英］罗宾·乔治·科林伍德：《艺术原理》，王至元、陈中华译，中国社会科学出版社1985年版，第261页。
③ ［英］罗宾·乔治·科林伍德：《艺术原理》，王至元、陈中华译，中国社会科学出版社1985年版，第261页。
④ ［英］罗宾·乔治·科林伍德：《艺术原理》，王至元、陈中华译，中国社会科学出版社1985年版，第264页。

命力。

在科林伍德看来，语法学家的职能或所做的工作并不是理解语言，"而是改变语言，把它从一个表现情感的状态（语言的原始的朴素状态）转变成为能够表现思维的次级状态"①。因此，尽管科林伍德认为语法学家的工作不是科学，没有理论的意义，但他也承认在使用语言适应表达思维方面，语法学家的工作也是有用的。他在倡导抵制语法学家的工作的同时，也表示要容忍他们的工作。而语言学家的工作之所以是可以容忍的，一方面因为它有用，另一方面则是因为"他做事没有太过头因而没有从根本上破坏语言表现任何事物的能力"②。

在语言被语言学家"语法化"后，语言在此基础上继续向着理智化的方向分化和改造，这在科林伍德看来是通过语言的逻辑化和符号化来实现的。语言的逻辑化和符号化是两个更为专业化的领域，限于内容篇幅和笔者的有限能力，在此不做展开。语言的逻辑化是通过对语言做逻辑分析来完成的。同语言的语法化一样，科林伍德认为包括传统逻辑、形式逻辑和分析逻辑在内的逻辑学也不是为着发现语言上的真理，而是为着将语言改造成更符合表达思维和理智的形式。但科林伍德同样认为这种彻底的转变和改造是不可能彻底完成的。在语言语法化和逻辑化的基础上，语言继续向着符号化的方向分化和发展，逐步发展出一种数学的或逻辑的符号体系。语言的符号化，同样是为着表达思维和理智目的而进行的。在科林伍德看来，符号体系既是语言又不是语言。说它不是语言，因为它是被用来为纯科学的目的服务的，说它是语言是因为这种符号体系一旦被人掌握，"它就重新获得了专门化语言的情感表现力"③。也就是说，在科林伍德看来，符号化的语言即使已经离原始的语言已经很远了，但从不会失去其情感表现的能力，而且还有利于表现一种专门

---

① ［英］罗宾·乔治·科林伍德：《艺术原理》，王至元、陈中华译，中国社会科学出版社1985年版，第264页。
② ［英］罗宾·乔治·科林伍德：《艺术原理》，王至元、陈中华译，中国社会科学出版社1985年版，第265页。
③ ［英］罗宾·乔治·科林伍德：《艺术原理》，王至元、陈中华译，中国社会科学出版社1985年版，第274页。

化的理智情感。

科林伍德关于语法学家、逻辑学家或符号学家不理解语言和不发现任何事实真理的看法无疑是偏颇的，但其认为语法学家、逻辑学家或符号学家的职责是将语言转变为适合表达思维状态的看法却很有见地。即使我们不能说语法学家、逻辑学家或符号学家的目的和职责只在这个上面，但起码可以说，语法学家、逻辑学家或符号学家的工作有利于语言实现其思维表达的功能。而根据科林伍德的表现理论，有利于表达思维，才有利于表达思维和思维者特有的情感。因此，即使根据科林伍德的表现理论，语法学家、逻辑学家或符号学家的工作也是有益的。不仅如此，科林伍德认为，和原始的想象性的语言相比，理智化语言在表现方面也有自己的优势："语言在其原始的想象性形式中可以说具有表现力，但是却没有意义；对于这种语言，我们不能分辨讲话人说的东西和他意指的东西。……语言在其理智化形式中既有表现力又有意义，作为语言它表现了情感，作为符号体系它超出了那种情感而指向思维，而那种情感就是思维所具有的情感负荷。"①

总的来看，对于语言的理智化，在科林伍德的"先抑后扬"中，我们可以看到科林伍德的矛盾心态。不过，与其说这种矛盾是逻辑上的前后不一致，还不如说是那种"看着孩子慢慢长大"式的依依不舍的情感矛盾。最终，科林伍德对于语言的理智化还是给予了充分的肯定："凭借语法的和逻辑的工作语言，进一步转化为科学的符号体系；语言这样进一步的理智化，体现的并不是情感的逐渐枯竭，而是情感逐渐清晰和特殊化。我们并不是离开情感世界而进入了一个枯燥的理性世界之中，而是获得了新的情感和表现它们新的手段。"②

三　语言和情感表现的统一

在论述语言的产生时，科林伍德认为语言是人意识到自己的情感并

---

① ［英］罗宾·乔治·科林伍德：《艺术原理》，王至元、陈中华译，中国社会科学出版社1985年版，第275页。

② ［英］罗宾·乔治·科林伍德：《艺术原理》，王至元、陈中华译，中国社会科学出版社1985年版，第276页。

尝试控制身体动作去表现的产物。在这里，"存在着一种具有两个因素的单一经验"①。两个因素指的是情感和语言，在这种表现活动中首先须有某种特定的情感，这种情感不可能是科林伍德所说的心理情感，而只可能是人意识到并将之转化为观念的情感。其次，必须有一种受身体控制的动作去表现这种情感。说表现是一种"单一经验"，是指表现和情感（观念）在这里是一个不可分割的整体，也就是说，"表现并不是对观念的后思，这两者是不可分割地联合在一起的，以致只有在观念得到表现时才算具有了观念"②。反过来说也成立，就是说当人意识到自己的情感时，他已经表现了自己的情感。在科林伍德看来，这意味着有两种看似矛盾的说法都成立："（1）我们能够用语词表现观念，只是因为我们知道我们所感到的东西；（2）我们知道自己的情感是什么，只是因为我们用语词表现了它们。"③

科林伍德在这里表达的是一种"语言—情感—表现"统一在一起的观念，说得绝对一点就是：语言即（情感）表现，（情感）表现即语言。实际上，科林伍德也明确说过类似的话。如在论述语言的本质时，他表达了语言就是表现的观点，而在论述表现时他说："情感的表现似乎并不是给已经存在的情感量体裁衣，而是一种缺了它情感经验就不能存在的活动。去掉了语言，你也就去掉了它所表现的东西，剩下的就只是单纯心理水平上未加工的感觉了。"④

如上所说，科林伍德认为语言和情感表现是统一的，没有语言就没有情感。但不同的文明却发展出不同的语言，基于人声的语言有英语、法语、德语、汉语等，还有基于其他媒介的绘画、音乐、舞蹈等语言形式，而且这些语言形式有着不同的民族形式。这便出现了另一些理论问

---

① ［英］罗宾·乔治·科林伍德：《艺术原理》，王至元、陈中华译，中国社会科学出版社1985年版，第256页。
② ［英］罗宾·乔治·科林伍德：《艺术原理》，王至元、陈中华译，中国社会科学出版社1985年版，第256页。
③ ［英］罗宾·乔治·科林伍德：《艺术原理》，王至元、陈中华译，中国社会科学出版社1985年版，第256页。
④ ［英］罗宾·乔治·科林伍德：《艺术原理》，王至元、陈中华译，中国社会科学出版社1985年版，第250—251页。

题：不同的语言可以表现同一种的情感吗？不同种类的情感可以全部由同一种语言表现出来吗？对此，科林伍德是持否定态度的。他说："如果说不存在没有表现出来的情感这种东西，那么也不存在用两种不同的手段来表现同一种情感的方式。"① 科林伍德声言自己的这一论断既适用于不同的有声语言之间（如英语与法语），也适用于有声语言和其他的语言形式之间（如有声语言与音乐），还适用于不同的其他语言形式之间（如绘画和音乐）。

根据以上理论，科林伍德认为某个国家的语言只能表达这个国家人的情感。他说："英国人的语言只能表现英国人的情感，用法语交谈你就必须接受法国人的情感，使用多种语言就是一个情感的变色龙。"② 同样，他还认为用音乐表现的情感不能用有声语言来表现，用绘画表现的情感不能用音乐来表现，等等。因此，在科林伍德看来，如果一个人掌握了一种语言而非另一种语言，那么他就会只知道自己身上有能由这种语言表现的情感，而不知道自己身上存有的另一种情感。那些他不知道的情感，对他而言，"只会是单纯的、不能主宰又不能控制的粗野情感……它们不是在他的自我忽视的黑暗中被隐蔽起来了，就是以他既不能控制也不能理解的激情风暴的形态向他突然袭来"③。所以科林伍德认为，一种文明如果只有一种有声语言，那么这种文明除了有声语言能表达的东西以外，对于其他值得表现的东西就一无所知了。从这一点或可看出科林伍德为什么会认为有声语言不一定是最好的和最适合表现的语言，他可能是要为别的种类的"弱势"语言的存在和发展提供理论依据。

语言与语言之间确实如科林伍德所说，存在着"表现"的隔阂。各国之间文学作品的翻译之难，以及不同媒介艺术之间的"改编"之难也都说明了这个问题的存在。但语言与语言之间的隔阂和表现的差异却不

---

① ［英］罗宾·乔治·科林伍德：《艺术原理》，王至元、陈中华译，中国社会科学出版社1985年版，第251页。
② ［英］罗宾·乔治·科林伍德：《艺术原理》，王至元、陈中华译，中国社会科学出版社1985年版，第252页。
③ ［英］罗宾·乔治·科林伍德：《艺术原理》，王至元、陈中华译，中国社会科学出版社1985年版，第252页。

如科林伍德所说的那么绝对。实际上，艺术作品之间的各种翻译、改编现象不仅大量存在，而且也不乏优秀的翻译和改编作品。而语言与语言之间表现的隔阂不仅仅是语言本身的问题，还有历史、文化等非语言因素介入其中。真实的情况可能是历史、文化因素影响着语言在表现上的沟通，而语言上的隔阂也增加了历史、文化上的差异。不过，对于个体或某一团体而言，尽可能地掌握多种语言（各种不同的有声语言和各种不同媒介的语言）确实有利于个体或团体表现并反思自己的情感，也有利于提高个体或某个团体的艺术与文化上的修养和创造力。

四　统一于语言的艺术

在其"想象论"（《精神镜像：或知识地图》及《艺术原理》的第七章至第十章）中，科林伍德认为艺术就是想象；在其"表现论"（《艺术原理》的第二章至第六章）中，科林伍德得出了艺术即表现的结论；而在他的"语言论"（《艺术原理》第十一章）中，科林伍德又进一步认为想象和情感表现统一于语言之中。不仅如此，在科林伍德看来，没有语言也就无所谓想象和表现。所以，想象性和表现性乃是语言的充分必要条件，也就是说，在科林伍德的理解中，语言不仅必然是想象性和表现性的，而且具有想象性的和表现性的事物就必然是语言。也正因为如此，科林伍德认为艺术必然是想象、（情感）表现和语言的统一。他说："如果艺术具有表现性和想象性两个特征，它必然是一类什么东西呢？答案是：'艺术必然是语言。'"[①]

本章小结

科林伍德认为"语言"起源于人的"情感表现"的需求和本能。正是在人的情感表现的需求中，在"想象"的作用下才产生了"语言"。因此，科林伍德将想象性和表现性看作语言的本质特征，认为"语言是一

[①] ［英］罗宾·乔治·科林伍德：《艺术原理》，王至元、陈中华译，中国社会科学出版社1985年版，第279页。

种想象性活动，它的功能在于表现情感"①。虽然为了适应情感表达及理智化的需求，语言还会继续发展、分化并持续地修正自己，但即使在后来语言高度分化为"符号"与"逻辑"等思维用语时，语言也始终不会丧失这两个本质特征。相反，由于"语言"的分化，"语言"本身不仅得到了发展，而且由于分化后的"语言"更适合表现思维和思想，"语言"也变得更适合表现基于思维和思想而产生的情感。

需要强调的是，科林伍德所说的"语言"是包括有声语言在内的广义的语言，类似于后世所说的符号。这是因为，在科林伍德看来，语言本质上是表现某些情感的身体动作和姿势，而有声语言则只是身体动作和姿势的一种。根据科林伍德的理解，舞蹈、绘画、音乐等动作体系都可以划入"语言"之中。于是，在科林伍德的美学思想和艺术理论中，"语言""表现""想象"和"情感"便成为一个不可分割的整体，并和一切艺术形式勾连起来。

---

① ［英］罗宾·乔治·科林伍德：《艺术原理》，王至元、陈中华译，中国社会科学出版社1985年版，第232页。

第 六 章

基于想象、表现和语言的艺术论

前期科林伍德主要从想象的视角来看待艺术，并将想象和认知（真理）联系起来一起考察；后期科林伍德则分别从想象、表现和语言的角度来论述艺术，并主要围绕情感阐述其相关主张。本章主要是想从一个总体视角——将想象、认知（真理）、表现、情感和语言五个方面联合起来——来看待科林伍德美学和艺术理论与相关重要问题及其对之前一些结论的修正，使科林伍德的美学和艺术理论能够呈现出一个总体的风貌。

第一节 真假与好坏艺术

艺术是什么？什么不是艺术？什么样的艺术品是好的艺术品？什么样的艺术品是坏的艺术品？这四个问题是美学和艺术理论的核心问题。科林伍德也经常在他的想象论、表现论及语言论中谈及这些问题，但囿于具体的论说任务，这些论述往往显得较为分散。为了从整体上把握科林伍德美学和艺术理论的核心思想，本书将在联系科林伍德相关理论的基础上，将这四个问题放在一节之中详加总结和讨论。

一 真正的艺术与名不副实的艺术

如上所述，在论述的不同阶段，科林伍德曾给艺术下过不同的定义：在他的"想象论"中，科林伍德认为艺术就是纯粹的想象；在"表现论"中，科林伍德认为艺术就是对情感的表现；但在"语言论"中，科林伍德将想象、表现和语言统一起来，认为艺术就是三者的统一。基于这个统一论,科林伍德给艺术下了一个最终的定义:"审美经验或者艺术活动,是表现一个人情感的经验,而表现它们的活动,就是一般被称为语言或艺术的那种总体想象性活动,这就是真正的艺术。"①

根据科林伍德的看法,在这个定义中,表现(情感)、想象和语言都是真正的艺术与非艺术的区别性特征。但科林伍德所说的"想象"和"语言"作为区别性特征还得再和通常意义上的想象和语言进行区别,而且语言和想象只是在其表现(情感)的方式上才具有区别性特征,因此最终还得归结到表现(情感)上。所以,为了删繁就简,这里只就表现(情感)作为艺术与非艺术的区别性特征来谈谈科林伍德的区分。需要强调的是,科林伍德用更多篇幅谈的是真正的艺术与名不副实的艺术之间的区分,而所谓名不副实的艺术是指那些不是艺术但通常被人误当作艺术的东西。由于名不副实的艺术更具迷惑性,所以科林伍德将区分的重点放在了真正的艺术和名不副实的艺术上。而也正因为这两者之间的区分比艺术与非艺术之间的区分更具难度,如果前两者区分开了,后两者之间的区分也就明了了。

在其"表现论"中,科林伍德将艺术的(情感)表现大致描述为这样一个过程:某人首先具有一定的心理情感,然后靠着意识的作用,将之转化为想象性的意识情感,进而通过语言行为将之表现出来。在这个表现的过程中有两点值得注意:其一,某种情感的存在必须先于表现它的活动;其二,这种先于表现活动的情感只是一种朦胧(不清晰)的情感,在得到(语言)表现之后才可能以清晰形态存在。这两点成为科林伍德区分真正的艺术与名不副实的艺术的关键所在。

如果说某种情感在表现之前并不存在,那么就不会有后来的表现活动,也就不会产生真正的艺术作品。但这并不意味着不会产生非艺术或名不副实的艺术性的作品。如科林伍德之前谈到的,在作为名不副实的艺术的娱乐艺术和巫术艺术中就可能出现这种情况。也就是说,作者可能并不具有某种真实的或真诚的情感,但他可能掌握了在观众身上激起

---

① [英]罗宾·乔治·科林伍德:《艺术原理》,王至元、陈中华译,中国社会科学出版社1985年版,第281页。

（唤起）某种情感的手段或技术，通过这种手段或技术，他制作或设计了某种产品，这种产品可以通过激发（唤起）读者、观众的情感而实现作者的某种目的。就是根据目的的不同，科林伍德将伪艺术分为娱乐艺术和巫术艺术。娱乐艺术在科林伍德看来是为了享受这种情感本身，但这是针对读者和观众而言的，对于作者来说可能还有别的目的，如通过娱乐艺术的消费，作者可以获得金钱和名声上的回报等；巫术艺术在科林伍德看来是为了将情感导向实际生活，如某种政治思想的宣传、鼓吹战争的艺术等。在这两种名不副实的艺术中，作者和读者或观众的关系被科林伍德比喻为医生和患者的关系，而那所谓的作品只是某种药品而已。

如果说某种情感在"转化"为某种作品之前不仅已经存在，而且已经被作者清晰地意识到了，那么根据科林伍德的表现理论，这种情感就是已经得到表现了（虽然可能并没有作为表现的副产品的艺术作品的出现）。那么，他将这种已得到表现的情感转化为作品的动力就不再是表现（即用语言探索自己的情感），而只可能是某种非表现（即非艺术）的目的。这种目的可能是娱乐的，也可能是巫术的，从而这种作品也只可能是名不副实的艺术作品。

当然，这并不是说名不副实的艺术就一定是坏东西，科林伍德是说娱乐艺术和巫术艺术不是低层次意义上的差的或坏的艺术，而根本就不是艺术。实际上，在对待娱乐艺术和巫术艺术上，科林伍德的态度是不尽相同的。对待娱乐艺术，科林伍德基本上持否定态度，就如本书已经谈到过的，在科林伍德看来，娱乐艺术的兴盛不仅可以让一个人不思进取，甚至可以让一个国家或社会走向衰亡。而对于巫术艺术，科林伍德的评价要高得多，他甚至认为巫术艺术是每个社会走向兴盛必须拥有的东西。有一段话可以直接反映出科林伍德对待两者的不同态度："我竭力主张巫术是每个社会都必须具有的东西，而在一个因为娱乐而腐朽的文明之中，我们生产的巫术越多越好。如果我们谈到当代世界的道德复兴，我将要强调精心创造出一个巫术体系，运用戏院或文学专业一类的东西作为它的工具,作为达到上述目标的一个必不可少的手段。"① 虽然如此,科林伍德仍然认为巫术艺术不是艺术,而且也不可能转化发展为艺术。

科林伍德对艺术与非艺术的区分在他自己的理论中可能是自洽的,但仍然留给了我们一些理论或者实践上的难题。一个没有过相关情感体验的人如何运用技术和调动相关手段来刺激别人产生某种情感呢?一个清晰意识到自己情感的人,难道仅仅因为出自非表现的动机就会使自己的作品丧失表现性吗?还有,如果我们无从判断作者的创作动机,仅仅根据作品本身,又如何在唤起情感和表现情感之间做出区分,进而判断某件作品是不是艺术品呢?对于这些问题,科林伍德都没有给予必要的解释。

二 好的艺术与坏的艺术

判断一件事物的好坏,在科林伍德看来,就是判断此事物的"成功"或者"失败"。而判断一事物的"成功"与"失败",科林伍德给出了可能存在的两种不同的依据:一是判断可以依据事物和判断者的关系做出,如一场雷雨对于收成的好坏等,这里所谓"成功"与"失败"是指向判断者自身的;二是判断还可以依据事物本身做出,也就是说,事物的好坏可以从它是否成功地获得了它们所属种类的特性来看,比如长臂对于猴子的好坏等,这里的"成功"与"失败"是指向事物自身的。但科林伍德并没有运用这两者中的任何一个来判断艺术作品的好坏,实际上,科林伍德用以判断艺术作品好坏的依据应该是第三种。当然,对于第三种依据,科林伍德并没有直接给出,而是笔者根据他的理论总结出来的,即判断还可能根据一事物和它的创造者的关系做出,即事物的好坏要看它是否实现了创造者的目的,如药品的好坏要看它能否医治疾病等,这里事物的好坏是指向创造者及其目的的。

艺术在科林伍德看来是人表现自己情感的活动,人则是活动"创造者",因此,判断这一活动及其副产品(亦即艺术品)的好坏,就只能根

---

① [英]罗宾·乔治·科林伍德:《艺术原理》,王至元、陈中华译,中国社会科学出版社1985年版,第285页。

据它（活动及其副产品）本身是否实现了"创造者"的目的（即表现），实现了表现情感的目的的表现活动及其产品就是好的艺术，没有实现这个目的的活动及其产品便是坏的艺术。这便是科林伍德的判断原则和标准。不过，这里仍有一个难以自洽的难题，即没有实现表现目的的艺术为什么不是"非艺术"而是"坏艺术"呢？对此，科林伍德将之归结到"创造者"的主观意图上。他说："一件坏的艺术作品是一种活动，创作者在这种活动中试图表现一个特定的情感，但是却失败了。……在名不符实的艺术中，并没有表现的企图，有的只是另有所为的企图（不论其成功与否）。"①

表现一种情感在科林伍德的理论中就等同于意识到一种情感，而表现的失败也就意味着意识到情感的失败。但意识的失败并不意味着一个人在试图表现自己的事情上什么也没有做（像在名不副实的艺术中那样），而是在这个事情上他做错了，变得不再是表现情感，而是"躲避情感，或者是搪塞情感，即或者假装说他感觉到的情感并不是那种东西而是一个不同的东西，或者假装说感受情感的人并不是他自己而是某个其他人……从而把情感向自己隐瞒起来"②。这种意识的失败，不可能发生在无意识领域，因为某种程度的回避和假装本身就需要意识，也不可能发生在意识领域，没有人可以真正地欺骗自己。在科林伍德看来，"它发生在区分心理水平经验和意识水平经验的界限上。它是活动进行得不正常的状态，而这种活动是把单纯心理的东西（印象）转化成为意识到的东西（观念）"③。也就是说，意识的失败就是没有做到将心理情感转化为意识情感。如果将这种情况和科林伍德的"想象论"联系起来看的话，就可以知道，意识的失败就是科林伍德在"想象论"中谈到的"意识的腐化"。

---

① ［英］罗宾·乔治·科林伍德：《艺术原理》，王至元、陈中华译，中国社会科学出版社1985年版，第288页。
② ［英］罗宾·乔治·科林伍德：《艺术原理》，王至元、陈中华译，中国社会科学出版社1985年版，第289页。
③ ［英］罗宾·乔治·科林伍德：《艺术原理》，王至元、陈中华译，中国社会科学出版社1985年版，第289页。

正是意识的腐化使得一个人不能正常地表现自己的情感，同时也使得他在意识腐化之时不能得知他是否表现了自己的真实情感。所以，一个人在意识腐化之时创造的作品便是坏的艺术作品，此时他也是一个坏的艺术家。那么，作为艺术家的他能否判断自己作品的好坏呢？当他的意识腐化时，他无法做出判断。不过，一个正常人的意识不可能完全腐化，也不可能时时腐化，"意识的腐化总是某种活动中部分和暂时的失误"[①]。因此，一个艺术家在意识不腐化的时候，他可以通过与成功表现自己的作品的比较、对自己意识腐化时的反思等多种方法来判断自己当时意识有没有腐化以及创作的作品是不是好的艺术品。另外，在科林伍德看来，读者和观众在阅读艺术作品时，也是在表现自己的情感。所以依据科林伍德的这一理论可以推出，读者和观众也能够依据上述方法来判断一件艺术品的好坏。

在科林伍德看来，意识的腐化不是存在少数艺术家身上的事，而是每个艺术家在其创作生涯当中都会经常遭遇的事情，因此它对艺术家和艺术的危害是普遍的。另外，意识的腐化不仅会存在艺术家身上，每个普通人都会发生这样那样的意识腐化的病症。所以，对于我们每个人而言，抵抗意识的腐化也很重要。

这种危害不会仅仅停留在情感领域，它还会通过情感和感觉进入理智的领域。这是因为根据科林伍德的"想象论"，理智（思维）工作的对象便是意识"加工"过的感觉、情感本身，换言之，理智的对象在科林伍德看来不是纯粹的物理事物或事实本身，而是经由想象被意识化的对物理事物或事实的感觉或情感。也就是说，理智据以建造思想组织的材料，在科林伍德看来是由意识所提供的。所以，意识的腐化不仅仅意味着情感的不真实，它还意味着给理智提供的基础也是不真实的。正因为如此，科林伍德才说："一种真诚的意识为理智的建造提供一个坚固的基础，而一种腐化的意识强迫理智在流沙上进行建造。"[②] 而且，因为意识

---

① [英]罗宾·乔治·科林伍德：《艺术原理》，王至元、陈中华译，中国社会科学出版社1985年版，第290页。
② [英]罗宾·乔治·科林伍德：《艺术原理》，王至元、陈中华译，中国社会科学出版社1985年版，第291页。

提供给理智的东西，对理智而言是基础性的东西，所以在科林伍德看来，如果意识腐化了，那么它带给理智的错误无法靠理智本身进行修正。

正因为如此，在科林伍德看来，意识的腐化后果极其恶劣：对于一个国家和民族而言，"在意识腐化的情况下，真理的源泉被污染了，理智不能建造任何可靠的东西，道德理想成了空中楼阁。政治和经济制度都不过是一些蜘蛛网，甚至通常的神志清醒和身体健康都再也没有保障了"[1]；对于个人而言，意识的腐化"可以生出任何种类的邪恶，任何种类的精神疾病，任何种类的愚笨、蠢事和精神错乱"[2]。正因为如此，科林伍德把意识的腐化看作"万恶之源"，而意识的腐化，就等同于坏的艺术。可见科林伍德是如何地重视艺术的作用（好的或坏的），实际上这个观点和他前期以"想象论"来看待艺术是一致的。在他前期的"想象论"中，科林伍德就认为艺术是认知的基础，而后期他又通过想象论和表现论的结合强调了这一结论。

不过，虽然科林伍德给予了艺术（在人类生活中）以至关重要的地位和作用，但他并没有因此过分夸大"艺术家"的作用，这是因为在科林伍德的理解中（如前边科林伍德在表现论中曾试图抹平艺术家和普通人的差距），艺术家和普通人不是截然分开的种类。在科林伍德看来，每个使用语言表现自己情感的人（包括他在阅读或观看时）都在一定意义上是位艺术家，因此，"我们每一个人所作的每一次讲话和每一个姿势都是一个艺术作品"[3]。所以，抵抗意识的腐化，在科林伍德看来是每一个使用语言的人的责任，反过来说，也只有所有人一起努力，意识的腐化才可能被有效地抵制。

---

[1] [英] 罗宾·乔治·科林伍德：《艺术原理》，王至元、陈中华译，中国社会科学出版社1985年版，第291页。

[2] [英] 罗宾·乔治·科林伍德：《艺术原理》，王至元、陈中华译，中国社会科学出版社1985年版，第291页。

[3] [英] 罗宾·乔治·科林伍德：《艺术原理》，王至元、陈中华译，中国社会科学出版社1985年版，第291页。

第二节 艺术与认知及艺术的实践性

一 艺术与假设性或推测性认知

在科林伍德的美学中,科林伍德经常用一些不同的词来说明艺术与认知的关系,如真理(truth)、思维(thought)、理智(intellect)等,而且在不同的语境中,这些词又有着不尽相同的含义,因此没有办法将其含义进行固定(实际上科林伍德也没有试图这么做)。不过,总的来看,这些词都和认知相关。因此,为了论述的方便,我们将科林伍德对艺术和真理、思维、理智等关系的论述,都归结到艺术与认知的关系之下。

科林伍德自始至终都很关注艺术和认知的关系,不过在他早期和后期的美学中,他对艺术和认知关系的表述并不一致,这和他对艺术的看法的改变有关。在其早期的美学中,他将艺术看作纯粹的想象,而想象在他看来是一种非断言、非逻辑的"推测"(也可理解为一种有现实根据的假设、猜想或提问),如此艺术便和一种假设性的(猜想性的)、非断言、非论证式的认知联系了起来。也是在这个意义上,早期科林伍德将艺术中的想象和科学家的设想与假设相提并论,并将艺术看作人类精神的根基、土壤和温床,因为任何成熟的认知必然起源于假设与提问。科林伍德在其后期美学中回顾这一观点时说:"按照这种观点,艺术的任务就是建造种种可能的世界,其中有的世界以后将由思维发现它们是真实的,或者行动将使它们成为真实的。"①

后期科林伍德美学除了继续坚持艺术是想象之外,同时又认为艺术是情感的表现,不过,原来的想象理论被科林伍德通过一种心理学的方式改造成有关意识的相关理论,即在后期科林伍德美学中,想象是对情感(包括感觉)的意识。但科林伍德认为其早期想象论中对艺术和认知关系的看法仍然可以和其后期表现论美学相兼容,这是因为在他看来,情感的表现离不开想象的构造。对此他说:"一种表现一个特定情感的想

---

① [英]罗宾·乔治·科林伍德:《艺术原理》,王至元、陈中华译,中国社会科学出版社1985年版,第292页。

象的构造，不仅仅是可能的，而且也是必然的。它是那个情感所必需的，因为它是唯一可以表现那个情感的构造。"① 不过，对于为什么情感的表现必须具有一个包含认知的想象性构造，科林伍德没有给予更多的解释。

二 艺术与对个别事物的认知及理智型认知

不仅如此，在科林伍德后期美学的想象论和表现论中，还可以从其他两个方面考虑艺术和认知的关系。首先，和认知有关的方面是科林伍德在想象论中关于"意识"的论述。意识在科林伍德看来已经是思维的一种形式（虽然不是一种论证或推理的思维形式），因此，包含意识的艺术必然不会对真理漠不关心，它必然力图叙述真理，因此在一件好的艺术作品中，"艺术价值和它的真理性是同一回事"②。不过，由于意识常常只是对个别事实的意识，而不是对事实与事实之间关系的意识，因此艺术追求的真理，从这个层面看，只能是关于个别事实的真理。

如果说从其"想象论"中的意识的方面看，艺术只涉及个别事实的认知的话，那么从其"表现论"中的理智情感上看，艺术还可以涉及关系型的认知，即理智型的认知。如前所说，在他的"表现论"中，科林伍德认为艺术家如果要表现某种理智型的情感，得有两个前提：第一，他必须具有此类情感，这也意味着他懂得某种理智型的内容；第二，他必须运用理智型的语言来表现这种情感。其实，这两个前提还暗含着一个必要条件，即艺术家如果要表现某种理智型情感，那么他也不得不表达这种理智型的内容本身。对于这一点，科林伍德也做了强调。他说："诗人把人类体验转化成为诗歌，并不是首先净化体验，去掉理智因素，然后再表现这一剩余部分；而是把思维本身融合在情感之中，即以某种方式进行思维，然后再表现出用这种方式进行思维是怎样一种感受。"③

---

① ［英］罗宾·乔治·科林伍德：《艺术原理》，王至元、陈中华译，中国社会科学出版社1985年版，第293页。

② ［英］罗宾·乔治·科林伍德：《艺术原理》，王至元、陈中华译，中国社会科学出版社1985年版，第293页。

③ ［英］罗宾·乔治·科林伍德：《艺术原理》，王至元、陈中华译，中国社会科学出版社1985年版，第301页。

对于这一点,科林伍德还以莎士比亚的《罗密欧与朱丽叶》、但丁的《神曲》等文学著作进行了说明。在科林伍德看来,莎士比亚要想将《罗密欧与朱丽叶》中的悲剧性的情感表现出来,就不得不同时表达出属于理智型认知的"复杂的社会和政治情势",因为"表现在这些戏剧中的情感出自于这样一种情势,除非对这种情势加以理智上的把握,否则这种情势就不能够产生出这些情感"①。但丁的《神曲》更能体现科林伍德的上述思想。在科林伍德看来,如若但丁没有在《神曲》中融入托马斯的哲学,他便不可能表现出一个托马斯主义信奉者拥有的相关情感。

三 艺术与哲学、历史及科学的区别

但是这样的观点势必引出另一理论难题,那就是如果艺术也表达思想或者理智的话,艺术作品和哲学、科学等著作有什么区别?其他理论家通常从语言、思维方式、表现方式、表现内容等方面进行区别,科林伍德则认为这些区别都是无效的。从语言上看,一切语言都表现情感,而艺术家也同样运用理智语言。从思维方式上看,艺术家也分享哲学家们的思维方式,并在诗歌中表现它们。此外,有的理论家认为艺术家以虚构的方式进行表现,对此科林伍德在其想象论中就给予了驳斥。至于表现内容,艺术家也表达理智,哲学家、科学家也表现情感。科林伍德曾试图从思维的静态与动态两个方面做出区分。在他看来,诗人在其著作中表达的思维是静态的,就是说他掌握了某种思维方式和结果,就在其著作中表达了这种思维及其伴随的情感,而哲学家的思维是动态的,亦即他在哲学著作中表现的情感不是由思维的结果带来的(在科林伍德看来,哲学家根本不追求思维的结果,只追求更好的思维),而只是由思维的过程带来的。

这种区分的错误是不值得批驳的,科林伍德也很快就放弃了这个区分的方法,甚至最后他干脆放弃了将艺术和哲学、科学进行区分。他说:

---

① [英]罗宾·乔治·科林伍德:《艺术原理》,王至元、陈中华译,中国社会科学出版社1985年版,第301页。

哲学写作（并且我说的话同样适用于历史写作和科学写作）与诗歌或艺术写作之间的区别，要么完全是幻觉，要么只适用于坏的哲学写作和好的诗歌之间的区别，或者坏的诗歌写作与好的哲学写作之间的区别，或者坏的哲学写作与坏的诗歌写作之间的区别。好的哲学与好的诗歌并非两种不同的写作，而是同一种写作；两者都是好的写作。只要两者都是好的，就风格与文字形式而论，两者就殊途同归了；而且在两者都达到它应有的优秀水平的有限场合，两者之间的区别也就是消失了。

　　……不可能有非艺术写作这种事情，除非这仅仅指的是坏的写作；也不可能有艺术的写作这种事情，有的只是写作而已。①

　　至此，科林伍德以情感表现探讨艺术的特性始，却以放弃艺术和哲学、历史及科学的区别终。从科林伍德认识到艺术中可以而且有必要包含概念性的认知（理智）而言，他超越了克罗齐，不过他和克罗齐一样，没有能够找到情感与思想的原发联结处，仍然是在人心灵的结构图式中去寻找，所以他也没有能处理好两者在艺术中的关系。其实，艺术和非艺术的区别不在于表现情感还是思维，而在于情感和思维在艺术中的存在及结构方式。

　　另外，艺术和非艺术的边界或许是存在的，但永远不会是泾渭分明的一条线，这边是艺术，那边是非艺术。因此，一个试图找寻这条线，并想将这条线作为边界的人，最后只能放弃边界本身。实际上，艺术边界的问题，直到现在也仍远未达成共识，所以也不应该就这个问题的失败来苛责科林伍德。不过他关于艺术与情感及认知关系的看法仍然值得继续探讨。

　　综上所述，科林伍德认为艺术涉及的认知主要有三种，即关于真理的某种假设或猜测，关于个别事物的非推理、非论证的认知，以及一般的理智认识，但科林伍德没有说明所有的艺术都包含这三种认知还是某

---

① ［英］罗宾·乔治·科林伍德：《艺术原理》，王至元、陈中华译，中国社会科学出版社1985年版，第304—305页。

种艺术只包含其中的一种或两种。而且，科林伍德在论述艺术中理智认识的时候，主要以文学为依据，对于其他艺术是否适用于这种情况，也没有予以说明。如果说每种艺术都包含着一定量和一定程度的对事物的认知，这大概没人会反对，但如果认为所有的艺术类型都包含着理智型的认识，便可能会引发争议。因为我们很难说一些抒情的无词音乐或一些风景画能在多大程度上表现了科林伍德所说的理智型的认知。

四 艺术与实践

在其前期"想象论"中，科林伍德认为艺术既是理论的又是实践的：作为想象的世界，它是某种理论性的东西；作为追求美的一种活动，它是实践性的东西。对于这一观点，他一直坚持到了最后。从理论上说，艺术家在他的活动中认识自己，认识自己的情感、形象、声音等一切构成他的"总体性想象经验"的东西。但这种有关自我的认识，在科林伍德看来，同时也是对于自我的一种创造："起初他是单纯的心灵，是单纯心理经验或印象的所有者。逐渐认识自己的活动，就是把他的印象转化为观念，并把自己从单纯心灵转变成为意识的活动。逐渐认识到他的情感就是逐渐支配它们，逐渐肯定他是自己情感的主人。"①

在这个层面上，科林伍德认为艺术家已经朝着道德生活迈入了重要的一步，而艺术也开始和道德有了某种关联。诚然，根据科林伍德的"表现论"，出于改善道德或者提倡某种道德的目的而创作的作品，必然不是真正的艺术作品，而只能是一种名不副实的艺术——巫术。但在科林伍德的理解中，这并不意味着艺术与道德无关，因为情感和认识都在某种程度上和道德有着密切的联系。如果艺术和道德有着关联，这也意味着艺术有着实践性，这是因为道德本身在科林伍德看来也既是理论性的（对道德的认识），也是实践性的（道德认识必然改变或者促成自己的道德实践，从而改变自身及和自身相关的世界）。

如上所言，科林伍德认为艺术家对自己的认识意味着对自己的创造，

---

① [英] 罗宾·乔治·科林伍德：《艺术原理》，王至元、陈中华译，中国社会科学出版社1985年版，第298页。

同理,"他对这个新世界的认识,也就是对他正在逐渐认识的这个世界的创造"①。科林伍德之所以这么说,在于他对世界的看法,世界在其看来不是远离人的一种客观存在,而是人的某种创造物。如果借用卡西尔(Ernst Cassirer)的观点来说,这个世界就是符号的世界,而在这个符号世界的创造活动中,艺术也是一种重要的力量。实际上,科林伍德确实表达了类似于后来卡西尔及苏珊·朗格(Susanne K. Langer)的某种主张。他说:"他已经逐渐认识到的这个世界是一个由语言构成的世界,在这个世界中每一个事物都具有表现情感的特性。就这个世界这样具有表现力或具有意义而言,那正是由他使它成为这样的。"②科林伍德这段话的意思并不是说这个世界天然是由语言构成的,而是说这个世界上的事物之所以在我们看来有意义或者说具有某种程度的表现力,乃是由包括艺术在内的人的创造活动所赋予的。这样来看的话,艺术确实在某种程度上创造并改变着世界,而就此则可以说艺术也是实践性的。

基于艺术或者审美经验既是关于人和世界的认识,又是人对自己和所处世界的创造,科林伍德继续坚持了他在想象论中就阐明的看法,即艺术既是理论性的又是实践性的。对此,科林伍德总结道:"审美经验是对一个人自己以及对他的世界的认识……也是对一个人的自我和他的世界的创造,原来是心灵的这个自我,在意识的形态中被重新创造了;而本来是未加工的感受物的这个世界,则在语言的形态中被重新创造了,或者说被转变为想象性的并且携带情感意义负荷的感受物了。"③

第三节 艺术创造及其与社会的关系

在其早期"想象论"中,科林伍德将艺术看作纯粹的想象,一种无

---

① [英]罗宾·乔治·科林伍德:《艺术原理》,王至元、陈中华译,中国社会科学出版社1985年版,第298页。
② [英]罗宾·乔治·科林伍德:《艺术原理》,王至元、陈中华译,中国社会科学出版社1985年版,第298页。
③ [英]罗宾·乔治·科林伍德:《艺术原理》,王至元、陈中华译,中国社会科学出版社1985年版,第298—299页。

法或者拒绝与他者进行交流的想象。据此，他提出了"单子"的艺术论，即每件艺术品都是一个没有窗户、自行其是的"单子"，而艺术世界就是一个彼此隔绝、不能交流的单子的世界。但在后期的"想象论"和"表现论"中，科林伍德渐渐放弃了这一看法，转而开始强调艺术的社会性和社会功用。不过，他对这一点的强调并没有脱离他的"想象论"和"表现论"，而是由他的"想象论"和"表现论"所引申出来的。由想象、表现到创造，由创造到与社会发生种种关系，科林伍德建立了系统的美学和艺术理论。

一 创作与想象及表现的关系

按照科林伍德的"表现论"，艺术就是对人的情感进行表现的活动，因此艺术似乎不需要成为任何可感知的或有形体的东西。虽然表现活动需要用"语言"来进行，但在科林伍德的语境中，这也不意味着艺术家需要将语言转化为可听的声音或者可见的文字，这一切在作家的"想象"中就可以完成了。而且，科林伍德还反对以表现给读者或观众为目的进行创作，因为在他看来，这可能损害他的情感表现。因此，在其"表现论"中，科林伍德将作者和读者或观众的关系比喻为说话者和偷听者的关系，因为"是否有什么人在偷听他说话并不能改变这样的事实：他表现了他的情感，并且完成了作品，凭借作品他就成了一个艺术家"[①]。

既然艺术家在自己的"想象"中就可以完成这一情感表现活动，那么他为何又要费劲地将之外化（externalization）从而和读者或观众发生某种联系呢？这就涉及艺术的"创作"动机问题。对此，以克罗齐为代表的许多美学家倾向于认为艺术家之所以这么做，是在审美（艺术）动机之外还有着另一个（或多个）非审美的（非艺术的）动机。比如，他这么做有可能出于社会责任感，即他可能希望别人分享他的有价值的情感或经验，他也有可能是需要通过艺术创作来谋生，等等。这种主张可以将艺术创作概括为如下一个过程：艺术家首先只在审美动机的促使下在

[①] ［英］罗宾·乔治·科林伍德：《艺术原理》，王至元、陈中华译，中国社会科学出版社1985年版，第307页。

头脑中完成了表现活动，而后出于其他非审美的动机，艺术家将之前的表现活动外化为艺术作品。

表面上看，上述有关艺术创作的动机论理论和科林伍德表现论并没有矛盾或冲突，但科林伍德认为上述理论并不符合其"表现论"的主旨。而且，在科林伍德看来，上述观点只是艺术技巧论的遗留，艺术家在这种观点下已经蜕变成审美经验的传教士或者售货商；他们所传授或出卖的东西根本不是审美经验，而只能是着色的画布或雕刻的石头等，而这些东西之所以能被接受是因为人们假定它们具有在观众身上唤起某种审美经验或情感的力量。当然，这并不是说艺术家创作本身出了问题（伪艺术除外），而是说理论家们的解释出了问题。科林伍德认为理论家在解释上述问题上之所以出了错，是因为他们"采取了两种不同的有关审美经验的理论，一个是对艺术家用的，一个是对观众用的"①。也就是说，这种理论认为，对于艺术家的审美经验来说，外化是不必要的，必要性只是针对艺术家的其他需要或动机而言；而对于观众的审美经验来说，这种外化则又变成必要的。对此科林伍德表示怀疑。他说："如果这种具有形体的可感知的'艺术作品'在艺术家的场合对于审美经验是不必要的，为什么在观众的场合它对于审美经验又是必要的呢？如果它对这一个一点也没有帮助，它又怎么可能对另一个有任何帮助呢？"

当然，对我们来说，这个问题可以这样回答，艺术家可以依靠无形的想象，但观众要想获得艺术家的审美经验，只能依靠艺术家不管出于何种动机创作的有形之物，因为若无媒介，想象本身不可传递。科林伍德没有试图这么来解释，但这并不意味着他不明白这个道理。他之所以忽略了这种解释，是因为他想强调的是另一个方面：在真正的艺术创作中，"外化"并非出自外在需求（非审美动机），而是源于表现的需要（审美动机）。

对此，科林伍德以绘画创作进行了说明。科林伍德认为画家作画的过程并不像普通人认为的那样，画家在观看时发现了某种美丽之物或者

---

① ［英］罗宾·乔治·科林伍德：《艺术原理》，王至元、陈中华译，中国社会科学出版社1985年版，第308页。

说获得了某种审美经验,然后用画笔将这个美丽之物和自己的审美经验呈现给观众(在这里画家比普通人多出的仅仅是绘画的技能)。在科林伍德看来,一个真正的画家之所以"作画",并非让别人欣赏他的审美经验,乃在于只有通过作画,他的审美经验才能得到发展和确认。也就是说,对于真正的画家而言,作画是个继续观看和体验的过程。而且,科林伍德认为画家在进行作画时能看到的东西远远多于他提笔之前所看到和感受到的东西。其实这可以用他的"表现论"进行解释。科林伍德认为一个人用"语言"表现情感的过程其实就是一个人意识(探测)自己情感的过程,只有在一个人的情感得到表现之后,他的情感对他而言才算清晰明了。同样,一个画家拿笔作画的过程也是一个意识(探测)自己审美经验的过程,"一个优秀画家——任何一位优秀画家都会这样对你说——所以画一些东西,是因为要等到他画好之后,他才知道这些东西究竟是什么"①。

在其"表现论"中,科林伍德将"表现"描述为这样一个先后相继的过程:由于某种原因,一个人心里产生了某种情感,但这种情感对他而言是模糊不清的,于是他变得有些压抑或躁动;之后,他试图运用"语言"去意识(探测)自己的情感,情感也慢慢对他变得清晰,他因此获得了某种程度的安宁。这一过程同样也适用于作画,即画家先是通过"观看"获得了某种审美经验,继而通过"作画"来探测这一经验。在这个意义上,作画也是一个继续"观看"的过程。因此,在科林伍德看来,观看与作画在画家的表现中互为条件,"只有画得好的人才能看得好,反过来说,一个人只有看得好才能画得好"②。所以,在科林伍德看来,作画就不是一个在审美经验已经完成之后,出于非审美动机(责任、谋生等)而进行的"外化"活动。当然,根据科林伍德的"表现论",它也不是一种先于审美经验的,用于获得或者创造审美经验的活动。在科林伍德看来,作画本身就是审美经验的一个部分,"是出于某种方式与审美

---

① [英]罗宾·乔治·科林伍德:《艺术原理》,王至元、陈中华译,中国社会科学出版社1985年版,第310页。

② [英]罗宾·乔治·科林伍德:《艺术原理》,王至元、陈中华译,中国社会科学出版社1985年版,第311页。

经验的发展必然相关的一种活动"①。因此，科林伍德认为，除非是伪艺术，所谓的艺术的"外化"问题并不存在，它"存在着两种经验，一种是内在的或想象性的经验，称为观看；一种是外在的或有形体的经验，称为作画，两者在画家中是不可分割的，而且形成了一个单一不可分的经验，一种可以被说成是想象性作画的经验"②。

科林伍德还结合自己的"想象论"对以上的观点进行了解释。根据科林伍德的"想象论"（根据其"表现论"也是这个结论），真正的艺术品不是一种由艺术家制造出来的有形的、可感知的东西，而是艺术家想象的造物——某种只存在于艺术家头脑里的东西。而且，科林伍德强调，这种想象不只是单纯视觉的或听觉的，而是包含多种感觉在内的总体性想象经验。既然如此，那么为什么"创作"（作画、写作等）对于艺术品来说又是必要的呢？为什么"创作"（作画、写作）又比单纯的"观看"（作画、写作之前的审美经验）多出一些东西呢？这就得回顾科林伍德所说的整个的"想象"的过程。

在科林伍德看来，想象的过程就是意识将印象（感觉）转化为观念（想象）的过程，也就是说，"凡是想象性经验都是凭借意识作用而上升到想象水平的感觉经验，或者说，凡是想象性经验都是连带着（对于统一内容的）意识的感觉经验"③。由于审美经验在科林伍德看来就是想象性经验，因此审美经验本身也要以感觉经验为基础，也要以相应的感觉经验为先决条件。当然，这只是逻辑上的先后，而不是时间上的先后。在科林伍德看来，在意识的监督作用下，感觉经验完全可以一出生就变成想象性经验。不过，科林伍德认为，在意识（变形者）、感觉（被变形者）与想象（变形后的结果）三者之间永远存在一种差别，其中感觉经验（艺术家的心理—生理因素）是审美经验的外在因素（虽然不可或

---

① ［英］罗宾·乔治·科林伍德：《艺术原理》，王至元、陈中华译，中国社会科学出版社1985年版，第311页。
② ［英］罗宾·乔治·科林伍德：《艺术原理》，王至元、陈中华译，中国社会科学出版社1985年版，第311页。
③ ［英］罗宾·乔治·科林伍德：《艺术原理》，王至元、陈中华译，中国社会科学出版社1985年版，第313页。

缺），想象性经验是审美经验本身，而意识则是内在于人的想象性能力。虽然经由意识的转化，想象性经验和感觉经验已经有了本质的不同，但由于想象性经验是经由感觉经验而来，因此在科林伍德看来，"感觉中没有的东西想象中也不存在"①。

既然如此，为什么画家在作画时的审美经验要多于其单单"观看"时的审美经验呢？对此科林伍德的解释是："单纯观看中所包含的感觉因素，也必然要比作画时所包含的感觉因素少得多、贫乏得多，在其总体高度组织性方面也差得多"②。对于这多出的感觉，科林伍德没有做出更多说明，但最后得出了这样的结论："他记录在那里的并不是只观看素材却并不画它的那种经验，而是观看素材连同画出素材的整个经验，它比前一种经验要丰富得多，而且在某些方面是非常不同的。"③ 从科林伍德的这个结论中可以看出，他所说的多出的感觉经验大概包括画家作画时手握画笔运动的感觉，触摸和观看颜料时的感觉，等等。这些感觉在画家作画时也一同经由意识变成审美想象性经验本身，并被表现了出来。

这一理论同样也可以应用到其他艺术的创作之中，如此则可得出"写作"比单纯地在头脑中的想象要多出很多东西，谱曲要比单纯在头脑中"听"曲要多出很多东西，等等。如此，科林伍德便将"创作"活动也融入了他的"想象论"和"表现论"之中，并在这一点上补足或超越了克罗齐。此外，科林伍德的这一理论由苏珊·朗格推向另一个极端（苏珊·朗格本并不承认科林伍德影响了她，而是认为所见相同），认为艺术家要表现的情感或感受是在其创作作品时才"创造"出来的，并不先于作品而存在于艺术家的心中。在这一点上，科林伍德和她不同，也因为此，有学者认为苏珊·朗格的理论不是表现论。这个问题这里不再展开，在谈到科林伍德的影响时再论。

---

① ［英］罗宾·乔治·科林伍德：《艺术原理》，王至元、陈中华译，中国社会科学出版社1985年版，第314页。
② ［英］罗宾·乔治·科林伍德：《艺术原理》，王至元、陈中华译，中国社会科学出版社1985年版，第314页。
③ ［英］罗宾·乔治·科林伍德：《艺术原理》，王至元、陈中华译，中国社会科学出版社1985年版，第314页。

科林伍德还将他的上述看法运用到了他的接受理论或者读者理论当中，而且暗示了艺术美和自然美的比较问题。既然艺术家在艺术创作中表现了多于其"观看"时的经验，那么很显然观众在观看此类艺术品时，也就能获得这多出一部分的经验。用科林伍德的话来说就是："观众的这种经验并不再现一个仅仅观看素材的人的那种比较贫乏的经验；它再现的是一个不仅观看素材而且还把它画了下来的人的那种更丰富也更高组织化的经验。"① 因此，按照科林伍德的说法，如果将艺术家的素材和作品同时放到观众眼前，观众也还是在作品中看到得更多。据此科林伍德认为优秀的艺术品呈现给观众的，要比"自然"本身呈现给观众的更多。

二　艺术家与其他社会成员之间的合作

根据科林伍德的"想象论"和"表现论"，艺术创造很容易被误认为是一种可以脱离社会其他成员的活动。科林伍德在其前期想象论美学中确实也有过这样的倾向，但在其后期美学中，他逐渐放弃了这种看法，转而开始从其"想象论"和"表现论"中思考艺术家和社会其他成员之间的关系，并进而批判了传统的"天才论"式的审美个人主义（aesthetic individualism）。传统的审美个人主义倾向于将艺术家们看作不同于普通人的一群人，在这种理论看来，艺术家们拥有独特的人格、独特的情感、特殊的感知能力和非凡的表现能力等。对此，科林伍德在其表现论中已有批判。根据这一种类的理论，某件艺术品便是某个艺术家个人的独特造物（也就是说他是这件艺术品的唯一作者），在其中只表现了属于某位艺术家的情感或感受。

在后期科林伍德看来，艺术创造是艺术家和社会其他成员之间合作的产物。首先，艺术家也是个有限的存在，同其他行业的任何创造者一样，"他所做的每一件事情，都是在与类似他本人的其他人发生的关系中做出来的"②，因此艺术家的创造也必然是在与其他人（比如其他艺术

---

①　[英]罗宾·乔治·科林伍德：《艺术原理》，王至元、陈中华译，中国社会科学出版社1985年版，第315页。

②　[英]罗宾·乔治·科林伍德：《艺术原理》，王至元、陈中华译，中国社会科学出版社1985年版，第323页。

家）合作的关系中进行的。其次，审美活动就是一种"讲话"的活动，而"言语只有在既被说又被听的情况下才是言语"①。从这一观点来看，艺术家至少还需要一个作为倾听者的合作者，这个倾听者不仅仅倾听，而且对艺术家的话进行检验。最后，某些艺术类型如戏剧等还需要作者和演员本人进行合作（在电影等现代艺术形式中，合作者可能会更多）。正是基于如上考虑，科林伍德从三个方面论述了艺术家在创造中和他人之间的合作。

（一）艺术家之间的合作

科林伍德所说的合作并不是艺术家一起创造某件艺术品（虽然这样的情况也存在），而是指艺术家们之间的相互学习、借鉴等。这表现在很多方面，比如一个艺术家可以将其他艺术家的作品作为题材进行改编或重新创造，再如任何一个艺术家都要师法其他艺术家的风格，等等。另外，科林伍德将翻译的文学作品也看作艺术家和翻译者之间的合作。基于如上的考虑，科林伍德认为"艺术家之间的合作向来是一条铁律"②。正是由于看到了艺术家之间合作的重要性，科林伍德认为现代的版权法阻碍了他们之间的合作，因而破坏了艺术家们的艺术创造力，因此建议废除这一法律。当然，这是另外一个问题了，此不赘述。

（二）艺术家与观众（读者）之间的合作

在传统的"天才论"式的美学和艺术理论中，观众或读者只被当作消极的理解者或接受者。但科林伍德认为在艺术的创造中，观众或读者对于艺术家而言不仅是倾听者，而且还是合作者。观众或读者和艺术家合作的关系，表现在两个方面。首先，艺术家是观众或读者的代言人，艺术家"为他们说出他们想说而没有帮助不能说出的那些东西……赋予自己以理解世人的任务，并且这样使世人能够理解自己"③。之所以说艺

---

① ［英］罗宾·乔治·科林伍德：《艺术原理》，王至元、陈中华译，中国社会科学出版社1985年版，第323页。

② ［英］罗宾·乔治·科林伍德：《艺术原理》，王至元、陈中华译，中国社会科学出版社1985年版，第326页。

③ ［英］罗宾·乔治·科林伍德：《艺术原理》，王至元、陈中华译，中国社会科学出版社1985年版，第318页。

术家是观众或读者的代言人,是因为艺术家也总是处于一定的社会关系之中,他的所思所感并非空穴来风,或者说并不单单属于他自己,因此艺术家如果想更好地理解自己的情感,他就得去理解对他而言属于观众或读者的情感。这样一种关系更类似于合作的关系,而不是一种单线传授的关系。其次,艺术家在作品中表现的情感需要观众的认可或检验。当然,艺术家自己可以检验或检查表现的情感是否真实,是否遭受了科林伍德所说的意识的腐化,但这种检验只是一个方面,如果他试图表现的情感不仅仅属于他个人(实际上不可能存在单单属于某个人的情感,情感总是可以共享的),那么读者或观众的接受就是一个有效的检验因素,艺术家可以在这种检验中反思自己的作品和创作。这一点在剧场艺术中体现得尤为明显。一场成功的演出不仅取决于作品的质量、演员的功力,观众也是一个重要的因素。优秀的导演、演员总是能够根据现场观众的反馈对自己的表演做出适时的"修改",以确保作为艺术的演出的成功。

(三) 作者和表演者之间的合作

艺术家和其他人合作的情况在音乐艺术、剧场艺术中体现得更为突出,因为"一个剧本或一部交响乐的总谱,不管拖上多少舞台说明、表情符号和节拍符号等,都不可能在每一个细节上说明作品如何演出"[1]。科林伍德将这类艺术家写在纸上的东西只看作一个粗糙的大纲,还不是成型的艺术品本身,而这样的大纲要想成为一个优秀的、完成了的艺术品,就必然需要导演、表演者有着好的合作精神和合作能力。对此,科林伍德说:"任何表演者都是他所表演的艺术作品的合著者。"[2] 这也是在这类艺术中演奏者和演员有着较高地位的原因,因为他们也是影响艺术品质量的重要因素。

正是基于对三种合作情况的考虑,在谈到艺术创作时,科林伍德认为审美活动作为意识形式的思维活动,作为把感觉的经验转化为想象的

---

[1] [英] 罗宾·乔治·科林伍德:《艺术原理》,王至元、陈中华译,中国社会科学出版社1985年版,第327页。

[2] [英] 罗宾·乔治·科林伍德:《艺术原理》,王至元、陈中华译,中国社会科学出版社1985年版,第327页。

活动，它不属于任何个人，而是属于一个社会的合作性活动；这种活动不仅仅由艺术家个人来进行，也部分地由"影响"了他的其他艺术家所进行，由艺术品的表演者所进行，由艺术品的观众和读者来进行。因此，科林伍德得出结论说："艺术家处于整个社会的合作关系之中，这一社会并不是全人类本身的理想社会，而是同类艺术家们（艺术家向他们借鉴）、表演者们（他用他们）和观众们（他向它们讲话）三者合一的实际社会（虽然在个人主义偏见的迷惑下，艺术家可能试图否认这些合作关系）。承认这些关系并在自己的作品中依靠这些关系，艺术家就能使作品本身丰富有力；如果否认这些关系，他就会使作品内容贫乏。"①

本章小结

基于想象、语言和表现三者统一的表现观念，科林伍德重新审视了表现和创作、艺术家与社会的关系，并对之前的一些观念进行了修正。

在其前期和《艺术原理》的前半部分，科林伍德受克罗齐影响，一直认为艺术创作只是表现的外化，不属于表现的必要部分。但在《艺术原理》的最后一章，即第十四章当中，科林伍德对之前的观点进行了反思，认为艺术创作也是艺术表现的一部分。这是因为在科林伍德看来，创作也是一种经验，也可以产生相应的感觉和情感，并通过创作本身表现出来。因此，艺术创作对于表现而言，并非只是外化，而应该内在地是表现的重要组成部分。在其前期，科林伍德将艺术看作单子，认为艺术无法在社会之间形成交流。也是在《艺术原理》的最后一章，科林伍德运用其综合的表现论思想对之进行修正，认为艺术家处在整个社会的合作关系之中。这都是其表现论思想进一步深化和系统化的结果。

---

① ［英］罗宾·乔治·科林伍德：《艺术原理》，王至元、陈中华译，中国社会科学出版社1985年版，第331页。

结 论

科林伍德美学的理论贡献、缺陷、历史地位及影响

综观科林伍德前后期美学，可以发现，虽然科林伍德美学自身有着这样那样的缺陷，但这些缺陷仍然无法掩盖其美学理论的贡献。虽然他的美学和维柯、黑格尔、康德、克罗齐、罗斯金等人的美学有着千丝万缕的联系，但科林伍德并非在重复他们之中的任何一个人，而是在他们的基础上做出了自己的理论创新。这些创新不仅对后世美学产生了广泛的影响，而且对我们当下的美学研究也不无启示。但正如本书导论所言，大部分学者对科林伍德美学上的成就有所忽视，而且往往只将其作为黑格尔或者克罗齐的追随者。因此，要更好地理解科林伍德美学历史地位及其贡献，就要在厘清他和黑格尔及克罗齐在美学上的关系的基础上，掌握其在美学理论上的创新和特质。对此，本书多有提及，但较为散乱。为了能更清楚地来看待这个问题，特概括如下。

第一节 科林伍德美学对黑格尔及克罗齐的改进与发展

科林伍德的确受到黑格尔和克罗齐较大的影响（前期美学受黑格尔影响大，后期美学受克罗齐的影响更大），但将科林伍德美学完全看作他们影响的产物则有失公允。实际上，科林伍德的美学特质和他们两位都有所不同，有着自己的思考和体系，这从他和黑格尔及克罗齐的对比中就可看出。

一 科林伍德美学对黑格尔的改进与背离

黑格尔对科林伍德美学的影响在哲学观和方法论层面都有体现。黑格尔在《精神现象学》《小逻辑》及其他哲学著作中论述了"绝对理念"的演进逻辑和演进过程：绝对理念经过"逻辑阶段""自然阶段"而进入"精神阶段"，在"精神阶段"的"绝对理念"先后表现为主观意识（个人意识）、客观精神（社会意识）和绝对精神（亦即绝对理念），而绝对精神则先后通过艺术、宗教与哲学来认识自身。黑格尔认为艺术是对理念的感性认识，而"美就是理念的感性显现"①，如此艺术和美便统一了起来。在黑格尔看来，"艺术的内容就是理念，艺术的形式就是诉诸感官的形象。艺术要把这两方面调和成为一种自由的统一的整体"②。而在黑格尔的精神辩证法当中，感性认识有待于上升到理性认识，艺术有待于超越自身走向宗教和哲学。在《美学》中，黑格尔按照产生和发展的先后顺序，将艺术划分为"象征型艺术""古典型艺术"和"浪漫型艺术"，而当艺术发展到"浪漫型"时，"就到了它发展的终点，外在方面和内在方面一般都变成偶然的，而这两方面又是彼此割裂的。由于这种情况，艺术就否定了它自己，就显示出意识有必要找比艺术更高的形式去掌握真实"③。于是，艺术便让位给宗教和哲学，其自身便消亡了。

在前期科林伍德美学中，科林伍德涤除了黑格尔神学式的"绝对理念"的概念，代之以"统一心灵"的概念。在科林伍德看来，求知可以将人类所有的经验形式统一起来，这样统一起来的心灵为"统一心灵"。黑格尔认为绝对精神先后通过艺术、宗教和哲学认识自身，科林伍德则认为人类先后通过艺术、宗教、科学、历史和哲学等经验形式来求知；在黑格尔那里，艺术是获得对理念的感性认识的手段，在科林伍德这里，艺术是人类用"想象"获得认知的手段；黑格尔认为当艺术发展到浪漫型时，就得让位给宗教和哲学，于是艺术就消亡了，科林伍德认为，求

---

① ［德］黑格尔：《美学》（第一卷），朱光潜译，商务印书馆1919年版，第142页。
② ［德］黑格尔：《美学》（第一卷），朱光潜译，商务印书馆1919年版，第87页。
③ ［德］黑格尔：《美学》（第二卷），朱光潜译，商务印书馆1919年版，第288页。

知的原则要求认识从不区分真假的想象认知（艺术）上升到断言为真的想象性认知（宗教），在这个意义上艺术会消亡，却不会真正消亡。他说："知识的第一个阶段是发现你意味着某种东西，在这个阶段，心灵的所及超过了它能把握的，仅仅触及某种尚未确定的概念。这一阶段的存在只是为了被超越。当我们发现意义是什么时，这种思维历史上的审美阶段就已经结束了。随着知识的增长，艺术必定会消亡。但是它在消亡时就像凤凰涅槃一样，会从自身的灰烬中再次飞升起来。"① 在这一点上，科林伍德始终贯穿了黑格尔"螺旋式上升"的、"扬弃"的辩证法，他认为艺术会如此无限发展，一时代有一时代之艺术，而"成熟和文明有它们自己的艺术"②。

后期科林伍德美学没有明显的黑格尔主义痕迹，但很多地方仍能看出黑格尔辩证法对他的影响。

根据杰拉尔德·道格拉斯·斯塔摩尔在其博士学位论文《科林伍德早期的黑格主义》（*The Early Hegelianism of R. G. Collinwood*）中的研究，黑格尔对科林伍德哲学的影响贯穿了科林伍德前、后期的所有著作，但仅就美学而言，他的话有些夸大其词。实际上，科林伍德美学从早期到后期的发展过程便是一个逐渐脱离黑格尔主义的过程。正如拉尔德·道格拉斯·斯塔摩尔的研究所显示的，《精神镜像：或知识地图》中的黑格尔主义痕迹较为明显，其研究方法（主要是现象学方法）、所得结论（哲学是对以往经验形式的综合，是精神或心灵的自我意识）和黑格尔的《精神现象学》基本一致。③ 两者都将人类的经验形式看作一个逐渐向上、由低级向高级不断进步的螺旋形结构，其中哲学都处于这一结构的最高层。所不同的是，黑格尔的《精神现象学》几乎囊括了人类所有的经验形式，而科林伍德主要论述了艺术、宗教、科学、历史和哲学五种；黑

---

① ［英］R. G. 柯林伍德：《精神镜像：或知识地图》，赵志义、朱宁嘉译，广西师范大学出版社2006年版，第79—80页。

② ［英］罗宾·乔治·科林伍德：《艺术哲学新论》，卢晓华译，工人出版社1988年版，第12页。

③ 参看 Gerald Douglass Stormer, *The Early Hegelianism of R. G. Collinwood*, Tulane University, Ph. D., 1971, pp. 194 –211。

格尔的《精神现象学》从空白的意识谈起，而科林伍德则直接从艺术这一形式谈起。就涉及美学和艺术的部分来看，科林伍德的《精神镜像：或知识地图》和黑格尔的观点也极为相似，科林伍德将艺术作为想象的真理（一种无论证的假设或推测）和黑格尔将艺术作为理念的感性显现也可以相容。总的来看，科林伍德的《精神镜像：或知识地图》在美学上和黑格尔的观点虽有不同，但都能在黑格尔那里找到根据，因此可以说《精神镜像：或知识地图》中的美学是黑格尔主义式的。但这并不是说科林伍德对黑格尔的观点没有做任何修改。如前所述，在《精神镜像：或知识地图》当中，科林伍德取消了黑格尔的"绝对理念"之概念，并用自己的"统一心灵"替代。从"绝对理念"到"统一心灵"，科林伍德赋予这本书以更多的经验主义和心理学色彩，这样一种底色一直保留到其后期的美学代表作《艺术原理》当中。此外，在关于艺术的发展、进化、消亡等问题上，科林伍德的看法与黑格尔的并不一致，此不赘述。

科林伍德美学的发展也呈现出一个逐渐脱离黑格尔主义的过程。作为《精神镜像：或知识地图》副产品的《艺术哲学大纲》（中译本为《艺术哲学新论》）在很多地方承袭了前者的观点和理论，特别是第六章"艺术与精神生活"（Art and the Life of the Spirit）几乎照搬了前者关于艺术的见解，但这本书也有某种程度的新变。这种新变，表现在美学上科林伍德和黑格尔的逐渐脱离，如其基于"想象论"的"艺术单子论"、艺术直觉论，对于自然美和艺术美的各种看法等，明显与黑格尔不同。而到了其后期美学代表作《艺术原理》中，黑格尔的痕迹就微乎其微了。当然，《艺术原理》中也有与黑格尔极为相似的地方，如其将艺术看作人对自己情感的意识，取消艺术和哲学的区别（和黑格尔所说的艺术的死亡相似）等，但这些相似已经不是结构上的，而只是局部观点上的相似。而且，即使有这些相似，也难说是黑格尔的影响还是他后期美学体系的产物。所以，在美学上，科林伍德不是一个黑格尔主义者。

二　科林伍德美学对克罗齐的批评与改进

对科林伍德美学影响最大、最直接的是克罗齐。也正是因为科林伍德和克罗齐在美学上的亲缘关系，后世学者才将克罗齐和科林伍德并称，将他们的美学称为"克罗齐-科林伍德"的表现主义美学。克罗齐和科林伍德的美学的一致性主要体现在"表现"这一术语之上，但由于"表现"在克罗齐之前的浪漫主义美学中已经是一个热门的术语，而且对"表现"的理解，克罗齐和科林伍德大有不同，所以克罗齐对科林伍德的影响更多的不是体现在对"表现"的理解上，而是环绕"表现论"的其他方面。我国学者王朝元将克罗齐对科林伍德美学的影响总结为四个方面："关于艺术的原始性""语言与艺术统一观""关于艺术非技巧性"和"关于艺术的无目的性"。① 这一看法较为全面。而克罗齐在这四个方面对科林伍德的影响在科林伍德早期和晚期美学中都有体现。

对科林伍德早期美学影响较大的就是克罗齐的艺术的原始性观念。克罗齐将人的精神活动分为认识活动与实践活动，认识活动有两个维度，即审美的与逻辑的，实践活动也有两个维度，即经济的和道德的。② 克罗齐将人的精神活动的这四个维度——审美的（直觉）、逻辑的（概念）、经济的（经济）和道德的（道德）——看成前后有序的四个阶段，"这四个阶段都是后者内含前者：概念不能离开表现而独立，效用不能离开概念与表现而独立，道德不能离开概念、表现与效用而独立"③。也就是说，艺术在克罗齐看来，是人的精神活动最基础和最原始的部分。正是因为艺术是最基础、最原始的部分，故而"审美的事实在某一种意义上是唯一可独立的，其余三者都多少有所依傍；逻辑的活动依傍最少，道德的意志依傍最多"④。从认识活动来看，克罗齐将知识分为两种形式：直觉的和逻辑的（或想象的和理智的、个体的与共相的、意象的和概念的）。⑤ 也就是说，克罗齐是将艺术当作认知或知识的形式来看待的，并且认为作为认识的艺术是更高精神活动（概念、经济和道德）的基础。这种看法深深影响了早期科林伍德对艺术的看法和认知，其《精神镜像：

---

① 王朝元：《科林伍德艺术理论研究》，博士学位论文，复旦大学，1996年，第12—17页。
② 参看克罗齐《美学原理》第六章和第七章，朱光潜译，商务印书馆2012年版。
③ ［意］克罗齐：《美学原理》，朱光潜译，商务印书馆2012年版，第73页。
④ ［意］克罗齐：《美学原理》，朱光潜译，商务印书馆2012年版，第73页。
⑤ ［意］克罗齐：《美学原理》，朱光潜译，商务印书馆2012年版，第1页。

或知识地图》将艺术作为人类最初级认知形式的看法和克罗齐的这种看法极为相似。当然，科林伍德的这种看法同时也受到维柯、黑格尔等人的影响，在这一问题上，他们处于同一"河流"之上。

克罗齐将艺术、美、直觉和表现统一了起来，他认为直觉即表现、表现就是美和艺术。因此艺术在克罗齐看来不需要"物化"的生产阶段，"物化"而成的艺术作品只是表现流向实践领域（技艺）的一种副产品。在这一点上，早期科林伍德美学深受克罗齐影响。科林伍德在《精神镜像：或知识地图》中说："艺术的具体生活是对艺术品的创造。但是这种创造完全是一种想象行为。我们手上摆弄的纸和笔、颜料和黏土，都不是艺术的材料，而书写过的纸和被绘制的画面也不是艺术的结果。……艺术不存在于画布上，而存在于想象之中。"① 可见，早期科林伍德美学在这一点上只是用"想象"替换了克罗齐的"直觉"而已。不过，在这一点上，科林伍德的理解前后存在着矛盾，并没有始终如一地坚持。但克罗齐从这一点上得出的诸多结论却深深影响了科林伍德后期的美学思想。

由于艺术在克罗齐的理解中只是一种直觉，不需要"物化"阶段，所以艺术自然不需要种种技巧，这导致了克罗齐对技巧论的批判和反感。在《美学原理》中，克罗齐将艺术技巧称为一种"外射活动"②，并将"外射活动"归入实践领域。相反，克罗齐认为艺术即表现，而"表现本身是一种基元的认识活动，所以它先于实践的活动以及为实践活动服务的理性知识，而不依存于它们……表现没有手段，因为它没有手段要达到的目的。它对事物起直觉，不对事物起意志，所以不能分析为意念、手段、目的的那一些抽象的元素"③。这样，克罗齐就将技巧排除出艺术领域。科林伍德在这一点上深受克罗齐影响。在其后期美学著作《艺术原理》的第二章"艺术与技艺"当中，科林伍德将技艺定义为"通过自

---

① ［英］R. G. 柯林伍德：《精神镜像：或知识地图》，赵志义、朱宁嘉译，广西师范大学出版社2006年版，第56—57页。
② ［意］克罗齐：《美学原理》，朱光潜译，商务印书馆2012年版，第128页。
③ ［意］克罗齐：《美学原理》，朱光潜译，商务印书馆2012年版，第129页。

觉控制和有目标的活动以产生预期结果的能力"①。科林伍德对于技艺的定义与克罗齐对实践活动的界定及其反对将艺术划入实践领域的理由是何其相似。由此出发，科林伍德从六个方面将艺术与技艺区别开来，用以区别的原则和克罗齐一样，主要是艺术的无功利性，因为在科林伍德看来，艺术没有目标，也不期待产生预期结果，更不能自觉地控制。进而科林伍德在《艺术原理》的其他章节展开了对传统技巧论艺术理论的批判。

克罗齐根据他的美（或艺术）即表现的理论，对各种艺术和美的功利说进行批判，并坚持一种"纯美说"。他尤其反对将艺术和感官的快乐与道德的实践相混淆。他说："如果这一说是指艺术不应与感官的快感（功利的实用主义）相混，也不应与道德的实践相混，则我们的美学就应该可以戴上'纯美的美学'一个头衔。"② 克罗齐的这一看法深深影响了科林伍德后期美学对艺术无功利的看法。在《艺术原理》一书中，科林伍德就是通过批判"娱乐艺术"和"巫术艺术"来确立他的"表现说"和"想象论"的。科林伍德认为，"如果一件制造品的设计意在激起一种情感，并且不想使这种情感释放在日常的事物之中，而要作为本身有价值的某种东西加以享受，那么，这种制造品的功能就在于娱乐或消遣"③，致力于追求娱乐或消遣的艺术就是科林伍德所说的"娱乐艺术"，这基本等同于克罗齐所谓的追求感官快感的艺术。相应地，科林伍德认为"巫术艺术是一种再现的艺术，因而属于激发情感的艺术，它出于预定的目的唤起某些情感而不唤起另外一些情感，为的是把唤起的情感释放到实际生活中去"④，释放到实际生活中去的目的就是用来干预实际的现实生活。这种艺术既包括道德说教艺术，也包括含有政治目的的宣传性的艺

---

① ［英］罗宾·乔治·科林伍德：《艺术原理》，王至元、陈中华译，中国社会科学出版社 1985 年版，第 15 页。

② ［意］克罗齐：《美学原理》，朱光潜译，商务印书馆 2012 年版，第 100 页。

③ ［英］罗宾·乔治·科林伍德：《艺术原理》，王至元、陈中华译，中国社会科学出版社 1985 年版，第 80 页。

④ ［英］罗宾·乔治·科林伍德：《艺术原理》，王至元、陈中华译，中国社会科学出版社 1985 年版，第 70 页。

术，实际上也大略等同于克罗齐所说的道德实践的艺术。这两种艺术，在克罗齐和科林伍德看来都因为其"功利性"，因而是伪艺术。当然，科林伍德在接受克罗齐影响的同时将自己的论述和批判与当时的艺术现实状况紧密联系了起来，更有其现实意义。

克罗齐直接影响到科林伍德美学的另一个重要方面就是语言与艺术统一的观念。克罗齐认为艺术是表现，语言也是表现。他说："如果语言学真是一种与美学不同的科学，它的研究对象就不会是表现。……但是发声音如果不表现什么，那就不是语言。语言是声音为着表现才连贯、限定和组织起来的。"① 基于此，克罗齐主张语言和艺术、美学和语言学应该统一起来，"艺术的科学与语言的科学，美学与语言学，当作真正的科学来看，并不是两事而是一事"②。科林伍德在《艺术原理》中专门有两章来谈语言和艺术的关系。科林伍德将"语言"理解为一种"姿势体系"，"各种语言都是专门化形式的身体姿势，而且在这个意义上可以说舞蹈是一切语言之母"③。实际上，科林伍德所说的"语言"约略可以等于各种符号体系。他之所以强调语言和身体姿势的关系，是想强调语言的表现性。和克罗齐一样，科林伍德也强调语言的表现性。他说："语言在其原始或素朴状态中是想象性的或表现性的，称它为想象性的是说明它是什么，称它为表现性的是说明它做的事情。语言是一种想象活动，它的功能在于表现情感。"④ 科林伍德也承认后来的理智语言不同于原始语言，但语言表现情感的属性从来没有丢失。"理智语言是经理智化或修正变通之后的同一个东西，以便能够表达思想……任何特定思想的表达都是通过表现伴随它的情感而实现的。"⑤ 也就是说，在科林伍德看来，"语言"始终具有想象性和表现性。而真正的艺术，在科林伍德看来，也

---

① ［意］克罗齐：《美学原理》，朱光潜译，商务印书馆2012年版，第163页。
② ［意］克罗齐：《美学原理》，朱光潜译，商务印书馆2012年版，第163页。
③ ［英］罗宾·乔治·科林伍德：《艺术原理》，王至元、陈中华译，中国社会科学出版社1985年版，第250页。
④ ［英］罗宾·乔治·科林伍德：《艺术原理》，王至元、陈中华译，中国社会科学出版社1985年版，第232页。
⑤ ［英］罗宾·乔治·科林伍德：《艺术原理》，王至元、陈中华译，中国社会科学出版社1985年版，第232页。

必须同时具有想象性和表现性。所以,科林伍德得出结论说:"如果艺术具有表现性和想象性这两个特征,它必然会是一类什么东西呢?答案是:'艺术必然是语言。'"① 但科林伍德并没有走到克罗齐将美学(艺术学)和语言学等量齐观的极端境地,他还是承认两者之间之基本区别的。

动态来看,正是在科林伍德美学逐渐脱离黑格尔影响的时候,其受克罗齐的影响也在逐渐加深。在《精神镜像:或知识地图》中,有关美学的论述受克罗齐的影响较少。当然,关于艺术是初级阶段认识的观念,维柯、黑格尔和克罗齐都有,而且克罗齐深受前两者影响,这一点不能单单算作是克罗齐的。

从《艺术哲学新论》开始,克罗齐的影响逐渐渗透到科林伍德的美学中。在《艺术哲学新论》的"序言"中,科林伍德就声言自己的任务就是用克罗齐的想象(在科林伍德看来,克罗齐认为艺术就是想象)概念解释艺术中的诸多问题及细节,用科林伍德的话来说就是"用阐释包含在其中的含义那样的方法来扩大概念自身"② ——科林伍德在这本小书中所做的就是用想象的概念解释和艺术相关的诸多概念,如自然美、崇高、优美等,其将自然美归结为想象也和克罗齐将自然美归结为直觉近似。于是,在《艺术哲学新论》中,想象的含义已经由《精神镜像:或知识地图》里推测性的或假设性的认知活动,变为一种不需询问对象真假而近似于直觉的活动。当然,在这本书中,克罗齐的影响还体现在一些细节当中,如科林伍德开始从理论、实践与情感三个方面来看待艺术,这个观点虽然与克罗齐不同(克罗齐将艺术看作纯理论的与实践无关的东西),但这样的思考方法却和克罗齐有关。

总的来说,这本小书呈现了一种在黑格尔和克罗齐之间游移的特点,而且加入了科林伍德后期美学将之铺展成篇的一个基本因素,即将艺术和情感联系起来。正是由于这个情感因素的加入及成为核心问题,以《艺术原理》为代表的科林伍德后期美学理论发生了深刻的变化。这使得

---

① [英]罗宾·乔治·科林伍德:《艺术原理》,王至元、陈中华译,中国社会科学出版社1985年版,第279页。

② [英]罗宾·乔治·科林伍德:《艺术哲学新论》,卢晓华译,工人出版社1988年版,《艺术哲学新论·原序》第1页。

他的美学不仅摆脱了黑格尔主义,而且在批判和继承克罗齐的基础上形成自己的体系和特色。

《艺术原理》是科林伍德最后一部,也是其最为系统、最为复杂的美学著作。在其中,"想象"、(情感)"表现"与"语言"三个要素被科林伍德融合到了一起。总的来看,在这部著作中,黑格尔主义的因素微乎其微,但和克罗齐的关系却错综复杂。复杂的原因一方面在于科林伍德在自己的情感表现理论基础上时而采用时而批判甚至否定克罗齐;另一方面则在于即使在这一部著作之中,科林伍德的观点也是在逐步发展变化着,后边的观点往往会推翻前边的论述,或者后边的论述会对前边的观点进行重新阐述。这一切使得我们难以界定克罗齐理论在其美学思想中的地位和作用。因此,为了论述简明,本书只得从大体上看他们之间的关系。

总的来看,关于"想象"和"表现",《艺术原理》中有两个大的方面体现了克罗齐的美学思想。第一,科林伍德认为想象即表现,这类似于克罗齐的直觉即表现。在这个观点的影响下,在这本书的前半部分,科林伍德和克罗齐一样认为艺术仅仅是艺术家内心的一种表现活动,不需要成为物质性的存在,也不需要表现的技巧,而且基于此对技巧论的美学、娱乐艺术、巫术艺术展开了批判。第二,科林伍德认为表现、语言与艺术相统一,这个观点也来自克罗齐,基于此对语言的逻辑化、语法化进行了批判。但即使在这两个方面,科林伍德和克罗齐也有着很大的不同,并在一定层面对克罗齐进行了改造和批判,甚至在最后对于某些观点还走到了克罗齐的反面。

首先,在这本书中,科林伍德所说的"想象即表现"不同于克罗齐的"直觉即表现"。在《美学原理》中,克罗齐将直觉描述为无分别的、统一的"对实在事物所起的知觉和对可能事物所起的单纯形象"[①]。也就是说,只要在我们不将自己的经验和外界相对立(不分主客观)的情况下,我们知觉(感觉)到的形象和想象到的形象就是直觉,这个直觉在克罗齐看来也就是表现。而科林伍德这里说的想象,则是一个由意识到

---

① [意]克罗齐:《美学原理》,朱光潜译,商务印书馆2012年版,第4页。

情感的复杂心理过程，意识到情感在科林伍德看来才是表现。也就是说，科林伍德在这里将克罗齐的直觉表现理论修改成一种完全不同的情感表现理论。当然，科林伍德的表现论还和克罗齐存在着某种相似之处，即他们二人都认为表现是人内心的一种活动，无关外物。不过，即使是这个和克罗齐还存在相似之处的观点，科林伍德在这本书的结尾也对之进行了修改，认为表现的活动完全可以持续到（而且有必要持续到）艺术的创作活动中，因为在创作活动中，艺术家可以更好地运用相应的语言和媒介继续审视和探究自己的情感，而且会在原有情感的基础上产生新的情感和新的对情感的意识（即科林伍德所说的想象）。

就是根据上述认识，科林伍德批判了克罗齐有关"外化"（朱光潜译为外射）的看法。在《美学原理》中，克罗齐将人类的活动分为认识活动和实践活动两种，并将他所谓的审美或表现的活动划入认识的领域，而将涉及艺术创作的活动划入实践的领域。如此，审美（表现）和创作便成了截然分开的两种活动，表现是一种在直觉中就可完成且不可控制的活动，艺术创作（外射）便成为一种艺术家个人可以选择是否进行的和非审美的道德等息息相关的外在行为。这样的观点在科林伍德看来是有缺陷的。科林伍德认为如果创作活动对于艺术家来说是非审美、非表现的，那么对于读者就不可能成为审美的和表现的。正因为如此，科林伍德取消了外化（外射）理论的有效性，认为真正的艺术创作和表现不可分割，是表现的继续和必要组成部分，并据此将表现和创作统一了起来。

此外，科林伍德在《艺术原理》中所说的想象也不同于克罗齐所说的直觉。如果说在《艺术哲学大纲》中科林伍德所说的想象和克罗齐所谓的直觉还很相似的话，那么到了《艺术原理》中，想象便成为一种与之完全不同的东西。在科林伍德看来，想象不仅和感觉相关，而且还是意识将感觉（心理情感）转化为情感（意识情感）的产物。在这个意义上，想象已经是对感觉的深化，因此它已经不再是克罗齐所说的直觉本身了。

其次，科林伍德的语言观也和克罗齐有所不同。在《美学原理》的结论中，克罗齐简要陈述了其语言观，他认为语言起源于表现，其本质也是表现。对此，他说："发声音如果不表现什么，那就不是语言"①。因此，他认为"艺术的科学与语言的科学，美学与语言学，当作真正的科学来看，并不是两事而是一事"②。根据这样的观点，克罗齐认为逻辑语言是后来逻辑形式加在语言上的结果，因此，"逻辑形式虽然不能离开文法（审美的）形式，而文法形式却可离开逻辑形式"③。他还认为由于语言源自表现，因此规范的文法（在克罗齐看来规范的文法来自人为的制造）是不可能的。这些观点无疑都深刻地影响到了科林伍德，但科林伍德也对之进行了修改和创造。第一，科林伍德扩展了语言的概念，其范围（但含义不同）类似于语言学家所说的"符号"，并将所有的艺术都归结为语言的艺术，这种扩展比较符合艺术发展的实际。第二，科林伍德一开始也对语言的"逻辑化""语法化"展开了批判甚至是攻击，但他后来认为语言的"逻辑化"和"语法化"是语言适应表达理智内容的必然结果，即语言的理智化，但这个理智化的语言非但不会丧失语言的表现性，而且对于理智化情感的表现不可或缺。第三，科林伍德将语言和他的情感表现理论联系起来，认为"想象—情感—表现—语言"四者相统一，想象即对情感的意识，这个意识的过程本身就需要语言的参与。第四，科林伍德在《艺术原理》的最后还扩充了"语言"（媒介）对于艺术创作中表现的重要性。

综上所述，《艺术原理》无疑受到了克罗齐的巨大影响，但这种影响仍是服务于科林伍德自己的情感表现理论的，而且科林伍德对之进行了全方位的改造或批判。如果说在《艺术哲学大纲》中科林伍德还只是克罗齐和黑格尔的发挥者的话，那么到了《艺术原理》时，他则形成了自己的"情感表现"理论体系，并在这个体系的主导下，借用、修改和批判了克罗齐的美学理论。

---

① ［意］克罗齐：《美学原理》，朱光潜译，商务印书馆2012年版，第163页。
② ［意］克罗齐：《美学原理》，朱光潜译，商务印书馆2012年版，第163页。
③ ［意］克罗齐：《美学原理》，朱光潜译，商务印书馆2012年版，第166页。

第二节　科林伍德美学的理论贡献及缺陷

一　从关键词看科林伍德美学的理论贡献

如本书第一章所述，科林伍德美学受到过许多哲学家、美学家的影响，比较直接的有维柯、黑格尔、康德、克罗齐等，此外还从英国浪漫主义者那里汲取了很多营养。科林伍德美学思想的关键词也都出自上述诸人，如"想象"主要来自浪漫主义者、维柯和克罗齐，"情感"主要来自浪漫主义者，"表现"主要来自浪漫主义者和克罗齐，"语言"主要来自克罗齐，"经验"来自英国经验主义哲学家……科林伍德本人没有或者很少发明某种美学术语用以表明自己的美学思想，这也是他被认为缺乏原创性的原因。实际上，科林伍德之所以会被视为克罗齐的追随者，除了其理论在多方面受到克罗齐的影响之外，"表现"这个关键词的运用也是重要原因。不过，科林伍德美学的关键词虽然来自诸多哲学家和美学家，但科林伍德在使用这些词汇时赋予了这些词汇不同的含义，从中可以看出科林伍德美学的特质和创新之处。

"想象"一词有多种含义。英国文学理论家瑞恰兹（Ivor Armstrong Richards）将"想象"一词的含义总结为六种。原文较长，笔者摘录并总结如下：一是产生生动的形象，往往是视觉形象；二是运用比喻性语言；三是同情地再现别人的精神状态，尤其是别人的情感状态；四是指善于发明，即把通常不相联系的因素撮合在一起；五是把通常认为不相干的东西联系起来使它们发生关联；六是综合的和魔术般的力量……这种力量的表现就是使对立的或不协调的品质取得平衡，或使得它们协调。① 在运用"想象"一词时，克罗齐采用的是第一种含义，并将想象看作直觉的一种；浪漫主义者则几乎采用过所有这六种含义；科林伍德则几乎没有采用其中的任何一种，而是自己赋予想象以全新的含义。

在《精神镜像：或知识地图》中，科林伍德所说的"想象"仅仅是一种对非逻辑、非论证、非断言式的认知的表达，这或许和恰瑞兹所说

---

① 参看伍蠡甫编《现代西方文论选》，上海译文出版社1983年版，第293—305页。

的第二种用法,即比喻的用法相关,但又不一样。在《艺术哲学大纲》中,"想象"一词的含义则在克罗齐的用法和他之前的用法之间徘徊。到了《艺术原理》的时候,科林伍德运用经验主义哲学家休谟、培根等人的理论将"想象"这个词进行了"心理学化"的改造。在后期科林伍德看来,想象便意味着对情感的意识和探测,而对情感的意识和探测就是对情感的表现,于是想象理论便和他的关键词之一"表现"联系了起来。

正是在讨论想象对意识情感的作用时,科林伍德又提出了一个关于表现或艺术创作的新的观点,即"意识的腐化"。科林伍德认为,在想象中,意识在探测自己的情感时,由于惧怕、羞愧等,它可能拒绝承认自己真实的情感,并将之隐藏起来或回避,这就是科林伍德所说的"意识的腐化"。在科林伍德看来,意识的腐化必然导致探测和表现的失败,而这种表现失败的艺术,即坏的艺术。此外,科林伍德认为想象的经验是一种"总体性想象经验",即想象可以对我们的感觉进行修改和补充,使之呈现出一种更为完整的状态。因此,我们在任何一种艺术中"看到"的都将是包含多种感觉的东西。这些都是科林伍德的创新之处。

对"表现"的强调和重视可以追溯到英国浪漫主义者那里。浪漫主义者非常强调情感表现对于诗歌的意义,但情感表现对于浪漫主义者而言只是一种艺术创作思潮,他们还没有将情感表现上升到美学理论的层面。第一个将表现上升到美学理论高度的无疑是克罗齐,但克罗齐的表现理论只是一种直觉的表现理论,而直觉对于克罗齐而言只是一种知觉或想象中的知觉,其对情感的强调大大降低。而且,克罗齐认为直觉就是表现,对于直觉为什么是表现,并不多言。对于如何表现的问题,克罗齐在《美学原理》的结尾强调语言和美学的统一时暗示表现需要语言,但他并没有借此发挥,而直觉即表现的观点也说明如何进行表现的问题根本就无须发问。

科林伍德在克罗齐之后第一次将何为表现、如何表现进行了理论阐释。在科林伍德看来,表现就是对自己情感的探测,因此只有得到表现的情感对于表现者而言才是清晰的,这也是为什么在情感得到表现之后表现者就变得平静了。那么,表现者如何表现自己的情感呢?在科林伍德看来,表现的过程就是表现者运用意识探测自己情感的过程。在其想象论中，科林伍德运用心理学的模式将之进行了详细的解说。而且，在《艺术原理》的最后一章，科林伍德将这一理论扩充运用到了艺术的创作当中，认为艺术创作是表现情感（亦即探测情感）的继续和不可或缺的部分，并在这种看法之下批判了克罗齐的"外射"说。根据自己的情感表现论，科林伍德界定了艺术与非（伪）艺术，好的艺术和坏的艺术、而且在此基础上对巫术艺术和娱乐艺术进行了批判。这些都是其理论创新的部分，正文已多有涉及，此不多言。

"语言"是科林伍德美学的又一关键词。虽然语言源自表现、艺术与语言相统一的观点来自克罗齐，但当科林伍德将之与自己的情感表现理论结合在一起的时候，又赋予这一观点以新的维度。首先，科林伍德认为凡是能用于表现目的人的所有的动作体系在他看来都是"语言"，因此，他所说的语言的范围近似于后世语言学家所说的符号，但含义不尽相同。其次，与克罗齐对语言理智化的否定不同，科林伍德承认语言理智化对于美学的积极意义，即有利于表达理智化的情感。最后，科林伍德的表现论语言观使得他的"想象论"和"表现论"和媒介或符号美学发生了联系，而且科林伍德这方面的陈述和卡西尔及苏珊·朗格有诸多相似之处。在这一点上，也可以说是科林伍德开了符号美学的先河。

"认知"（或理智）是贯穿科林伍德前、后期美学的一个关键词。科林伍德自始至终都十分关注艺术和认知的关系，前期科林伍德（主要体现在《精神镜像：或知识地图》中）认为作为想象的艺术可以提供而且主要是为了提供一种推测性的认知。这样一种认为艺术中的认知是低级别认知的观点显然来自维柯、黑格尔和克罗齐，并非科林伍德的原创，科林伍德所做的是把黑格尔的观点进行了经验化的表述。这样一种观点无疑有利于解释神话等一些较为原始的艺术作品和认知的关系，但它也有着较大的理论缺陷，会带来如下几个理论上的难题，即艺术是否主要为了表达认知？艺术中是否可以有高级阶段的认知？如果艺术还有别的追求，那么它和认知是怎样的关系？如果艺术中可以有高级的认知，那么它和哲学、科学等有什么区别？

科林伍德在其后期美学代表作《艺术原理》中对这些问题进行了系统的思考。不同于其前期观点，后期科林伍德美学认为艺术的本质在于或者主要是为了表现情感。如本书第五章第一节所言，科林伍德认为人的情感可以分为三种，即心理情感、意识情感和理智情感。心理情感类似于某种纯感觉式的东西，这和认知的关系不大，也不是艺术中要表现的情感；意识情感是人凭借想象或意识的作用对心理情感的意识，这种情感要以感官认知为基础；理智情感则是在认知（包括高级别的哲学、科学等的认知）基础上产生的情感，以理智认知为基础。因此科林伍德认为，表现者如果想要表现理智型的情感，他就不得不同时表达这种情感产生的原因和基础，即理智型认知。而要表达理智型情感就必须运用理智型的语言，于是，表现情感、表达认知与运用语言在科林伍德后期美学中被结合到了一起。

但科林伍德在认为没有不包含认知的情感的同时也认为没有不包含情感的认知，那么既然哲学家、科学家在表达理智认知的同时也表现了与之相关的情感本身，艺术和哲学、科学、历史的区别又在哪里呢？对此，科林伍德否认区别在于其他理论家所说的"语言的不同"。这是因为在科林伍德看来，艺术也可以采用理智型语言来表现情感。在其前期美学中，科林伍德一直试图用想象理论将艺术和非艺术进行区隔。但当他将想象理论心理学化后，想象成为对情感的意识，而艺术和非艺术都存在着对于情感的意识，因此在《艺术原理》中，他放弃了这一区分。在《艺术原理》的后半部分，科林伍德曾试着运用他的情感表现理论再次对这一问题进行思考，但在探讨了一番之后，他放弃了进行区别的努力，以至于将艺术和哲学等统一了起来，认为"好的哲学与好的诗歌并非两种不同的写作，而是同一种写作……不可能有非艺术写作这种事情，除非这仅仅指的是坏的写作；也不可能有艺术写作这种事情，有的只是写作而已"[①]。当然，科林伍德的这个看法是偏激和错误的，这一点在谈论他的理论缺陷时再做具体分析。

---

① ［英］罗宾·乔治·科林伍德：《艺术原理》，王至元、陈中华译，中国社会科学出版社1985年版，第304—305页。

二 科林伍德美学的理论缺陷与难题

由于科林伍德美学受到许多人的影响，因此这些人的缺点也或多或少地被带进了科林伍德的美学理论之中，但囿于篇幅，本书只就科林伍德具有创新性的理论来看其理论缺陷。在上一小节中，本书从几个关键词入手分析了科林伍德美学的理论创新，为方便起见，本小节仍然以此为线索进行考察。

"想象"在科林伍德的美学理论当中被赋予了太多的角色和功能：在《精神镜像：或知识地图》中，想象意味着一种推测性、非论证、非逻辑的思维方式；在《艺术哲学大纲》中，想象意味着一种对于对象的直观或直觉；在《艺术原理》中，想象意味着对情感的意识，而且还和语言的性质与功能直接相关。因此，西奥多·米歇尔认为，科林伍德所说的想象"是一种'经验结构'的理论，它不仅包含着一种艺术—审美的经验，还包含着一种认识论，包含着心理学的诸多因素，包含着一种语言的功用和性质的理论"①。但这样一种无所不包的东西，它还是想象吗？实际上，单就其最具创新性的《艺术原理》中的"想象论"而言，它已经不再是一种一般意义上的"想象"理论了，而成为一种关于情感探测和转化的理论。这样一种在不同阶段、不同著作中变化无定的想象理论，经常使读者摸不着头脑，也割裂了其美学思想上的统一性。实际上，除了"想象论"之外，科林伍德前、后期美学的其他相关理论也存在着严重的断裂。在《精神镜像：或知识地图》中，科林伍德看重认知；在《艺术哲学大纲》中，他重视美；在《艺术原理》中，他标榜情感。这是学者们将其美学划分为两个阶段的重要原因，也是美国美学史家保罗·盖亚惋惜其没有活得足够长以写出一本综合其前、后期美学思想之作的所在。②

另外，其"想象论"中的情感探测理论本身也与其"表现论"和

---

① Theodore Mischel, *R. G. Collingwood's Philosophy of Art*, Columbia University, Ph.D., 1958, p.299.

② Paul Guyer, *A History of Modern Aesthetics* (Volume 3: *The Twentieth Century*), New York: Cambridge Univercity Press, 2014, p.233.

"语言论"存在某种冲突。在其想象式的情感探测理论中,科林伍德认为一种"心理情感",一经意识和探测到,便可转化为一种"意识情感",而这也就意味着情感得到了表现,于是,意识、探测成了表现的同义语。这样一种看法其实源于克罗齐的"直觉即表现""艺术即直觉"理论,这种理论的缺点在此不做探讨,但它却与科林伍德后来的多种说法相冲突,或者说他后来又对原来的说法进行了修订。如在《艺术原理》的第十四章中,科林伍德在论述观众对于艺术的重要性时说过这样的话:"言语只有在既被说又被听的情况下才是言语。"① 既然语言只有在既被说又被听的情况下才是言语,那么个人对情感的一种探测和意识又如何能被听到呢?这又怎么能算作表现呢?还有,科林伍德在后来论述艺术创作的重要性时又认为艺术的创作阶段(即物化阶段)是表现的继续,而且还可以产生新的感觉和情感,那么前述对于情感的意识或探测还是不是对情感的表现呢?抑或是表现的第一阶段?

综观科林伍德前、后期美学,存在着很多类似的表述或理论上的矛盾。这种矛盾的产生主要有两种原因:其一,在化用别人理论的时候没有和自己新的看法相调和;其二,为了尊重后来发现的事实,科林伍德在自己的理论和事实相矛盾时不修改之前的理论便随便改变后来的说法。实际上,后期科林伍德的美学理论有三大内容,即"想象论""表现论"和"语言论"。单看这三个内容,科林伍德确实做出了自己的创新,但这三者之间在理论的统一上缺乏必要的协调、统筹或连接,因此造成诸多自相矛盾之处。

"情感表现"是科林伍德后期美学理论的核心和基础,其他理论都以之为根基进行架构。也正是根据自己的情感表现理论,科林伍德阐述了艺术哲学最为核心的两个问题,即何为艺术与非(伪)艺术和什么是好的艺术与坏的艺术,并在此基础上对模仿论美学、技巧论美学以及巫术艺术和娱乐艺术进行了说明和批判。可以说,科林伍德艺术哲学的成就就在对这两个问题的阐述与判断之上。

---

① [英]罗宾·乔治·科林伍德:《艺术原理》,王至元、陈中华译,中国社会科学出版社1985年版,第323页。

科林伍德认为表现情感与否是界定艺术与非（伪）艺术的标准，因此，是否表现情感成了这一问题的关键，对此科林伍德将表现情感与唤起情感（再现情感）进行了区分。所谓唤起情感，就是艺术家试图在观众身上引起某种情感或心理状态，对于这种情感或心理状态，艺术家本人或者并不具有或者已经完成了表现而对之进行非艺术的利用。被唤起的情感如果出于现实目的，它就是作为伪艺术的巫术，如果出于享受的目的，它就是作为伪艺术的娱乐。在这里，科林伍德将判定艺术与非（伪）艺术的标准放在了艺术家的主观目的之上，而对于如何在具体作品中进行判断则不置一词。

当然，这和他在《艺术原理》前半部分受克罗齐影响而仅仅将艺术看作一种内心的表现活动（艺术品在这种观点下只是伴随的副产品）有关。不过，观众或者读者判断的唯一依据只能是作品，而非艺术家的主观目的。而对一件作品进行表现情感和唤起情感的区分，在实际操作中是相当困难的，因为我们无法判定艺术家本人是否具有这种情感，也无法判定艺术家是出于何种外在目的而在观众身上唤起这种情感。而且，从理论上讲，一个不具有此种情感而试图唤起观众或读者类似情感的做法是否存在可能，也是个问题。另外，如果说艺术家拥有这种情感，并且已经探测清楚了这种情感，那么他再次将之创作为作品又有什么不可呢？或者说，他出于别的目的试图在观众身上再次唤起这种情感，那么这种情感又和表现情感有什么分别呢？所有这些，作为读者和观众是无法在作品中辨别的。因此，科林伍德所谓的判定艺术与非艺术的标准只能是一种理想的理论上的标准，而很难诉诸艺术实践。科林伍德自己在运用这个标准时也没有成功。如在《艺术原理》中，当科林伍德试图用此来区别艺术和哲学等其他非艺术作品时，他发现哲学等作品也同样包含着情感，于是不得不转而取消了哲学和艺术的区别。

将艺术仅仅看作人内心的一种探测或表现情感的活动也是科林伍德对模仿论（再现论）和技巧论美学非难的结果。本书第一章说过，科林伍德美学受康德无功利美学思想影响很深，这一点在其模仿论和对技巧论的批判上体现得十分突出。在科林伍德看来，模仿论美学就是一种技巧论美学，因为他认为模仿和再现需要技巧而表现不需要。科林伍德认为技巧是一种有目的、有手段的活动,而艺术(或表现)是一种无目的、无手段的活动(受康德影响),这两者是不兼容的。因此,有着一定目的和手段的"技巧",在科林伍德看来必然不是艺术(或表现),即使它像艺术,也只能是伪艺术,这也是他将娱乐艺术和巫术艺术划为伪艺术的原因。当然,这一论断也有克罗齐的影响在内。

不过,反对技巧与重视语言媒介是一种矛盾的选择,因为语言媒介的运用本身是一种需要技巧的活动,奇怪的是科林伍德恰恰做了这样一种矛盾的选择。在其"语言论"中,科林伍德声言表现、想象与语言三者统一在艺术之中。这样一种选择如果深入展开,必然分裂或者合流。虽然在《艺术原理》中科林伍德并没有对之进行全面展开,但从《艺术原理》最后部分的一些论述中可以发现,他或许在逐渐放弃对技巧和技巧论的"仇视"。如在谈到作画(艺术创作)也是表现的继续时,他认为画得好才能看得好,看得好才能画得好。显然,画得好是一项需要较高技巧的活动,科林伍德将这一需要较高技巧的活动同他的"表现论"和"想象论"联系在了一起。当科林伍德说画得好才能看得好、看得好才能画得好的时候,他的意思是说,对于情感的意识、探测、表现是需要一定的语言媒介的,而语言媒介的掌握又是需要一定技巧的。这样,科林伍德便从一开始反对技巧变成赞成技巧。但这也恰恰暴露了其反对技巧论美学及其表现论美学上的一个重要缺陷。

是否表现情感是科林伍德界定艺术与非艺术的标准,而表现的成功或好坏与否则是他判断好坏艺术的标准。在其后期"想象论"中,科林伍德认为表现就是表现者对自己情感的意识或探测,但表现者在意识和探测自己情感的时候也会出错,因为表现者会出于种种原因,如羞愧、恐惧等,隐藏或回避自己意识到的情感,但这种隐藏和回避在科林伍德看来既不是无意识的,也不是有意识的,而正好处于无意识和有意识的交界,所以表现者本人虽有感知,但也不容易发现。科林伍德将这种意识隐藏和回避自己情感的做法称为"意识的腐化"。"意识的腐化"危害极大,远远超出艺术领域,此不赘述,但至少使得表现者无法探测和表现清楚自己的情感,因而导致表现活动的失败。这种因"意识的腐化"而表现活动失败的作品,科林伍德称之为坏的艺术,相反,没有"意识腐化"而表现成功的作品就是好的艺术。

在科林伍德的这一判断好坏艺术的标准里出现了两个难题。第一，如果意识的腐化意味着表现的失败，那么表现的失败意味着什么？意味着表现了一种虚假的情感还是没有表现情感？或者说表现了部分真实的情感和部分虚假的情感？根据科林伍德的逻辑，前两种情况意味着它只能是伪艺术，只有后一种情况可以认为它是坏的艺术。第二，科林伍德对好的艺术的认定更有问题。一种好的艺术固然要求真实的情感，但仅仅是真实的情感并不能说明它是好的艺术，即使撇开其他层面只从情感（根据科林伍德的逻辑）上来看，情感除了真实与虚假之外，还有深浅、广狭、好坏之分。而仅仅以情感的真实与否来判断艺术的好坏显然会失之片面。另外，即使表现的都是真实情感，语言媒介中的表现技巧本身也有好坏之分，这样会影响到表现本身。

此外，科林伍德对表现论美学基本问题的处理还存在着忽视思想性因素的问题。概括来讲就是，如果将艺术看作情感的表现，那么思想等理智型内容如何处理？能不能构成表现的对象？如果不能，那么如何解释艺术中的思想因素；如果能，那么用表现情感来区分艺术和非艺术是否合适？就是在这样的难题中，科林伍德在最后否认了艺术和哲学及历史的区别。而且，对思想性因素的忽视还必然影响到其表现论美学的方方面面，如表现的意义等问题。这都是其对表现美学内在缺陷所导致的必然结果。

第三节　科林伍德美学的历史地位及影响

一个美学家的历史地位除了和其理论创新有关之外，还和他提出某种理论的时间点密不可分。科林伍德美学思想的历史地位恰恰也和这两个方面有关：从理论创新上看，正是他在克罗齐之后首次系统地探讨了怎样或如何表现的问题，并将这一问题和他的"想象论"（意识理论）、"语言论"关联起来；从时间点上看，科林伍德的美学理论形成于20世纪初期这一美学出现转折的关口，其许多论点直接体现了20世纪美学转变的几个方向。从这两个方面说，科林伍德的美学有着不可忽视的历史地位，在美学史上，他是一位重要的承前启后者。也由于科林伍德在理论上的创新及其这种特殊的历史地位，科林伍德美学对 20 世纪的美学产生了一定的影响。对于科林伍德对以往美学理论的继承，本书（主要在第一章）多有涉及，这里只就对美学的新开拓和新发展来看其对美学的贡献。

一　系统表现论的开拓者之一

一般的美学史家认为克罗齐是表现主义美学的开启者，因此，他在现代美学史上有着重要的地位，但克罗齐本人的表现理论及其美学却存在着较大的理论缺陷。首先，克罗齐认为直觉即表现，这样一种观点使得他不可能对表现的具体手法、过程进行分析，而这样一种"表现观"其实只是提出了"表现"这个口号而已，口号之下并没有太多实质内容。其次，克罗齐的直觉即表现、表现即艺术的观点，使得他将表现（艺术）和艺术品的创作截然分开，这导致了一种二元式的分裂。艺术品的创作在克罗齐看来，仅仅是对头脑中的表现的一种语言记录，这使得他无法具体分析艺术品中的表现如何可能。科林伍德的美学就是在自己的情感表现理论下重新解释这些理论难题，对于他的解释及其和克罗齐的关系，本书已经详细探讨过了，此不赘述。

科林伍德的解释是否与事实相符暂且不论，起码他探讨了何为表现、如何表现、表现与艺术的关系、表现与想象的关系、表现与语言的关系、表现与读者和观众的关系等许多表现论中不可回避的重要问题。即使在他仅仅从理论上层面探讨了这些问题的意义上，他也应该是系统化的表现论的开拓者之一，而非仅仅是克罗齐的追随者。实际上，科林伍德的"表现论"与克罗齐的"表现论"不完全是同一个东西，更何况他在探讨这些问题时也颇有理论上的创新之处。不过值得注意的是，在对表现就是对情感的探测和澄清的论述上，杜威《艺术即经验》（1934）的出版要早于《艺术原理》（1938）四年。但科林伍德本人是否受到杜威的影响则很难断定，这一方面由于科林伍德很少在自己的著作中引用别人的观点，另一方面他们虽然在这一观点上较为相似，但又分别有着大不相同的论述体系。因此，将科林伍德和杜威一同作为系统表现论的开拓者较为稳妥。也正是在杜威的《艺术即经验》和科林伍德的《艺术原理》之后，才出现了更多的系统论述表现的著作，如苏珊·朗格的《感受与形式》等。

二 经验论美学的拓展者之一

从经验论的角度来看待美学和艺术，最早的是英国的一批经验主义哲学家，如培根、洛克、休谟等，但那时经验论美学刚刚处于萌芽及初创阶段，还很稚嫩，而且这些哲学家也很少有专著来专门探讨美学问题。最著名的经验论美学著作当属杜威及其写作的《艺术即经验》，但用经验这个词来说明艺术及审美现象，科林伍德要早于杜威。美国美学史家保罗·盖亚考证，杜威最早将经验同艺术联系起来是在他1925年首次出版的《经验与自然》中（"经验、自然和艺术"是其中的一章）①，而科林伍德将艺术作为经验的一种形式则是在他1924年出版的《精神镜像：或知识地图》之中。当然，我们不能据此认为是科林伍德影响了杜威，毕竟他们对经验的强调是基于不同的体系，而杜威也在与克罗齐的相关争论中说过自己的美学是在巴恩斯（Albert C. Barnes）的影响下自己思考的产物。②而且就经验和艺术关系的论述来看，杜威也远比科林伍德更为系统和成熟。

不过，科林伍德毕竟为美学和艺术提供了一种经验的视角，而且这一视角一直贯穿在科林伍德整个前、后期美学之中。如前所述，在其前期美学中，科林伍德通过"认知"的视角将黑格尔极富形而上学的"理念论"经验化了，并用"经验"一词沟通了人类精神的各种形式。在其后期美学中，科林伍德用"总体性想象经验"来界定艺术，并将和艺术相关的诸种感觉（听觉、视觉、触觉等）都融入进去。此外，他还在康德的影响下，借用洛克、贝克莱、休谟、培根等经验主义哲学家的理论将自己的"想象论"心理学化和经验主义化了，并据此建立了自己的情

---

① Paul Guyer, *A History of Modern Aesthetics* (Volume 3: *The Twentieth Century*), New York: Cambridge Univercity Press, 2014, p. 312.

② 参看张睿靖《融合中的"表现"——杜威"表现论"研究》，博士学位论文，中国社会科学院研究生院，2015年，第43页。

感的意识和探测理论。从这个意义上看,将科林伍德和杜威一同视为经验论美学的开拓者并不过分。

三 符号美学的开拓者之一

科林伍德的美学观是想象、表现和语言相统一的美学观,语言在其中占据了重要的地位。当然,科林伍德对语言的重视源于维柯和克罗齐的影响,但也做出了自己的理解。科林伍德在美学中将语言的范围进行了无限的扩展,使之略等于符号美学所说的符号。在科林伍德看来,无论是想象还是表现,都离不开语言,在这个意义上,他的语言观在美学上带有本体论特点。这一点可以从他在《艺术原理》中的一段话中得到反映:"他已经逐渐认识到这个世界是一个由语言构成的世界,在这个世界中的每一个事物都具有表现情感的特性。就这个世界这样具有表现力或具有意义而言,那正是由他使它成为这样的。"① 这样的观点已经和卡西尔在《人论》中表达出的符号本体观非常相似了。如卡西尔说:"人不再生活在一个单纯的物理宇宙之中,而是生活在一个符号宇宙之中。语言、神话、艺术和宗教则是这个符号宇宙的各部分,它们是组织成符号之网的不同丝线,是人类经验的交织之网。"②

此外,科林伍德表现论的语言观和苏珊·朗格在《感受与形式》中的表现观有相通之处。科林伍德经过多次修正的表现观可以总结为如下一个过程:表现者先在地拥有了某种情感,然而这种情感对于表现者而言是模糊的。之后,表现者开始通过想象来意识和探测自己的情感,这种将情感探测清楚的活动即科林伍德所说的表现活动。然而这种表现活动仍然可以在艺术的创作中继续进行(这是科林伍德在《艺术原理》最后部分对他之前表现观的补充和修正)。进行艺术创作的人通过语言(符号)继续而且是更好地探测自己的情感,并且在创作的过程中又产生了一些新的感觉和情感,因此作为最终表现结果的艺术品,在科林伍德看

---

① [英] 罗宾·乔治·科林伍德:《艺术原理》,王至元、陈中华译,中国社会科学出版社1985年版,第298页。

② [德] 恩斯特·卡西尔:《人论》,甘阳译,上海译文出版社2013年版,第43页。

来，其表现要多于未进行创作时的表现。

苏珊·朗格认为艺术表现的情感并不是表现者先在的情感，而是在艺术创作中艺术家借助形式"构想"出的情感。对此，苏珊·朗格说："艺术作品中的感受是艺术家在创造符号形式以呈现它时所构想的，而非他在艺术创作过程中所经历和自动发泄。"① 此处所谓"构想"是说，艺术家借助语言符号表现的虽然是感受，但不一定是艺术家真实具有的感受，很有可能是别人的感受，或者说仅仅是某人可能会有的感受，艺术家在这里仅仅是用语言符号将之记录或者虚构了而已，因此才有学者认为苏珊·朗格的表现论本质上是一种模仿论。在这里，科林伍德和苏珊·朗格的观点虽然不尽相同，但都同样重视语言符号在"表现"情感中的重要作用。只是对科林伍德而言，语言符号的作用是探测情感；而对于苏珊·朗格而言，语言符号的作用是"构想"情感。另外，苏珊·朗格也非常赞同科林伍德对于"意识的腐化"以及坏的艺术所做的分析，并用她的符号理论重新进行说明。虽然苏珊·朗格和科林伍德有相通之处，但这并不意味着科林伍德影响了苏珊·朗格，而实际上苏珊·朗格也在自己的著作中否认了科林伍德的影响，认为他们的相通之处仅仅是所见略同。② 虽然如此，但至少可以说科林伍德的表现论语言观对符号美学还是有一定的启发的，因此将之作为符号美学的开拓者并不过分。

四 20 世纪美学转向的体现者

20 世纪是西方美学研究发生较大转折的一个世纪，高建平在其论文《20 世纪西方美学主潮》中归纳了美学在 20 世纪的三个转向，即心理学转向、语言学转向和文化学转向。③ 科林伍德美学正体现了这三个转向，而且由于科林伍德处于 20 世纪初期，他的这三个转向对之后美学的发展

---

① [美] 苏珊·朗格：《感受与形式》，高艳萍译，江苏人民出版社 2013 年版，第 181 页。
② [美] 苏珊·朗格：《感受与形式》，高艳萍译，江苏人民出版社 2013 年版，第 396 页。
③ 参看高建平《20 世纪西方美学主潮》，《美与时代》2003 年第 6 期。

应该具有一定的启发作用。

首先，科林伍德的美学研究体现了美学的心理学转向。在《艺术原理》中，科林伍德认为，情感表现的过程就是表现者探测或意识自己情感的一个过程。为了将这个过程描述得更为清晰，在"想象论"中，科林伍德论述了情感如何从感觉中诞生，如何从心理情感转变为意识情感以及意识情感同语言的关系，等等。这个过程在科林伍德的描述中显得细腻而繁复，也展示了科林伍德丰富的心理学知识。

其次，科林伍德的美学研究具有文化批评的维度。在《艺术原理》中，科林伍德将唤起情感而非表现情感的艺术称为名不副实（伪）的艺术，并将名不副实的艺术总结为六种，并对其中的巫术艺术和娱乐艺术进行了详细的说明或批判。在对巫术艺术和娱乐艺术进行说明和批判时，科林伍德运用的不仅仅是艺术的标准和眼光，而是杂糅了政治的、意识形态的、道德伦理等多种因素。正是出于多种因素的考虑，科林伍德对于巫术艺术和娱乐艺术采取了不同的态度。

巫术艺术和娱乐艺术在科林伍德看来都是唤起情感而非表现情感艺术，前者唤起情感出于种种的现实目的，如国家的政治的或意识形态的宣传、军事动员等，后者则出于享受的目的。当然，科林伍德认为两者在某种程度上可以合流，如贺拉斯所谓的"寓教于乐"的艺术就是巫术加娱乐的艺术。科林伍德认为巫术艺术尽管不是真正的艺术，但由于它可以将人们的情感凝聚起来对现实产生某种程度的影响，因此它对于一个国家在力量的团结方面极有用处，巫术艺术的存在极有必要，甚至赞同在国家内发展巫术艺术。对于娱乐艺术，科林伍德则展开了激烈的攻击，认为这种艺术不但会占用人们工作和创造的时间，还会消磨人的斗志，将全民引入只知享受不知工作的境地，因而有着毁掉一个国家和社会的危险。通过以上的说明可以看出，科林伍德对待巫术艺术和娱乐艺术的观点与态度稍加修改便会和后来的文化研究进行沟通，如国家固然可以利用巫术艺术做好事，但是独裁者也可用此做坏事，娱乐艺术可以消磨人的工作斗志，而资本主义也可用之消磨工人的反抗斗志，而巫术加娱乐的艺术既可以为资本主义的意识形态服务，又可以让工人消磨在娱乐之中，并且为文化资本添砖加瓦，等等。这些都说明科林伍德的理论具有文化研究或文化批评的因素。

最后，科林伍德的美学体现了语言论的转向。如前所述，科林伍德表现论语言观中的很多观点和看法与卡西尔、苏珊·朗格等符号论美学家的观点有相似之处。虽然他们之间的垂直影响很难判定，但至少可以说科林伍德的美学研究体现了一种语言学的转向。

综上所述，科林伍德在美学上是一位重要的承前启后者，其美学研究在很多方面对20世纪美学的发展产生了重要的影响。

本章小结

根据科林伍德美学思想体系的内在变化，其美学大致可以分为前、后两个时期：前期以《精神镜像：或知识地图》和《艺术哲学大纲》为代表，后期以《艺术原理》为代表。其前期主要关注艺术中想象和初级认知之间的关系，后期则主要关注艺术中想象和情感表现之间的关联。

其前期美学在继承黑格尔相关论述基础上，对于艺术作为认知而导致的终结和新生及其在人类精神生活中的地位做出了自己的理解。此外，其前期美学还用想象重新界定了美、丑及崇高、优美等审美范畴。而后期美学则在克罗齐的基础上，对表现做出了新的理解。主要表现在以下三个方面：第一，将"想象"上升为一种情感的意识和探测的理论并提出"意识的腐化"的概念；第二，根据其"想象"及"表现"理论，探讨了何为"表现"、如何"表现"的问题，并据此界定了艺术与非艺术、好的艺术与坏的艺术，这比克罗齐简单的"直觉即表现"理论要深入系统得多；第三，科林伍德对"语言"做了"符号"及"媒介"层面的思考，并据此批判了克罗齐"表现"与"艺术创作"二元分裂的"外射"说。此外，后期科林伍德在美学上的创新还预示了20世纪美学的三大转向：其情感的意识理论体现了美学的心理学转向；其对"巫术艺术"和"娱乐艺术"所做的分析与批判体现了美学上的文化学转向；其"语言论"体现了美学上的语言学转向。

科林伍德美学理论的主要缺陷体现在其对表现对象、表现意义等基本问题的处理上，和克罗齐、鲍桑葵、苏珊·朗格等表现论者一样忽视了思想性因素在艺术表现中的重要地位和作用，这影响了其表现论美学的方方面面。

参考文献

一　英文参考文献

（一）科林伍德原著

R. G. Collingwood, *Speculum Mentis or The Map of Knowledge*, Oxford: Clarendon Press, 1924.

R. G. Collingwood, *Outlines of a Philosophy of Art*, London: Oxford University Press, 1925.

R. G. Collingwood, *The Principles of Art*, Oxford: Clarendon Press, 1938.

R. G. Collingwood, *Essays in the Philosophy of Art*, Alan Donagan (ed.), Bloomington: Indiana University Press, 1964.

R. G. Collingwood, *Faith & Reason: Essays in The Philosophy of Religion by R. G. Collingwood*, Lionel Rubinoff (ed.), Chicago: Quadrangle Books, 1968.

R. G. Collingwood, *An Autobiography*, New York: Oxford University Press Inc., 1978.

R. G. Collingwood, *Religion and Philosophy*, Bristol: Thoemmes Press, 1994.

R. G. Collingwood, *An Essay on Philosophical Method*, James Connelly, Giuseppina D'Oro (ed.), New York: Oxford University Press Inc., 2005.

（二）科林伍德研究专著、硕博论文

Arthur Leslie Delpaz, *The Nature of the Aesthetic Experience in the Philosophy of Dewey and Collingwood and Its Implication for Music Education*, The Pennsylvania State University, 1974.

Christopher Dreisbach, *The Morality of Art: Collingwood's View*, The Johns Hopkins University, 1987.

Christopher Dreisbach, *Collingwood on the Moral Principles of Art*, Selinsgrove: Susquehanna University Press, 2009.

E. W. F. Tomlin, *R. G. Collingwood*, London: Longmans, Green & Co., 1953.

Fred Inglis, *History Man: The Life of R. G. Collingwood*, Princeton: Princeton University Press, 2009.

George R. Karan, *The Educational Implications of R. G. Collingwood's Aesthetics*, Boston University, 1971.

Gerald Douglass Stormer, *The Early Hegelianism of R. G. Collingwood*, Tulane University, 1971.

Gerald K. Wuori, *Imagination, Mind and History in Collingwood's Philosophy of Man*, Purdue University, 1975.

James Connelly, Peter Johnson, and Stephen Leach, *R. G. Collingwood: A Research Companion*, London: Bloomsbury Publishing Plc, 2015.

Jerry Grant Smoke, *A Comparison and Analysis of the Aesthetic Theories of Robin G. Collingwood and Eugene F. Kaelin*, Ball State University, 1972.

Judith Ann Threet, *Art: A Crocean Approach*, Stanford University, 1986.

Luisa Lang Owen, *Expression and Art Education: A Study Based on the Aesthetic Theories of Collingwood and Dewey*, The Ohio State University, 1980.

P. G. Ingram, *Collinwood's Theory of Art as Language*, McGill University, 1971.

Richard Merphy, *Collingwood and the Crisis of Western Civilisation*, Exeter, UK & Charlottesville, VA: Imprint Academic, 2008.

Robert Kavanagh, *The Art of Earth and Fire: The Aesthetics of Robin George Collingwood and the Craft of the Studio Potter*, Concordia University, 1990.

Stuart Jay Petock, *Kant and Collingwood on Aesthetic Experience*, University of Cincinnati, 1971.

Theodore Mischel, *R. G. Collingwood's Philosophy of Art*, Columbia University, 1958.

William M. Johnston, *The Formative Years of R. G. Collingwood*, Netherlands:

Martinus Nijhoff & The Hague, 1967.

（三）科林伍德研究期刊论文

Aaron Ridley, "Collingwood's Expression Theory", *The Journal of Aesthetics and Art Criticism*, Vol. 55, No. 3, Summer, 1997.

Alan Donagan, "Croce – Collingwood Theory of Art", *Philosophy*, Vol. 33, No. 125, Apr., 1958.

Alan Donagan, "Collingwood's Debt to Croce", *Mind*, New Series, Vol. 81, No. 322, Apr., 1972.

Christopher Janaway, "Arts and Crafts in Plato and Collingwood", *The Journal of Aesthetics and Art Criticism*, Vol. 50, No. 1, Winterr, 1992.

David W. Black, "Collingwood on Corrupt Consciousness", *The Journal of Aesthetics and Art Criticism*, Vol. 40, No. 4, Summer, 1982.

Douglas R. Anderson, "Artistic Control in Collingwood's Theory of Art", *The Journal of Aesthetics and Art Criticism*, Vol. 48, No. 1, Winter, 1990.

Douglas R. Anderson and Carl R. Hausman, "The Role of Aesthetic Emotion in R. G. Collingwood's Conception of Creative Activity", *The Journal of Aesthetics and Art Criticism*, Vol. 50, No. 4, Autumn, 1992.

Gary Kemp, "The Croce – Collingwood Theory as Theory", *The Journal of Aesthetics and Art Criticism*, Vol. 61, No. 2, Spring, 2003.

John Grant, "On Reading Collingwood's Principles of Art", *The Journal of Aesthetics and Art Criticism*, Vol. 46, No. 2, Winter, 1987.

John Hospers, "The Croce – Collingwood Theory of Art", *Philosophy*, Vol. 31, No. 119, Oct., 1958.

Merle Flannery, "The Collingwood Aesthetic: Is Child Art Art Proper?", *Visual Arts Research*, Vol. 14, No. 2, Fall, 1988.

Peter G. Ingram, "Art, Language and Community in Collingwood's Principles of Art", *The Journal of Aesthetics and Art Criticism*, Vol. 37, No. 1, Autumn, 1978.

Peter Jones, "Collingwood's Debt to his Father", *Mind*, New Series, Vol. 78, No. 311, Jul., 1969.

Peter Lewis, "Collingwood on Art and Fantasy", *Philosophy*, Vol. 64, No. 250, Oct., 1989.

R. Keith Sawyer, "Improvisation and the Creative Process: Dewey, Collingwood, and the Aesthetics of Spontaneity", *The Journal of Aesthetics and Art Criticism*, Vol. 58, No. 2, Spring, 2000.

Stanley H. Rosen, "Collingwood and Greek Aesthetics", *Phronesis*, Vol. 4, No. 2, 1959.

Theodore Mischel, "Bad Art as the 'Corruption of Consciousness'", *Philosophy and Phenomenological Society*, Vol. 21, No. 3, Mar., 1961.

（四）其他英文文献

Adam Morton, *Emotion and Imagination*, Cambridge, UK & Malden, USA: Polity Press, 2013.

Brian Copenhaver & Rebecca Copenhaver, "How Croce Became a Philosopher: to Logic from History by Way of Art", *History of Philosophy Quarterly*, Vol. 25, No. 1, Jan., 2008.

George Dickie, Aesthetics: *An Introduction*, Indianapolis: Pegasus, 1971.

James Scott Johnston, "Dewey's Critique of Kant", *Transactions of the Charles S. Peirce Society*, Vol. 42, No. 4, Fall, 2006.

John Dewey, *Art as Experience*, New York: Perigee, 1980.

H. Gene Blocker, "Another at Aesthetic Imagination", *The Journal of Aesthetics and Art Criticism*, Vol. 30, No. 4, Summer, 1972.

Melvin Rader, "Art and History", *The Journal of Aesthetics and Art Criticism*, Vol. 26, No. 2, Winter, 1967.

Monroe C. Beardsley, *Aesthetics From Classical Greece to the Present: A Short History*, Tuscaloosa: The University of Alabama Press, 1966.

Paul Guyer, *A History of Modern Aesthetics* (Vol. 1 – 3), New York: Cambridge University Press, 2014.

Susanne K. Langer, *Philosophy in a New Key*, London: Harvard University Press, 1959.

Susanne K. Langer, *Problem of Art: the Philosophical Lectures*, New York:

Charles Scribner's Sons, 1957.

W. Tatarkiewicz, *A History of Six Ideas—An Essay in Aesthetics*, Warszawa: Polish Scientific Publishers, 1980.

William Wordsworth and Samuel Coleridge, *Lyrical Ballads*: 1798 *and* 1800, Michael Gamer and Dahlia Porter, eds., Peterborough: Broadview Press, 2008.

二　中文参考文献

（一）科林伍德原著

［英］罗宾·乔治·科林伍德：《艺术哲学新论》，卢晓华译，工人出版社1988年版。

［英］罗宾·乔治·科林伍德：《艺术原理》，王至元、陈中华译，中国社会科学出版社1985年版。

［英］柯林武德：《柯林武德自传》，陈静译，北京大学出版社2005年版。

［英］R. G. 柯林伍德：《精神镜像：或知识地图》，赵志义、朱宁嘉译，广西师范大学出版社2006年版。

［英］柯林武德：《自然的观念》，吴国盛译，北京大学出版社2006年版。

［英］柯林武德：《形而上学论》，宫睿译，北京大学出版社2007年版。

［英］柯林武德：《历史的观念》（增补版），何兆武、张文杰、陈新译，北京大学出版社2010年版。

（二）科林伍德研究文献

胡健：《艺术是情感的表现——科林伍德表现主义美学新论》，《淮阴师范学院学报》（哲学社会科学版）2015年第5期。

胡江飞：《科林伍德表现主义美学前期思想之主导倾向》，《十堰职业技术学院学报》2010年第3期。

李克：《"表现"的意义——科林伍德艺术理论表现观之管见》，《学术探索》1992年第2期。

卢晓华：《艺术哲学是一门崭新的科学——科林伍德〈艺术哲学新论〉译序》，《当代电视》1989年第2期。

王朝元：《科林伍德艺术理论研究》，博士学位论文，复旦大学，1996年。

王朝元：《表现情感：艺术的根本特性——科林伍德对艺术本质的探求》，《甘肃教育学院学报》（社会科学版）2001年第1期。

王朝元：《想象：真正的艺术——论科林伍德艺术本质观》，《思想战线》2011年第4期。

吴晓妮：《个体与文明之虹——R. G. 柯林伍德的哲学》，博士学位论文，复旦大学，2001年。

（三）其他中文文献

[波兰] 瓦迪斯瓦夫·塔塔尔凯维奇：《西方六大美学观念史》，刘文谭译，上海译文出版社2013年版。

[德] 鲍姆嘉通：《诗的哲学默想录》，王旭晓译，滕守尧校，中国社会科学出版社2014年版。

[德] 恩斯特·卡西尔：《人论》，甘阳译，上海译文出版社2013年版。

[德] 黑格尔：《历史哲学》，王造时译，上海世纪出版集团2006年版。

[德] 黑格尔：《美学》（全四卷），朱光潜译，商务印书馆2011年版。

[德] 黑格尔：《精神现象学》（上下卷），贺麟、王玖兴译，商务印书馆2013年版。

[德] 黑格尔：《小逻辑》，贺麟译，商务印书馆2013年版。

[德] 康德：《判断力批判》，邓晓芒译，杨祖陶校，人民出版社2002年版。

[德] 康德：《纯粹理性批判》，邓晓芒译，杨祖陶校，人民出版社2004年版。

[德] 莱布尼茨：《人类理解新论》（上下册），陈修斋译，商务印书馆1982年版。

[德] 席勒：《席勒经典美学文集》，范大灿译，生活·读书·新知三联书店2015年版。

[俄] 列夫·托尔斯泰：《什么是艺术》，何永祥译，江苏美术出版社1990年版。

[俄] 普列汉诺夫：《普列汉诺夫美学论文集》第Ⅰ卷，曹葆华译，人民出版社1983年版。

[法] 笛卡尔：《第一哲学沉思集》，庞景仁译，商务印书馆1986年版。

[法] 列维－布留尔:《原始思维》,丁由译,商务印书馆 1981 年版。

[古希腊] 柏拉图:《理想国》,郭斌和、张竹明译,商务印书馆 1986 年版。

[古希腊] 亚里士多德:《诗学》,陈中梅译注,商务印书馆 1996 年版。

[荷兰] 斯宾诺莎:《伦理学》,贺麟译,商务印书馆 1983 年版。

[美] M. H. 艾布拉姆斯:《镜与灯:浪漫主义文论及批评传统》,郦稚牛、张照进、童庆生译,王宁校,北京大学出版社 2004 年版。

[美] 爱德华·泰勒:《原始文化》,连树声译,广西师范大学出版社 2005 年版。

[美] 诺埃尔·卡罗尔:《超越美学》,商务印书馆 2006 年版。

[美] 菲利普·J. 阿德兰·L. 波维尔斯:《世界文明史》(上下册),林骧华等译,上海社会科学院出版社 2012 年版。

[美] 凯·埃·吉尔伯特、[联邦德国] 赫·库恩:《美学史》(上下卷),夏乾丰译,上海译文出版社 1989 年版。

[美] 理查德·塔纳斯:《西方思想史》,吴象婴、晏可佳、张广勇译,上海社会科学院出版社 2011 年版。

[美] 门罗·C. 比厄斯利:《西方美学简史》,高建平译,北京大学出版社 2006 年版。

[美] 门罗·比厄斯利:《美学史:从古希腊到当代》,高建平译,高等教育出版社 2018 年版。

[美] 尼尔·波兹曼:《娱乐至死》,章艳译,中信出版社 2015 年版。

[美] 诺埃尔·卡罗尔:《超越美学》,李媛媛译,商务印书馆 2006 年版。

[美] 诺埃尔·卡罗尔:《大众艺术哲学论纲》,严忠志译,商务印书馆 2010 年版。

[美] 苏珊·朗格:《感受与形式》,高艳萍译,江苏人民出版社 2013 年版。

[美] 苏珊·朗格:《艺术问题》,滕守尧、朱疆源译,中国社会科学出版社 1983 年版。

[美] 梯利著,伍德增补:《西方哲学史》,葛力译,商务印书馆 1995 年版。

［美］约翰·杜威：《艺术即经验》，高建平译，商务印书馆2010年版。

［美］杜威：《哲学的改造》，徐崇清译，商务印书馆2011年版。

［美］杜威：《经验与自然》，傅统先译，商务印书馆2014年版。

［瑞士］费尔迪南·德·索绪尔：《普通语言学教程》，高名凯译，商务印书馆1980年版。

［意］贝奈戴托·克罗齐：《维柯的哲学》，［英］R. G. 柯林伍德英译，陶秀璈、王立志汉译，大象出版社＆北京出版社2009年版。

［意］贝内德托·克罗齐：《美学纲要·美学精要》，社会科学文献出版社2016年版。

［意］克罗齐：《美学原理》，朱光潜译，商务印书馆2012年版。

［意］克罗齐：《美学的历史》，王天清译，袁华清校，商务印书馆2015年版。

［意］维科：《新科学》（上下册），朱光潜译，商务印书馆2012年版。

［英］J. G. 弗雷泽：《金枝》（上下册），汪培基、徐育新、张泽石译，商务印书馆2012年版。

［英］鲍桑葵：《美学史》，张今译，广西师范大学出版社2001年版。

［英］鲍山葵：《美学三讲》，周煦良译，上海译文出版社1983年版。

［英］菲利普·史密斯：《文化理论：导论》，张鲲译，商务印书馆2008年版。

［英］霍布斯：《利维坦》，黎思复、黎廷弼译，商务印书馆1985年版。

［英］洛克：《人类理解论》（上下册），关文运译，商务印书馆1959年版。

［英］约翰·罗斯金：《建筑的七盏明灯》，张璘译，山东画报出版社2006年版。

［英］罗斯金：《艺术与道德》，张凤译，金城出版社2012年版。

［英］罗斯金：《现代画家》（全五卷），唐亚勋等译，上海三联书店2012年版。

［英］罗素：《西方哲学史》，何兆武、李约瑟译，商务印书馆2013年版。

［英］乔治·贝克莱：《人类知识原理》，关文运译，商务印书馆2010年版。

[英] 斯蒂芬·霍尔盖特：《黑格尔导论：自由、真理与历史》，丁三东译，商务印书馆 2013 年版。

[英] 休谟：《人性论》（上下册），关文运译，郑之骧校，商务印书馆 1980 年版。

[英] 约翰·斯道雷：《文化理论与大众文化导论》，常江译，北京大学出版社 2010 年版。

邓晓芒：《康德〈判断力批判〉释义》，生活·读书·新知三联书店 2008 年版。

高建平：《20 世纪西方美学主潮》，《美与时代》2003 年第 6 期。

高建平：《读〈艺术即经验〉（二）》，《外国美学》2014 年第 2 期。

高建平：《从自然王国走向艺术王国——读杜威美学》，《中国社会科学院研究生院学报》2006 年第 5 期。

高建平：《中国艺术的表现性动作——从书法到绘画》，张冰译，安徽教育出版社 2012 年版。

侯维瑞主编：《英国文学通史》，上海外语教育出版社 1999 年版。

李泽厚：《批判哲学的批判：康德述评》，生活·读书·新知三联书店 2007 年版。

刘若端编：《十九世纪英国诗人论诗》，人民文学出版社 1984 年版。

罗常军：《直觉、表现与艺术——表现主义艺术本质论研究》，硕士学位论文，湖南师范大学，2008 年。

罗常军：《艺术即表现——表现主义艺术哲学研究》，博士学位论文，湖南师范大学，2014 年。

牛宏宝：《西方现代美学》，上海人民出版社 2002 年版。

汝信主编：《西方美学史·第四卷》，中国社会科学出版社 2008 年版。

伍蠡甫编：《现代西方文论选》，上海译文出版社 1983 年版。

伍蠡甫、胡经之主编：《西方文艺理论民主选编》（中卷），北京大学出版社 1986 年版。

谢地坤主编：《西方哲学史（学术版）·第七卷　现代欧洲大陆哲学（下）》，人民出版社 2011 年版。

张法：《20 世纪西方美学史》，四川出版集团 & 四川人民出版社 2007

年版。

张敏:《克罗齐美学非黑格尔体系考》,《文艺理论研究》1999 年第 5 期。

张汝伦:《从黑格尔的康德批判看黑格尔的哲学》,《哲学动态》2016 年第 5 期。

张睿靖:《融合中的"表现"——杜威"表现论"研究》,博士学位论文,中国社会科学院研究生院,2015 年。

朱光潜:《西方美学史》,人民文学出版社 1979 年版。

朱光潜:《维柯的〈新科学〉及其对中西美学的影响》,贵州人民出版社 2009 年版。

蒋孔阳、朱立元:《西方美学史·第六卷·二十世纪美学·上》,北京师范大学出版社 2013 年版。

后　记

　　本书根据我的博士学位论文修订而成，修订的过程中，在中国社会科学院读书时一幕幕场景便接踵而至。

　　能到社科院读书十分"偶然"。2012年，我第三次报考北京大学硕士研究生，无奈复试被刷。我清楚地记得，三月底的北京竟然飘起了雪，冷得够呛。回到冰雪锁山、苍苍茫茫的甘南草原，我花了两天时间冷静下来，决定放弃考研，找机会将妻子调来甘南，攒些钱在兰州买一套房子……整个一生都"规划"好了。于是闲来无事刷微博，在微博上"感叹"了一下自己的遭遇。谁知"言者无心，听者有意"，社科院宗教所的石衡潭先生看到我的微博后，发来私信，告知社科院文学所可能会有调剂名额，并热心地帮我联系了曾在文学所读博的张欣老师。张欣老师热心地给我提供了调剂申请的通信地址，我便不抱希望地将自己的资料和调剂申请寄给了文学所的张媛老师。不期然，后来竟有幸参加复试并被录取了，这真得感谢石衡潭先生、张欣老师、张媛老师的热心帮助以及硕导刘方喜老师的"不弃"之恩。硕士提前一年毕业后，我又报考了高建平老师的博士，并被顺利录取，这样我就在社科院读了整整五年书。

　　读书的五年，刘方喜老师在学业上给了予诸多教诲，在生活上给了我很多帮助。博士三年，高建平老师给了我很多关怀，事无巨细。学业上，高老师在读书、学习、开题、资料收集、论文写作等多方面给了我许多细致的指导；生活上，自己的经济开销问题、孩子上学问题等等，高老师都曾详细过问，并提供了很大帮助，真是师恩难报！我还要感谢我的妻子王彩燕，多年两地分居，却仍然支持我读书学习。2012年，为了增加团聚的机会，我往北京考，在河北工作的她往兰州考，结果两个人都被录取，怕耽误我读书，她自己一个人在兰州边带孩子边上学。2015年，为了我们能早日团聚，毕业的她又带着孩子来到人地两生的北京。2017年，她又跟着博士毕业的我南下深圳工作。一路走来，她做出的牺牲很多。

来深圳工作转眼又五年，本书终于得以修订出版，惭愧之余也略感欣慰。由于学识和功力的不足，本书难免有着这样那样的不足，敬请方家批评指正。

在这里我再次感谢高建平老师在我博士论文写作过程中提供的指导和帮助。感谢参与论文审阅并给出意见的刘方喜老师、陈定家老师；感谢参加我博士论文答辩并给出批评与建议的彭亚非老师、金惠敏老师、党圣元老师、李春青老师、刘成纪老师；感谢三位匿名外审专家审阅并提供修改意见。

本书的出版得到深圳大学美学与文艺批评研究院的资助，感谢院长高建平老师和副院长李健老师的支持和帮助。

感谢中国社会科学出版社编辑张潜老师的辛苦而细致的工作。